配网不停电作业现场标准化作业指导书

复杂项目

FIELD STANDARDIZED OPERATION HANDBOOK OF DISTRIBUTION LIVE LINE WORK

COMPLEX OPERATION ITEMS

国网山东省电力公司·编

中国电力出版社
CHINA ELECTRIC POWER PRESS

内 容 提 要

为提高配网不停电作业人员的专业知识和岗位技能水平，提升标准化作业及安全管控能力，实现配网不停电作业生产的科学化、标准化和程序化，国网山东省电力公司组织编写了配网不停电作业系列丛书。《配网不停电作业现场标准化作业指导书》是丛书之一，也是结合新规程、新规范、新标准实施后省内第一版配网不停电作业现场生产的指导用书，涵盖配网不停电作业的四类 33 项 84 种作业现场，在内容上力求体现创新性、实用性、规范性，能够在生产中起到参考和指导作用。本书为《复杂项目》分册，内容涉及配网不停电作业复杂项目三、四类 35 种作业现场，主要针对作业流程、关键步骤、风险分析、防范措施和工器具、装备使用要求等环节作出详细的指导说明。

本书适用于配网不停电作业生产技能及其相关人员学习使用，也可用作职业技能鉴定、岗位技能培训、技能竞赛等参考用书。

图书在版编目（CIP）数据

配网不停电作业现场标准化作业指导书. 复杂项目 / 国网山东省电力公司编. —北京：中国电力出版社，2021.4

ISBN 978-7-5198-5488-1

Ⅰ. ①配… Ⅱ. ①国… Ⅲ. ①配电系统–带电作业–标准化 Ⅳ. ①TM727-65

中国版本图书馆 CIP 数据核字（2021）第 052169 号

出版发行：中国电力出版社
地　　址：北京市东城区北京站西街 19 号（邮政编码 100005）
网　　址：http://www.cepp.sgcc.com.cn
责任编辑：石　雪（010-63412557）
责任校对：黄　蓓　常燕昆
装帧设计：宝蕾元科技发展有限责任公司
责任印制：钱兴根

印　　刷：三河市航远印刷有限公司
版　　次：2021 年 4 月第一版
印　　次：2021 年 4 月北京第一次印刷
开　　本：880 毫米×1230 毫米　16 开本
印　　张：18.75　　插　页　1
字　　数：530 千字
定　　价：60.00 元

前　　言

随着我国经济的快速发展，社会对电能质量和供电可靠性的要求越来越高。10kV 配电线路直接面向用户，是电力系统的关键环节，加强配电线路的不停电作业，并逐步替代停电作业，是提高设备完好率、供电可靠率和用户满意度的重要手段。为实现配网不停电作业技术向高水平发展，需要加快建设专业队伍、不断改进工器具、持续更新操作方法，同步完善专业培训和评价工作，并与生产实际相结合。因此，为提高作业人员的专业知识和岗位技能水平，提升标准化作业和安全管控水平，实现配网不停电作业的科学化、标准化和程序化，依据《国家电网公司生产技能人员职业能力培训规范　第 8 部分　配电线路带电作业》所规定的内容和标准，并结合 10kV 配网不停电作业的现场与培训经验，国网山东省电力公司组织编写了配网不停电作业系列丛书，包括《配网不停电作业知识题库》《配网不停电作业典型事故 50 例》《配网不停电作业典型违章 100 条》《10kV 配网不停电作业用绝缘斗臂车》《配网不停电作业现场救援规范》《配网不停电作业现场标准化作业指导书》六个分册。

《配网不停电作业现场标准化作业指导书》以《国家电网公司电力安全工作规程（配电部分）》《10kV 配网不停电作业规范》《配电线路带电作业技术导则》和相关法律、法规、标准为依据，明确了配网不停电作业 84 个典型项目的操作步骤和安全技术要求，实现配网不停电作业管理规范化，作业流程条理化、标准化、科学化，对作业人员提升标准意识、掌握规章制度、提高工作技能、夯实安全生产起到十分重要的作用。

“雄关漫道真如铁，而今迈步从头越”。电力安全生产虽然步入良性循环轨道，但安全生产的现实提醒我们，作业人员始终是安全技术管理的第一要素，检修现场的作业流程仍存在不足和漏洞，我们每一个电力职工都不能高枕无忧，一定要持续优化提升，保障作业人员人身安全，用实际行动筑成一道保障电网安全运行的钢铁长城。

本书主要编写单位为国网山东省电力公司设备部和国网山东省电力公司东营供电公司，因涉及内容较多，编者水平有限，书中难免会有错误和不完善之处，敬请读者批评指正。

编　者

2021 年 1 月

前 言

目　　录

带电更换直线杆绝缘子
现场标准化作业指导书
（绝缘杆作业法、登杆作业、羊角抱杆）

1 范围

本指导书适用于 10kV 架空线路带电作业现场绝缘杆作业法登杆作业带电更换直线杆绝缘子工作，规定了该项工作现场标准化作业的工作步骤和技术要求。

2 规范性引用文件

GB/T 18857 《配电线路带电作业技术导则》
Q/GDW 10520 《10kV 配网不停电作业规范》
《国家电网公司电力安全工作规程（配电部分）》

3 人员组合

本项目需要工作人员 4 人。

3.1 作业人员要求

√	序号	责任人	资质	人数
	1	工作负责人	应具有一定的配电带电作业实际工作经验，熟悉设备状况，具有一定组织能力和事故处理能力，并按《安规》要求取得工作负责人资格。	1 人
	2	杆上电工	应通过 10kV 配电线路带电作业专项培训，考试合格并持证上岗。	2 人
	3	地面电工	需经省公司级基地进行带电作业专项理论培训，考试合格并持证上岗。	1 人

3.2 作业人员分工

√	序号	责任人	分工	责任人签名
	1		工作负责人	
	2		1 号杆上电工	
	3		2 号杆上电工	
	4		地面电工	

4 工器具

领用带电作业工器具应核对电压等级和试验周期，并检查外观完好无损。

工器具在运输过程中，应存放在专用工具袋、工具箱或工具车内，以防受潮和损伤。

4.1 装备

√	序号	名称	型号/规格	单位	数量	备注
	1	脚扣	400mm	副	2	

4.2 个人防护用具

√	序号	名称	型号/规格	单位	数量	备注
	1	安全帽	电绝缘	顶	2	
	2	绝缘安全帽	10kV	顶	2	
	3	绝缘手套	10kV	副	2	
	4	防护手套	皮革	副	2	
	5	内衬手套	棉线	副	2	
	6	安全带	全方位式	副	2	

4.3 绝缘遮蔽用具

√	序号	名称	型号/规格	单位	数量	备注
	1	导线遮蔽罩	10kV	个	6	绝缘杆法用
	2	专用遮蔽罩	10kV	个	3	绝缘杆法用
	3	横担遮蔽罩	10kV	组	2	绝缘杆法用

4.4 绝缘工具

√	序号	名称	型号/规格	单位	数量	备注
	1	遮蔽罩安装杆	10kV	根	1	
	2	绝缘羊角抱杆	10kV	副	1	
	3	绝缘钳	10kV	把	1	
	4	绝缘尖嘴钳	10kV	套	1	
	5	绝缘三齿耙	10kV	把	1	
	6	绝缘绑扎线剪	10kV	副	1	
	7	绝缘传递绳	10kV	条	1	
	8	绝缘工具支架	10kV	套	1	

4.5 其他工具

√	序号	名称	型号/规格	单位	数量	备注
	1	绝缘电阻检测仪	2500V 及以上	台	1	
	2	验电器	10kV	支	1	
	3	绝缘手套充气装置		台	1	
	4	风速检测仪		台	1	
	5	温度检测仪		台	1	
	6	湿度检测仪		台	1	
	7	工具袋		个	2	
	8	防潮苫布		块	1	
	9	个人手工工具		套	1	
	10	对讲机		部	2	
	11	“从此进出”标示牌		块	1	
	12	“在此工作”标示牌		块	1	
	13	安全围栏		组	1	

4.6 材料

√	序号	名称	型号/规格	单位	数量	备注
	1	绝缘子	10kV	个	3	
	2	绑扎线	$2.5mm^2$	盘	3	

5 作业程序

5.1 开工准备

√	序号	作业内容	步骤及要求
	1	现场复勘	工作负责人核对工作线路双重称号、杆号。
			工作负责人检查地形环境是否符合作业要求： 地面平整坚实。
			工作负责人检查线路装置是否具备带电作业条件： （1）作业电杆埋深、杆身质量； （2）检查作业点与带电体距离，如距离不满足要求，考虑采取遮蔽措施，无法控制不应进行该项工作； （3）检查作业点两侧导线有无烧伤断股； （4）检查绝缘子外观，如裂纹严重有脱落危险，考虑采取措施，无法控制不应进行该项工作。

续表

√	序号	作业内容	步骤及要求
	1	现场复勘	工作负责人检查气象条件： 带电作业应在良好天气下进行，风力大于5级，或湿度大于80%时，不宜带电作业。若遇雷电、雪、雹、雨、雾等不良天气，禁止带电作业。带电作业过程中若遇天气突然变化，有可能危及人身及设备安全时，应立即停止工作，撤离人员，恢复设备正常状况，或采取临时安全措施。
			工作负责人检查工作票所列安全措施，在工作票上补充安全措施。
	2	执行工作许可制度	工作负责人按工作票内容与值班调控人员（运维人员）联系，履行工作许可手续。
			工作负责人在工作票上签字。
	3	召开班前会	工作负责人宣读工作票。
			工作负责人检查工作班组成员精神状态、交待工作任务进行分工、交待工作中的安全措施和技术措施。
			工作负责人检查班组各成员对工作任务分工、安全措施和技术措施是否明确。
			班组各成员在工作票、风险控制卡和作业指导书上签名确认。
	4	布置工作现场	工作负责人组织班组成员设置工作现场的安全围栏、安全警示标志： （1）安全围栏的范围应考虑作业中高空坠落和高空落物的影响以及道路交通，必要时联系交通部门； （2）围栏的出入口应设置合理，并悬挂“从此进出”标示牌。
			将绝缘工器具放在防潮苫布上： （1）防潮苫布应清洁、干燥； （2）工器具应按定置管理要求分类摆放； （3）绝缘工器具不能与金属工具、材料混放。
	5	检查绝缘及登高工器具	班组成员逐件对绝缘及登高工器具进行外观检查： （1）检查人员应戴清洁、干燥的手套； （2）绝缘工具表面不应有磨损、变形损坏，操作应灵活； （3）个人安全防护用具和遮蔽用具应无针孔、砂眼、裂纹； （4）检查安全带外观，并做冲击试验； （5）检查登杆工具，应无开焊、胶皮完好、螺栓齐全紧固，并做冲击试验。
			班组成员使用绝缘电阻检测仪分段检测绝缘工具的表面绝缘电阻值： （1）测量电极应符合规程要求（极宽2cm、极间距2cm）； （2）正确使用（自检、测量）绝缘电阻检测仪（应采用点测的方法，不应使电极在绝缘工具表面滑动，避免刮伤绝缘工具表面）； （3）绝缘电阻值不得低于700MΩ。
			绝缘工器具检查完毕，向工作负责人汇报检查结果。

续表

√	序号	作业内容	步骤及要求
	6	检测新绝缘子	检测绝缘子： （1）清洁瓷件，并作表面检查，瓷件表面应光滑，无麻点，裂痕等。用绝缘电阻检测仪检测绝缘子绝缘电阻不应低于 500MΩ； （2）检测完毕，向工作负责人汇报检测结果。
	7	杆上电工携带传递绳登杆	1 号、2 号杆上电工穿戴好绝缘防护用具，携带绝缘传递绳，登杆至横担下适当位置。将安全带系在牢固的构件上。
			1 号、2 号杆上电工配合安装工具支架： （1）工器具应分类放置在工具支架上； （2）尺寸较长的工器具应用绝缘传递绳上下捆扎两点，沿传递绳方向传递； （3）传递过程中，工作点垂直下方禁止站人。

5.2 操作步骤

√	序号	作业内容	步骤及要求
	1	验电	1 号杆上电工使用验电器对导线、绝缘子、横担进行验电，确认无漏电现象。
	2	绝缘遮蔽	带电作业过程中人体与带电体应保持足够的安全距离（不小于 0.4m），如不满足安全距离要求，应进行绝缘遮蔽： （1）按照“从近到远、从下到上、先带电体后接地体”的遮蔽原则对不满足安全距离的带电体进行绝缘遮蔽，遮蔽的部位和顺序依次为导线、绝缘子、横担； （2）在对带电体设置绝缘遮蔽隔离措施时，动作应轻缓，人体与带电体应保持足够的安全距离； （3）绝缘遮蔽隔离措施应严密、牢固，绝缘遮蔽用具之间搭接不得小于 150mm。
			拆除和恢复绝缘子绑扎线时应对绝缘子下方横担进行绝缘遮蔽。
	3	安装羊角抱杆	杆上电工相互配合在直线横担下方 0.4m 处装设绝缘羊角抱杆，注意羊角抱杆朝向应与待更换绝缘子位置一致。
	4	更换绝缘子	（1）杆上电工相互配合拆除导线绑扎线，推动支杆将导线移至绝缘羊角抱杆挂钩内锁定； （2）杆上电工相互配合使用绝缘羊角抱杆将导线提升至 0.4m 以外固定； （3）杆上电工相互配合更换直线杆绝缘子； （4）杆上电工相互配合使用绝缘羊角抱杆将边相导线降至绝缘子顶槽内，使用绝缘三齿耙绑好绑扎线；

续表

√	序号	作业内容	步骤及要求
	4	更换绝缘子	（5）杆上电工相互配合拆除绝缘羊角抱杆，恢复导线、绝缘子的绝缘遮蔽措施； （6）用同样方法更换另边相直线绝缘子并恢复导线、绝缘子的绝缘遮蔽措施； （7）杆上电工相互配合拆除绝缘羊角抱杆。
	5	拆除绝缘遮蔽	经工作负责人的许可后，杆上电工调整至合适工作位置，按照“从远到近、从上到下、先接地体后带电体”的原则拆除绝缘遮蔽： （1）拆除的顺序依次为横担、绝缘子、导线； （2）杆上电工在拆除带电体上的绝缘遮蔽隔离措施时，动作应轻缓，人体与带电体应保持足够的安全距离。
			（1）若需更换另一边相绝缘子按照相同方法进行； （2）若更换中相绝缘子，应对两边相及中相进行绝缘遮蔽。
	6	工作验收	杆上电工检查施工质量： （1）杆上无遗漏物； （2）装置无缺陷，符合运行条件； （3）向工作负责人汇报施工质量。
	7	传递工具	1号、2号杆上电工分别将工器具传至地面，拆除工具支架： （1）尺寸较长的工器具应用绝缘传递绳上下捆扎两点，沿传递绳方向传递； （2）传递过程中，工作点垂直下方禁止站人。
	8	撤离杆塔	杆上电工返回地面。

6　工作结束

√	序号	作业内容	步骤及要求
	1	清理现场	工作负责人组织班组成员整理工具、材料。将工器具清洁后放入专用的箱（袋）中。清理现场，做到工完料尽场地清。
	2	召开收工会	工作负责人组织召开现场收工会，进行工作总结和点评工作： （1）正确点评本项工作的施工质量； （2）点评班组成员在作业中的安全措施的落实情况； （3）点评班组成员对规程的执行情况。
	3	办理工作终结手续	工作负责人按工作票内容与值班调控人员（运维人员）联系，工作结束，终结工作票。

7 验收记录

记录检修中发现的问题	
问题处理意见	

8 现场标准化作业指导书执行情况评估

<table>
<tr><td rowspan="4">评估内容</td><td rowspan="2">符合性</td><td>优</td><td></td><td>可操作项</td><td></td></tr>
<tr><td>良</td><td></td><td>不可操作项</td><td></td></tr>
<tr><td rowspan="2">可操作性</td><td>优</td><td></td><td>修改项</td><td></td></tr>
<tr><td>良</td><td></td><td>遗漏项</td><td></td></tr>
<tr><td>存在问题</td><td colspan="5"></td></tr>
<tr><td>改进意见</td><td colspan="5"></td></tr>
</table>

9 附图

应根据现场勘察结果，绘制作业点及邻近装置的线路图。需进行倒闸操作的作业，应绘制负荷开关、断路器及隔离开关等电气设备的接线图，并注明运行状态。

带电更换直线杆绝缘子现场标准化作业指导书

（绝缘杆作业法、登杆作业、支拉杆）

1 范围

本指导书适用于 10kV 架空线路带电作业现场绝缘杆作业法登杆作业带电更换直线杆绝缘子工作，规定了该项工作现场标准化作业的工作步骤和技术要求。

2 规范性引用文件

GB/T 18857 《配电线路带电作业技术导则》

Q/GDW 10520 《10kV 配网不停电作业规范》

《国家电网公司电力安全工作规程（配电部分）》

3 人员组合

本项目需要工作人员 4 人。

3.1 作业人员要求

√	序号	责任人	资质	人数
	1	工作负责人	应具有一定的配电带电作业实际工作经验，熟悉设备状况，具有一定组织能力和事故处理能力，并按《安规》要求取得工作负责人资格。	1 人
	2	杆上电工	应通过 10kV 配电线路带电作业专项培训，考试合格并持证上岗。	2 人
	3	地面电工	需经省公司级基地进行带电作业专项理论培训，考试合格并持证上岗。	1 人

3.2 作业人员分工

√	序号	责任人	分工	责任人签名
	1		工作负责人	
	2		1 号杆上电工	
	3		2 号杆上电工	
	4		地面电工	

4 工器具

领用带电作业工器具应核对电压等级和试验周期，并检查外观完好无损。

工器具在运输过程中，应存放在专用工具袋、工具箱或工具车内，以防受潮和损伤。

4.1 装备

√	序号	名称	型号/规格	单位	数量	备注
	1	脚扣	400mm	副	2	

4.2 个人防护用具

√	序号	名称	型号/规格	单位	数量	备注
	1	安全帽	电绝缘	顶	2	
	2	绝缘安全帽	10kV	顶	2	
	3	绝缘手套	10kV	副	2	
	4	防护手套	皮革	副	2	
	5	内衬手套	棉线	副	2	
	6	安全带	全方位式	副	2	

4.3 绝缘遮蔽用具

√	序号	名称	型号/规格	单位	数量	备注
	1	导线遮蔽罩	10kV	个	6	绝缘杆法用
	2	专用遮蔽罩	10kV	个	3	绝缘杆法用
	3	横担遮蔽罩	10kV	组	2	绝缘杆法用

4.4 绝缘工具

√	序号	名称	型号/规格	单位	数量	备注
	1	遮蔽罩安装杆	10kV	根	1	
	2	绝缘支线杆	10kV	根	1	
	3	支杆固定器	10kV	个	1	
	4	绝缘拉线杆	10kV	根	1	
	5	拉杆提升器	10kV	个	1	
	6	绝缘尖嘴钳	10kV	套	1	
	7	绝缘三齿耙	10kV	把	1	
	8	绝缘绑扎线剪	10kV	副	1	
	9	绝缘传递绳	10kV	条	1	
	10	绝缘工具支架	10kV	套	1	

4.5 其他工具

√	序号	名称	型号/规格	单位	数量	备注
	1	绝缘电阻检测仪	2500V 及以上	台	1	
	2	验电器	10kV	支	1	
	3	绝缘手套充气装置		台	1	
	4	风速检测仪		台	1	
	5	温度检测仪		台	1	
	6	湿度检测仪		台	1	
	7	工具袋		个	2	
	8	防潮苫布		块	1	
	9	个人手工工具		套	1	
	10	对讲机		部	2	
	11	安全围栏		组	1	
	12	“从此进出”标示牌		块	1	
	13	“在此工作”标示牌		块	1	

4.6 材料

√	序号	名称	型号/规格	单位	数量	备注
	1	绝缘子	10kV	个	3	
	2	绑扎线	2.5mm^2	盘	3	

5 作业程序

5.1 开工准备

√	序号	作业内容	步骤及要求
	1	现场复勘	工作负责人核对工作线路双重称号、杆号。
			工作负责人检查地形环境是否符合作业要求： 地面平整坚实。
			工作负责人检查线路装置是否具备带电作业条件： （1）作业电杆埋深、杆身质量； （2）检查作业点与带电体距离； （3）检查绝缘子损坏情况，如损坏严重，考虑采取措施，无法控制不应进行该项工作。

续表

√	序号	作业内容	步骤及要求
	1	现场复勘	工作负责人检查气象条件： 带电作业应在良好天气下进行，风力大于5级，或湿度大于80%时，不宜带电作业。若遇雷电、雪、雹、雨、雾等不良天气，禁止带电作业。带电作业过程中若遇天气突然变化，有可能危及人身及设备安全时，应立即停止工作，撤离人员，恢复设备正常状况，或采取临时安全措施。
			工作负责人检查工作票所列安全措施，在工作票上补充安全措施。
	2	执行工作许可制度	工作负责人按工作票内容与值班调控人员（运维人员）联系，履行工作许可手续。
			工作负责人在工作票上签字。
	3	召开班前会	工作负责人宣读工作票。
			工作负责人检查工作班组成员精神状态、交待工作任务进行分工、交待工作中的安全措施和技术措施。
			工作负责人检查班组各成员对工作任务分工、安全措施和技术措施是否明确。
			班组各成员在工作票、风险控制卡和作业指导书上签名确认。
	4	布置工作现场	工作负责人组织班组成员设置工作现场的安全围栏、安全警示标志： （1）安全围栏的范围应考虑作业中高空坠落和高空落物的影响以及道路交通，必要时联系交通部门； （2）围栏的出入口应设置合理，并悬挂“从此进出”标示牌。
			将绝缘工器具放在防潮苫布上： （1）防潮苫布应清洁、干燥； （2）工器具应按定置管理要求分类摆放； （3）绝缘工器具不能与金属工具、材料混放。
	5	检查绝缘及登高工器具	班组成员逐件对绝缘及登高工器具进行外观检查： （1）检查人员应戴清洁、干燥的手套； （2）绝缘工具表面不应有磨损、变形损坏，操作应灵活； （3）个人安全防护用具和遮蔽用具应无针孔、砂眼、裂纹； （4）检查安全带外观，并做冲击试验； （5）检查登杆工具，应无开焊、胶皮完好、螺栓齐全紧固，并做冲击试验。
			班组成员使用绝缘电阻检测仪分段检测绝缘工具的表面绝缘电阻值： （1）测量电极应符合规程要求（极宽2cm、极间距2cm）； （2）正确使用（自检、测量）绝缘电阻检测仪（应采用点测的方法，不应使电极在绝缘工具表面滑动，避免刮伤绝缘工具表面）； （3）绝缘电阻值不得低于700MΩ。
			绝缘工器具检查完毕，向工作负责人汇报检查结果。

续表

√	序号	作业内容	步骤及要求
	6	检测新绝缘子	检测绝缘子： （1）清洁瓷件，并作表面检查，瓷件表面应光滑，无麻点，裂痕等。用绝缘电阻检测仪检测绝缘子绝缘电阻不应低于 500MΩ； （2）检测完毕，向工作负责人汇报检测结果。
	7	杆上电工携带传递绳登杆	1 号、2 号杆上电工穿戴好绝缘防护用具，携带绝缘传递绳，登杆至横担下适当位置。将安全带系在牢固的构件上。
			1 号、2 号杆上电工配合安装工具支架： （1）工器具应分类放置在工具支架上； （2）尺寸较长的工器具应用绝缘传递绳上下捆扎两点，沿传递绳方向传递； （3）传递过程中，工作点垂直下方禁止站人。

5.2 操作步骤

√	序号	作业内容	步骤及要求
	1	验电	1 号杆上电工使用验电器对导线、绝缘子、横担进行验电，确认无漏电现象。
	2	绝缘遮蔽	带电作业过程中人体与带电体应保持足够的安全距离（不小于 0.4m），如不满足安全距离要求，应进行绝缘遮蔽： （1）按照“从近到远、从下到上、先带电体后接地体”的遮蔽原则对不能满足安全距离的带电体进行绝缘遮蔽，遮蔽的部位和顺序依次为导线、绝缘子、横担； （2）杆上电工在对带电体设置绝缘遮蔽隔离措施时，动作应轻缓，人体与带电体应保持足够的安全距离； （3）绝缘遮蔽隔离措施应严密、牢固，绝缘遮蔽用具之间搭接不得小于 150mm。
			拆除和恢复绝缘子绑扎线时应对绝缘子下方横担进行绝缘遮蔽。
	3	安装支、拉杆	地面电工将绝缘拉线杆和支线杆分别传至杆上电工，两电工相互配合分别将拉线杆、支线杆上端钩住导线，并适当紧固。 （1）1 号电工安装拉线杆固定器，并将拉线杆安装在固定器上；2 号电工安装支杆提线器，并将支线杆安装在提线器上； （2）拉线杆、支线杆全部装好检查无误。
	4	拆除绝缘子绑扎线	1 号电工用绝缘操作杆取下绝缘子遮蔽罩后，用绝缘绑线剪将绝缘子绑扎线剪断，两电工相互配合用绝缘三齿耙拆除绑扎线。
			拆除绑扎线过程中，绑扎线大于 100mm 时应及时剪断。

续表

√	序号	作业内容	步骤及要求
	5	提升导线	（1）绑扎线全部拆下后，2 号电工操作支线杆，抬起提线器使导线高于绝缘子； （2）1 号电工操作拉线杆，缓慢将导线支出，2 号电工放下提线器，1 号电工旋紧拉线杆卡箍； （3）拆下导线上的遗留绑线。
	6	更换绝缘子	导线支出后，将需更换的绝缘子拆下传至地面，地面电工把已做好绑扎线的新绝缘子传至杆上，由 1 号电工进行安装，并恢复横担遮蔽。
	7	固定绝缘子	绝缘子安装完毕后，两电工相互配合，操作支线杆、拉线杆将导线放置回绝缘子顶端线槽上，用绝缘三齿耙和绝缘尖嘴钳绑扎绝缘子。
	8	拆除绝缘遮蔽	经工作负责人的许可后，1 号、2 号杆上电工按照“从远到近、从上到下、先接地体后带电体”的原则拆除绝缘遮蔽隔离措施： （1）拆除的顺序依次为横担、绝缘子、导线； （2）杆上电工在拆除带电体上的绝缘遮蔽隔离措施时，动作应轻缓，人体与带电体应保持足够的安全距离。 （1）若需更换另一边相绝缘子按照相同方法进行； （2）若需更换中相绝缘子，需使用中相抱杆提升导线，并对两边相绝缘子、导线等进行绝缘遮蔽。
	9	工作验收	杆上电工检查施工质量： （1）杆上无遗漏物； （2）装置无缺陷，符合运行条件； （3）向工作负责人汇报施工质量。
	10	传递工具	1 号、2 号杆上电工分别将工器具传至地面，拆除工具支架： （1）尺寸较长的工器具应用绝缘传递绳上下捆扎两点，沿传递绳方向传递； （2）传递过程中，工作点垂直下方禁止站人。
	11	撤离杆塔	杆上电工返回地面。

6 工作结束

√	序号	作业内容	步骤及要求
	1	清理现场	工作负责人组织班组成员整理工具、材料。将工器具清洁后放入专用的箱（袋）中。清理现场，做到工完料尽场地清。
	2	召开收工会	工作负责人组织召开现场收工会，作工作总结和点评工作： （1）正确点评本项工作的施工质量； （2）点评班组成员在作业中的安全措施的落实情况； （3）点评班组成员对规程的执行情况。
	3	办理工作终结手续	工作负责人按工作票内容与值班调控人员（运维人员）联系，工作结束，终结工作票。

7　验收记录

记录检修中发现的问题	
问题处理意见	

8　现场标准化作业指导书执行情况评估

<table>
<tr><td rowspan="4">评估内容</td><td rowspan="2">符合性</td><td>优</td><td></td><td>可操作项</td><td></td></tr>
<tr><td>良</td><td></td><td>不可操作项</td><td></td></tr>
<tr><td rowspan="2">可操作性</td><td>优</td><td></td><td>修改项</td><td></td></tr>
<tr><td>良</td><td></td><td>遗漏项</td><td></td></tr>
<tr><td>存在问题</td><td colspan="5"></td></tr>
<tr><td>改进意见</td><td colspan="5"></td></tr>
</table>

9　附图

应根据现场勘察结果，绘制作业点及邻近装置的线路图。需进行倒闸操作的作业，应绘制负荷开关、断路器及隔离开关等电气设备的接线图，并注明运行状态。

带电更换直线杆绝缘子及横担现场标准化作业指导书

（绝缘杆作业法、登杆作业、多功能组合抱杆）

1 范围

本指导书适用于 10kV 架空线路带电作业现场绝缘杆作业法登杆作业带电更换直线杆绝缘子及横担工作，规定了该项工作现场标准化作业的工作步骤和技术要求。

2 规范性引用文件

GB/T 18857 《配电线路带电作业技术导则》
Q/GDW 10520 《10kV 配网不停电作业规范》
《国家电网公司电力安全工作规程（配电部分）》

3 人员组合

本项目需要工作人员 4 人。

3.1 作业人员要求

√	序号	责任人	资质	人数
	1	工作负责人	应具有一定的配电带电作业实际工作经验，熟悉设备状况，具有一定组织能力和事故处理能力，并按《安规》要求取得工作负责人资格。	1 人
	2	杆上电工	应通过 10kV 配电线路带电作业专项培训，考试合格并持证上岗。	2 人
	3	地面电工	需经省公司级基地进行带电作业专项理论培训，考试合格并持证上岗。	1 人

3.2 作业人员分工

√	序号	责任人	分工	责任人签名
	1		工作负责人	
	2		1 号杆上电工	
	3		2 号杆上电工	
	4		地面电工	

4 工器具

领用带电作业工器具应核对电压等级和试验周期，并检查外观完好无损。

工器具在运输过程中，应存放在专用工具袋、工具箱或工具车内，以防受潮和损伤。

4.1 装备

√	序号	名称	型号/规格	单位	数量	备注
	1	脚扣	400mm	副	2	

4.2 个人防护用具

√	序号	名称	型号/规格	单位	数量	备注
	1	安全帽	电绝缘	顶	2	
	2	绝缘安全帽	10kV	顶	2	
	3	绝缘手套	10kV	副	2	
	4	防护手套	皮革	副	2	
	5	内衬手套	棉线	副	2	
	6	安全带	全方位式	副	2	

4.3 绝缘遮蔽用具

√	序号	名称	型号/规格	单位	数量	备注
	1	导线遮蔽罩	10kV	个	6	绝缘杆法用
	2	专用遮蔽罩	10kV	个	3	绝缘杆法用
	3	横担遮蔽罩	10kV	组	2	绝缘杆法用

4.4 绝缘工具

√	序号	名称	型号/规格	单位	数量	备注
	1	遮蔽罩安装杆	10kV	根	1	
	2	多功能绝缘抱杆	10kV	副	1	
	3	绝缘尖嘴钳	10kV	套	1	
	4	绝缘三齿耙	10kV	把	1	
	5	绝缘绑扎线剪	10kV	副	1	
	6	绝缘传递绳	10kV	条	1	
	7	绝缘工具支架	10kV	套	1	

4.5 其他工具

√	序号	名称	型号/规格	单位	数量	备注
	1	绝缘电阻检测仪	2500V 及以上	台	1	
	2	验电器	10kV	支	1	
	3	绝缘手套充气装置		台	1	
	4	风速检测仪		台	1	
	5	温度检测仪		台	1	
	6	湿度检测仪		台	1	
	7	工具袋		个	2	
	8	防潮苫布		块	1	
	9	个人手工工具		套	1	
	10	对讲机		部	2	
	11	“从此进出”标示牌		块	1	
	12	“在此工作”标示牌		块	1	
	13	安全围栏		组	1	

4.6 材料

√	序号	名称	型号/规格	单位	数量	备注
	1	绝缘子	10kV	个	3	
	2	绑扎线	$2.5mm^2$	盘	3	
	3	直线横担		组	1	同等规格

5 作业程序

5.1 开工准备

√	序号	作业内容	步骤及要求
	1	现场复勘	工作负责人核对工作线路双重称号、杆号。
			工作负责人检查地形环境是否符合作业要求： 地面平整坚实。
			工作负责人检查线路装置是否具备带电作业条件： （1）作业电杆埋深、杆身质量； （2）检查作业点两侧导线有无烧伤断股； （3）检查绝缘子及横担外观，如裂纹严重有脱落危险，考虑采取措施，无法控制不应进行该项工作。

续表

√	序号	作业内容	步骤及要求
	1	现场复勘	工作负责人检查气象条件： 带电作业应在良好天气下进行，风力大于5级，或湿度大于80%时，不宜带电作业。若遇雷电、雪、雹、雨、雾等不良天气，禁止带电作业。带电作业过程中若遇天气突然变化，有可能危及人身及设备安全时，应立即停止工作，撤离人员，恢复设备正常状况，或采取临时安全措施。
			工作负责人检查工作票所列安全措施，在工作票上补充安全措施。
	2	执行工作许可制度	工作负责人按工作票内容与值班调控人员（运维人员）联系，履行工作许可手续。
			工作负责人在工作票上签字。
	3	召开班前会	工作负责人宣读工作票。
			工作负责人检查工作班组成员精神状态、交待工作任务进行分工、交待工作中的安全措施和技术措施。
			工作负责人检查班组各成员对工作任务分工、安全措施和技术措施是否明确。
			班组各成员在工作票、风险控制卡和作业指导书上签名确认。
	4	布置工作现场	工作负责人组织班组成员设置工作现场的安全围栏、安全警示标志： （1）安全围栏的范围应考虑作业中高空坠落和高空落物的影响以及道路交通，必要时联系交通部门； （2）围栏的出入口应设置合理，并悬挂“从此进出”标示牌。
			将绝缘工器具放在防潮苫布上： （1）防潮苫布应清洁、干燥； （2）工器具应按定置管理要求分类摆放； （3）绝缘工器具不能与金属工具、材料混放。
	5	检查绝缘及登高工器具	班组成员逐件对绝缘及登高工器具进行外观检查： （1）检查人员应戴清洁、干燥的手套； （2）绝缘工具表面不应有磨损、变形损坏，操作应灵活； （3）个人安全防护用具和遮蔽用具应无针孔、砂眼、裂纹； （4）检查安全带外观，并做冲击试验； （5）检查登杆工具，应无开焊、胶皮完好、螺栓齐全紧固，并做冲击试验。
			班组成员使用绝缘电阻检测仪分段检测绝缘工具的表面绝缘电阻值： （1）测量电极应符合规程要求（极宽2cm、极间距2cm）； （2）正确使用（自检、测量）绝缘电阻检测仪（应采用点测的方法，不应使电极在绝缘工具表面滑动，避免刮伤绝缘工具表面）； （3）绝缘电阻值不得低于700MΩ。
			绝缘工器具检查完毕，向工作负责人汇报检查结果。

续表

√	序号	作业内容	步骤及要求
	6	检测新绝缘子	检测绝缘子： （1）清洁瓷件，并作表面检查，瓷件表面应光滑，无麻点，裂痕等。用绝缘电阻检测仪检测绝缘子绝缘电阻不应低于500MΩ； （2）检测完毕，向工作负责人汇报检测结果。
	7	检查新横担	检查横担： （1）对横担进行外观检查，镀锌均匀完整，无毛刺、锈蚀和变形； （2）抱箍进行外观检查，镀锌均匀完整，无毛刺、锈蚀和变形； （3）长孔必须加平垫圈，不得在螺栓上缠绕铁线代替垫圈； （4）应采用双螺母。
	8	杆上电工携带传递绳登杆	1号、2号杆上电工穿戴好绝缘防护用具，携带绝缘传递绳，登杆至横担下适当位置。将安全带系在牢固的构件上。
			1号、2号杆上电工配合安装工具支架： （1）工器具应分类放置在工具支架上； （2）尺寸较长的工器具应用绝缘传递绳上下捆扎两点，沿传递绳方向传递； （3）传递过程中，工作点垂直下方禁止站人。

5.2 操作步骤

√	序号	作业内容	步骤及要求
	1	验电	1号杆上电工使用验电器对导线、绝缘子、横担进行验电，确认无漏电现象。
	2	绝缘遮蔽	带电作业过程中人体与带电体应保持足够的安全距离（不小于0.4m），如不满足安全距离要求，应进行绝缘遮蔽： （1）按照“从近到远、从下到上、先带电体后接地体”的遮蔽原则对不能满足安全距离的带电体进行绝缘遮蔽，遮蔽的部位和顺序依次为导线、绝缘子、横担； （2）杆上电工在对带电体设置绝缘遮蔽隔离措施时，动作应轻缓，人体与带电体应保持足够的安全距离； （3）绝缘遮蔽隔离措施应严密、牢固，绝缘遮蔽用具之间搭接不得小于150mm。
			拆除和恢复绝缘子绑扎线时应对绝缘子下方横担进行绝缘遮蔽。
	3	安装多功能绝缘抱杆	杆上电工相互配合在直线担下方0.4m处安装多功能绝缘抱杆。
	4	更换绝缘子及横担	（1）杆上电工操作多功能绝缘抱杆，升起绝缘横担，将两边相导线导入线槽中锁定。杆上电工配合，依次拆除两边相导线绑扎线； （2）杆上电工操作多功能绝缘抱杆，继续提升绝缘横担，将中间相导线导入线槽中锁定，杆上电工配合拆除中间相导线绑扎线；

续表

√	序号	作业内容	步骤及要求
	4	更换绝缘子及横担	（3）杆上电工操作多功能绝缘抱杆将导线升高至距中间相直线绝缘子有效安全距离大于0.4m处固定； （4）杆上电工相互配合更换直线杆横担及三相绝缘子，恢复横担的绝缘遮蔽措施； （5）杆上电工相互配合使用多功能绝缘抱杆将中间相导线降至绝缘子顶槽内，并使用绝缘三齿耙绑好绑扎线，恢复导线及绝缘子绝缘遮蔽措施； （6）杆上电工相互配合使用多功能绝缘抱杆将两边相导线降至绝缘子顶槽内，并依次使用绝缘三齿耙绑好绑扎线，恢复导线及绝缘子绝缘遮蔽措施； （7）杆上电工相互配合拆除多功能绝缘抱杆。
			新横担： （1）安装工艺符合施工质量标准； （2）各部螺母紧固，平、弹垫齐全； （3）绝缘子与横担安装牢固。
	5	拆除绝缘遮蔽	经工作负责人的许可后，1号、2号杆上电工按照“从远到近、从上到下、先接地体后带电体”的原则拆除绝缘遮蔽隔离措施： （1）拆除的顺序依次为横担、绝缘子、导线； （2）杆上电工在拆除带电体上的绝缘遮蔽隔离措施时，动作应轻缓，人体与带电体应保持足够的安全距离。
	6	工作验收	杆上电工检查施工质量： （1）杆上无遗漏物； （2）装置无缺陷，符合运行条件； （3）向工作负责人汇报施工质量。
	7	传递工具	1号、2号杆上电工分别将工器具传至地面，拆除工具支架： （1）尺寸较长的工器具应用绝缘传递绳上下捆扎两点，沿传递绳方向传递； （2）传递过程中，工作点垂直下方禁止站人。
	8	撤离杆塔	杆上电工返回地面。

6 工作结束

√	序号	作业内容	步骤及要求
	1	清理现场	工作负责人组织班组成员整理工具、材料。将工器具清洁后放入专用的箱（袋）中。清理现场，做到工完料尽场地清。

续表

√	序号	作业内容	步骤及要求
	2	召开收工会	工作负责人组织召开现场收工会，进行工作总结和点评工作： （1）正确点评本项工作的施工质量； （2）点评班组成员在作业中的安全措施的落实情况； （3）点评班组成员对规程的执行情况。
	3	办理工作终结手续	工作负责人按工作票内容与值班调控人员（运维人员）联系，工作结束，终结工作票。

7　验收记录

记录检修中发现的问题	
问题处理意见	

8　现场标准化作业指导书执行情况评估

<table>
<tr><td rowspan="4">评估内容</td><td rowspan="2">符合性</td><td>优</td><td></td><td>可操作项</td><td></td></tr>
<tr><td>良</td><td></td><td>不可操作项</td><td></td></tr>
<tr><td rowspan="2">可操作性</td><td>优</td><td></td><td>修改项</td><td></td></tr>
<tr><td>良</td><td></td><td>遗漏项</td><td></td></tr>
<tr><td>存在问题</td><td colspan="5"></td></tr>
<tr><td>改进意见</td><td colspan="5"></td></tr>
</table>

9　附图

应根据现场勘察结果，绘制作业点及邻近装置的线路图。需进行倒闸操作的作业，应绘制负荷开关、断路器及隔离开关等电气设备的接线图，并注明运行状态。

带电更换直线杆绝缘子及横担现场标准化作业指导书

（绝缘杆作业法、登杆作业、支拉杆）

1 范围

本指导书适用于 10kV 架空线路带电作业现场绝缘杆作业法登杆作业带电更换直线杆绝缘子及横担工作，规定了该项工作现场标准化作业的工作步骤和技术要求。

2 规范性引用文件

GB/T 18857 《配电线路带电作业技术导则》
Q/GDW 10520 《10kV 配网不停电作业规范》
《国家电网公司电力安全工作规程（配电部分）》

3 人员组合

本项目需要工作人员 4 人。

3.1 作业人员要求

√	序号	责任人	资质	人数
	1	工作负责人	应具有一定的配电带电作业实际工作经验，熟悉设备状况，具有一定组织能力和事故处理能力，并按《安规》要求取得工作负责人资格。	1 人
	2	杆上电工	应通过 10kV 配电线路带电作业专项培训，考试合格并持证上岗。	2 人
	3	地面电工	需经省公司级基地进行带电作业专项理论培训，考试合格并持证上岗。	1 人

3.2 作业人员分工

√	序号	责任人	分工	责任人签名
	1		工作负责人	
	2		1 号杆上电工	
	3		2 号杆上电工	
	4		地面电工	

4 工器具

领用带电作业工器具应核对电压等级和试验周期，并检查外观完好无损。

工器具在运输过程中，应存放在专用工具袋、工具箱或工具车内，以防受潮和损伤。

4.1 装备

√	序号	名称	型号/规格	单位	数量	备注
	1	脚扣	400mm	副	2	

4.2 个人防护用具

√	序号	名称	型号/规格	单位	数量	备注
	1	安全帽	电绝缘	顶	2	
	2	绝缘安全帽	10kV	顶	2	
	3	绝缘手套	10kV	副	2	
	4	防护手套	皮革	副	2	
	5	内衬手套	棉线	副	2	
	6	安全带	全方位式	副	2	

4.3 绝缘遮蔽用具

√	序号	名称	型号/规格	单位	数量	备注
	1	导线遮蔽罩	10kV	个	6	绝缘杆法用
	2	专用遮蔽罩	10kV	个	3	绝缘杆法用
	3	横担遮蔽罩	10kV	组	2	绝缘杆法用

4.4 绝缘工具

√	序号	名称	型号/规格	单位	数量	备注
	1	遮蔽罩安装杆	10kV	根	1	
	2	绝缘支线杆	10kV	根	2	
	3	支杆固定器	10kV	个	2	
	4	绝缘拉线杆	10kV	根	2	
	5	拉杆提升器	10kV	个	2	
	6	绝缘尖嘴钳	10kV	套	1	
	7	绝缘三齿耙	10kV	把	1	
	8	绝缘绑扎线剪	10kV	副	1	
	9	绝缘传递绳	10kV	条	1	
	10	绝缘工具支架	10kV	套	1	

4.5 其他工具

√	序号	名称	型号/规格	单位	数量	备注
	1	绝缘电阻检测仪	2500V 及以上	台	1	
	2	验电器	10kV	支	1	
	3	绝缘手套充气装置		台	1	
	4	风速检测仪		台	1	
	5	温度检测仪		台	1	
	6	湿度检测仪		台	1	
	7	工具袋		个	2	
	8	防潮苫布		块	1	
	9	个人手工工具		套	1	
	10	对讲机		部	2	
	11	安全围栏		组	1	
	12	“从此进出”标示牌		块	1	
	13	“在此工作”标示牌		块	1	

4.6 材料

√	序号	名称	型号/规格	单位	数量	备注
	1	直线绝缘子	10kV	个	3	
	2	绑扎线	$2.5mm^2$	盘	3	
	3	直线横担		组	1	同等规格

5 作业程序

5.1 开工准备

√	序号	作业内容	步骤及要求
	1	现场复勘	工作负责人核对工作线路双重称号、杆号。
			工作负责人检查地形环境是否符合作业要求： 地面平整坚实。
			工作负责人检查线路装置是否具备带电作业条件： （1）作业电杆埋深、杆身质量； （2）检查作业点两侧导线有无烧伤断股； （3）检查绝缘子及横担外观，如裂纹严重有脱落危险，考虑采取措施，无法控制不应进行该项工作。

续表

√	序号	作业内容	步骤及要求
	1	现场复勘	工作负责人检查气象条件： 带电作业应在良好天气下进行，风力大于5级，或湿度大于80%时，不宜带电作业。若遇雷电、雪、雹、雨、雾等不良天气，禁止带电作业。带电作业过程中若遇天气突然变化，有可能危及人身及设备安全时，应立即停止工作，撤离人员，恢复设备正常状况，或采取临时安全措施。
			工作负责人检查工作票所列安全措施，在工作票上补充安全措施。
	2	执行工作许可制度	工作负责人按工作票内容与值班调控人员（运维人员）联系，履行工作许可手续。
			工作负责人在工作票上签字。
	3	召开班前会	工作负责人宣读工作票。
			工作负责人检查工作班组成员精神状态、交待工作任务进行分工、交待工作中的安全措施和技术措施。
			工作负责人检查班组各成员对工作任务分工、安全措施和技术措施是否明确。
			班组各成员在工作票、风险控制卡和作业指导书上签名确认。
	4	布置工作现场	工作负责人组织班组成员设置工作现场的安全围栏、安全警示标志： （1）安全围栏的范围应考虑作业中高空坠落和高空落物的影响以及道路交通，必要时联系交通部门； （2）围栏的出入口应设置合理，并悬挂“从此进出”标示牌；
			将绝缘工器具放在防潮苫布上： （1）防潮苫布应清洁、干燥； （2）工器具应按定置管理要求分类摆放； （3）绝缘工器具不能与金属工具、材料混放。
	5	检查绝缘及登高工器具	班组成员逐件对绝缘及登高工器具进行外观检查： （1）检查人员应戴清洁、干燥的手套； （2）绝缘工具表面不应有磨损、变形损坏，操作应灵活； （3）个人安全防护用具和遮蔽用具应无针孔、砂眼、裂纹； （4）检查安全带外观，并做冲击试验； （5）检查登杆工具，应无开焊、胶皮完好、螺栓齐全紧固，并做冲击试验。
			班组成员使用绝缘电阻检测仪分段检测绝缘工具的表面绝缘电阻值： （1）测量电极应符合规程要求（极宽2cm、极间距2cm）； （2）正确使用（自检、测量）绝缘电阻检测仪（应采用点测的方法，不应使电极在绝缘工具表面滑动，避免刮伤绝缘工具表面）； （3）绝缘电阻值不得低于700MΩ。
			绝缘工器具检查完毕，向工作负责人汇报检查结果。

续表

√	序号	作业内容	步骤及要求
	6	检测新绝缘子	检测绝缘子： （1）清洁瓷件，并作表面检查，瓷件表面应光滑，无麻点，裂痕等。用绝缘电阻检测仪检测绝缘子绝缘电阻不应低于500MΩ； （2）检测完毕，向工作负责人汇报检测结果。
	7	检查新横担	检查横担： （1）横担进行外观检查，镀锌均匀完整，无毛刺、锈蚀和变形； （2）抱箍进行外观检查，镀锌均匀完整，无毛刺、锈蚀和变形； （3）长孔必须加平垫圈，不得在螺栓上缠绕铁线代替垫圈； （4）应采用双螺母。
	8	杆上电工携带传递绳登杆	1号、2号杆上电工穿戴好绝缘防护用具，携带绝缘传递绳，登杆至横担下适当位置。将安全带系在牢固的构件上。
			1号、2号杆上电工配合安装工具支架： （1）工器具应分类放置在工具支架上； （2）尺寸较长的工器具应用绝缘传递绳上下捆扎两点，沿传递绳方向传递； （3）传递过程中，工作点垂直下方禁止站人。

5.2 操作步骤

√	序号	作业内容	步骤及要求
	1	验电	1号杆上电工使用验电器对导线、绝缘子、横担进行验电，确认无漏电现象。
	2	绝缘遮蔽	带电作业过程中人体与带电体应保持足够的安全距离（不小于0.4m），如不满足安全距离要求，应进行绝缘遮蔽： （1）按照“从近到远、从下到上、先带电体后接地体”的遮蔽原则对不能满足安全距离的带电体进行绝缘遮蔽，遮蔽的部位和顺序依次为导线、绝缘子、横担； （2）杆上电工在对带电体设置绝缘遮蔽隔离措施时，动作应轻缓，人体与带电体应保持足够的安全距离； （3）绝缘遮蔽隔离措施应严密、牢固，绝缘遮蔽用具之间搭接不得小于150mm。
			拆除和恢复绝缘子绑扎线时应对绝缘子下方横担进行绝缘遮蔽。
	3	安装内边相支、拉杆	地面电工将绝缘拉线杆和支线杆分别传至杆上电工，两电工相互配合分别将拉线杆、支线杆上端钩住导线，并适当紧固。 内边相支、拉杆安装要求： （1）1号电工安装拉线杆固定器，并将拉线杆安装在固定器上；2号电工安装支杆提线器，并将支线杆安装在提线器上； （2）拉线杆、支线杆全部装好检查无误。

续表

√	序号	作业内容	步骤及要求
	4	安装外边相支、拉杆	地面电工将绝缘拉线杆和支线杆分别传至杆上电工，两电工相互配合分别将拉线杆、支线杆上端钩住导线，并适当紧固。 外边相支、拉杆安装要求： 按照相同方法安装外边相支、拉杆。
			如三相导线水平排列时，应使用中相抱杆将中间相导线提升至0.4m以外。
	5	拆除绝缘子绑扎线	1 号电工用绝缘操作杆取下绝缘子遮蔽罩后，用绝缘绑线剪将绝缘子绑扎线剪断，两电工相互配合用绝缘三齿耙拆除绑扎线。
			拆除过程中绑扎线长度大于100mm时，应及时剪断。
	6	提升导线	（1）绑扎线全部拆下后，2 号电工操作支线杆，抬起提线器使导线高于绝缘子； （2）1 号电工操作拉线杆，缓慢将导线支出，2 号电工放下提线器，1 号电工旋紧拉线杆卡箍； （3）拆下导线上的遗留绑线； （4）按照相同步骤将另一边相导线支出到安全距离。
	7	更换绝缘子及横担	拆除待更换绝缘子、横担，安装新横担、绝缘子，并恢复横担、绝缘子的遮蔽。
			新横担： （1）安装工艺符合施工质量标准； （2）各部螺母紧固，平、弹垫齐全； （3）绝缘子与横担安装牢固。
	8	固定绝缘子	（1）绝缘子安装完毕后，两电工相互配合，操作支线杆、拉线杆将导线放置回绝缘子顶端线槽上，用绝缘三齿耙和绝缘尖嘴钳绑扎绝缘子。 （2）按照相同步骤将另一边相导线的固定。
	9	拆除两边相支、拉杆	（1）将外边相支、拉杆由导线上取下传至地面，拆除固定器及提升器； （2）按照相同方法取下内边相支、拉杆及固定装置。
	10	拆除绝缘遮蔽	经工作负责人的许可后，1 号、2 号杆上电工按照“从远到近、从上到下、先接地体后带电体”的原则拆除绝缘遮蔽隔离措施： （1）拆除的顺序依次为横担、绝缘子、导线； （2）杆上电工在拆除带电体上的绝缘遮蔽隔离措施时，动作应轻缓，人体与带电体应保持足够的安全距离。
	11	工作验收	杆上电工检查施工质量： （1）杆上无遗漏物； （2）装置无缺陷，符合运行条件； （3）向工作负责人汇报施工质量。

续表

√	序号	作业内容	步骤及要求
	12	传递工具	1号、2号杆上电工分别将工器具传至地面，拆除工具支架。 （1）尺寸较长的工器具应用绝缘传递绳上下捆扎两点，沿传递绳方向传递； （2）传递过程中，工作点垂直下方禁止站人。
	13	撤离杆塔	杆上电工返回地面。

6 工作结束

√	序号	作业内容	步骤及要求
	1	清理现场	工作负责人组织班组成员整理工具、材料。将工器具清洁后放入专用的箱（袋）中。清理现场，做到工完料尽场地清。
	2	召开收工会	工作负责人组织召开现场收工会，进行工作总结和点评工作： （1）正确点评本项工作的施工质量； （2）点评班组成员在作业中的安全措施的落实情况； （3）点评班组成员对规程的执行情况。
	3	办理工作终结手续	工作负责人按工作票内容与值班调控人员（运维人员）联系，工作结束，终结工作票。

7 验收记录

记录检修中发现的问题	
问题处理意见	

8 现场标准化作业指导书执行情况评估

<table>
<tr><td rowspan="4">评估内容</td><td rowspan="2">符合性</td><td>优</td><td></td><td>可操作项</td><td></td></tr>
<tr><td>良</td><td></td><td>不可操作项</td><td></td></tr>
<tr><td rowspan="2">可操作性</td><td>优</td><td></td><td>修改项</td><td></td></tr>
<tr><td>良</td><td></td><td>遗漏项</td><td></td></tr>
<tr><td>存在问题</td><td colspan="5"></td></tr>
<tr><td>改进意见</td><td colspan="5"></td></tr>
</table>

9 附图

应根据现场勘察结果，绘制作业点及邻近装置的线路图。需进行倒闸操作的作业，应绘制负荷开关、断路器及隔离开关等电气设备的接线图，并注明运行状态。

带电更换熔断器现场标准化作业指导书

（绝缘杆作业法、登杆作业）

1 范围

本指导书适用于 10kV 架空线路带电作业现场绝缘杆作业法登杆作业带电更换熔断器工作，规定了该项工作现场标准化作业的工作步骤和技术要求。

2 规范性引用文件

GB/T 18857 《配电线路带电作业技术导则》
Q/GDW 10520 《10kV 配网不停电作业规范》
《国家电网公司电力安全工作规程（配电部分）》

3 人员组合

本项目需要工作人员 4 人。

3.1 作业人员要求

√	序号	责任人	资质	人数
	1	工作负责人	应具有一定的配电带电作业实际工作经验，熟悉设备状况，具有一定组织能力和事故处理能力，并按《安规》要求取得工作负责人资格。	1 人
	2	杆上电工	应通过 10kV 配电线路带电作业专项培训，考试合格并持证上岗。	1 人
	3	架（梯）上电工	应通过 10kV 配电线路带电作业专项培训，考试合格并持证上岗。	1 人
	4	地面电工	需经省公司级基地进行带电作业专项理论培训，考试合格并持证上岗。	1 人

3.2 作业人员分工

√	序号	责任人	分工	责任人签名
	1		工作负责人	
	2		1 号杆上电工	
	3		2 号架（梯）上电工	
	4		地面电工	

4　工器具

领用带电作业工器具应核对电压等级和试验周期，并检查外观完好无损。

工器具在运输过程中，应存放在专用工具袋、工具箱或工具车内，以防受潮和损伤。

4.1　装备

√	序号	名称	型号/规格	单位	数量	备注
	1	绝缘梯	10kV	架	1	
	2	绝缘脚手架	10kV	套	1	
	3	脚扣	400mm	副	1	

4.2　个人防护用具

√	序号	名称	型号/规格	单位	数量	备注
	1	安全帽	电绝缘	顶	2	
	2	绝缘安全帽	10kV	顶	2	
	3	绝缘服	10kV	套	2	
	4	绝缘靴	10kV	副	2	
	5	绝缘手套	10kV	副	2	
	6	防护手套	皮革	副	2	
	7	内衬手套	棉线	副	2	
	8	护目镜		副	2	防弧光及飞溅
	9	安全带	全方位式	副	2	

4.3　绝缘遮蔽用具

√	序号	名称	型号/规格	单位	数量	备注
	1	绝缘隔板	10kV	块	2	
	2	熔断器引线遮蔽罩	10kV	个	1	

4.4　绝缘工具

√	序号	名称	型号/规格	单位	数量	备注
	1	绝缘锁杆	10kV	根	1	
	2	绝缘传递绳	10kV	条	1	
	3	绝缘夹钳	10kV	把	1	
	4	绝缘套筒操作杆	10kV	根	1	
	5	绝缘风绳	10kV	根	4	

4.5 其他工具

√	序号	名称	型号/规格	单位	数量	备注
	1	绝缘电阻检测仪	2500V 及以上	台	1	
	2	验电器	10kV	支	1	
	3	绝缘手套充气装置		台	1	
	4	风速检测仪		台	1	
	5	温度检测仪		台	1	
	6	湿度检测仪		台	1	
	7	防潮苫布		块	1	
	8	个人手工工具		套	1	
	9	对讲机		部	2	
	10	清洁布		块	2	
	11	安全围栏		组	1	
	12	“从此进出”标示牌		块	1	
	13	“在此工作”标示牌		块	1	
	14	钎子		根	4	

4.6 材料

√	序号	名称	型号/规格	单位	数量	备注
	1	跌落式熔断器	10kV	支	3	
	2	熔丝		条	3	根据高压额定电流选择

5 作业程序

5.1 开工准备

√	序号	作业内容	步骤及要求
	1	现场复勘	工作负责人核对工作线路双重称号、杆号。
			工作负责人检查地形环境是否符合作业要求： 地面平整坚实。
			工作负责人检查线路装置是否具备带电作业条件： （1）作业电杆埋深、杆身质量； （2）检查熔断器外观，如裂纹严重有脱落危险，考虑采取措施，无法控制不应进行该项工作； （3）熔断器处于断开位置，且熔丝管已取下； （4）检查作业点两侧导线有无烧伤断股。

续表

√	序号	作业内容	步骤及要求
	1	现场复勘	工作负责人检查气象条件： 带电作业应在良好天气下进行，风力大于5级，或湿度大于80%时，不宜带电作业。若遇雷电、雪、雹、雨、雾等不良天气，禁止带电作业。带电作业过程中若遇天气突然变化，有可能危及人身及设备安全时，应立即停止工作，撤离人员，恢复设备正常状况，或采取临时安全措施。
			工作负责人检查工作票所列安全措施，在工作票上补充安全措施。
	2	执行工作许可制度	工作负责人按工作票内容与值班调控人员（运维人员）联系，确认线路重合闸装置已退出。
			工作负责人在工作票上签字。
	3	召开班前会	工作负责人宣读工作票。
			工作负责人检查工作班组成员精神状态、交待工作任务进行分工、交待工作中的安全措施和技术措施。
			工作负责人检查班组各成员对工作任务分工、安全措施和技术措施是否明确。
			班组各成员在工作票、风险控制卡和作业指导书上签名确认。
	4	设置绝缘脚手架（梯）	作业人员互相配合，在熔断器前方适当位置支好绝缘脚手架（梯），并使用不少于4根绝缘绳稳固（根据高度不同增加绝缘绳组数）。
	5	布置工作现场	工作负责人组织班组成员设置工作现场的安全围栏、安全警示标志： （1）安全围栏的范围应考虑作业中高空坠落和高空落物的影响以及道路交通，必要时联系交通部门； （2）围栏的出入口应设置合理，并悬挂“从此进出”标示牌。
			将绝缘工器具放在防潮苫布上： （1）防潮苫布应清洁、干燥； （2）工器具应按定置管理要求分类摆放； （3）绝缘工器具不能与金属工具、材料混放。
	6	检查绝缘及登高工器具	逐件对绝缘及登高工器具进行外观检查： （1）检查人员应戴清洁、干燥的手套； （2）绝缘工具表面不应有磨损、变形损坏，操作应灵活； （3）个人安全防护用具和遮蔽用具应无针孔、砂眼、裂纹； （4）检查安全带外观，并做冲击试验； （5）检查登杆工具，应无开焊、胶皮完好、螺栓齐全紧固，并做冲击试验。

续表

√	序号	作业内容	步骤及要求
	6	检查绝缘及登高工器具	使用绝缘电阻检测仪分段检测绝缘工具的表面绝缘电阻值： （1）测量电极应符合规程要求（极宽 2cm、极间距 2cm）； （2）正确使用（自检、测量）绝缘电阻检测仪（应采用点测的方法，不应使电极在绝缘工具表面滑动，避免刮伤绝缘工具表面）； （3）绝缘电阻值不得低于 700MΩ。
			绝缘及登高工器具检查完毕，向工作负责人汇报检查结果。
	7	检测（新）熔断器	检测熔断器： （1）清洁熔断器，并作表面检查，瓷件应光滑，无麻点、裂痕等，触头及熔丝管无问题，绝缘电阻合格。用绝缘电阻检测仪检测避雷器绝缘电阻不应低于 500MΩ； （2）熔丝大小选择合适； （3）检测完毕，向工作负责人汇报检测结果。
	8	杆上电工携带传递绳登杆	杆上电工穿戴好绝缘防护用具，携带绝缘传递绳登杆至适当位置，做好配合准备。
	9	架（梯）上电工携带传递绳登脚手架（梯）	1 号架（梯）上电工穿戴好绝缘防护用具，携带传递绳登脚手架（梯）至适当位置，将安全带系在脚手架（梯）适当位置。

5.2 操作步骤

√	序号	作业内容	步骤及要求
	1	验电	架（梯）上电工使用验电器对导线、绝缘子、横担进行验电，确认无漏电现象。
	2	安装绝缘隔板	（1）经工作负责人的许可后，架（梯）上电工在地面电工的配合下，用绝缘操作杆装设近边相与中间相之间的绝缘隔板； （2）架（梯）上电工在对带电体设置绝缘遮蔽隔离措施时，动作应轻缓，人体与带电体应保持足够的安全距离（不小于 0.4m）。
	3	断开熔断器上引线	（1）杆上电工使用绝缘锁杆锁紧熔断器上端引线； （2）架（梯）上电工使用绝缘夹钳夹住熔断器上引线，再使用绝缘套筒操作杆拆卸熔断器上桩头螺栓； （3）架（梯）上电工使用绝缘夹钳夹紧，防止引线脱落。 （4）架（梯）上电工用绝缘夹钳将熔断器上端引线顺高压引下线举起，杆上电工用绝缘锁杆将熔断器上端引线固定在本相高压引下线上； （5）架（梯）上电工安装熔断器引线遮蔽罩，将绝缘子、上下线进行绝缘遮蔽。
	4	更换熔断器	两名电工拆除熔断器下桩头引线螺栓，更换熔断器。对新安装熔断器进行拉合情况检查，摘下熔丝管，连接好下引线。

续表

√	序号	作业内容	步骤及要求
	4	更换熔断器	安装熔断器应注意： （1）工艺符合施工质量标准； （2）更换后试拉合无卡涩现象； （3）熔丝安装无断股，松紧适度；
	5	搭接熔断器上引线	架（梯）上电工取下引线遮蔽罩传至地面。
			（1）杆上电工使用绝缘锁杆锁紧熔断器上引线； （2）架（梯）上电工用绝缘夹钳夹住高压熔断器上引线，将引线送至高压熔断器上桩头接线螺栓处，用绝缘套筒拧紧接线螺栓。杆上电工松开绝缘锁杆。
			引线安装要求： （1）引线安装牢固； （2）长度适当，不得受力； （3）引线间距离满足运行要求。
	6	拆除绝缘隔板	经工作负责人的许可后，两电工相互配合拆除绝缘隔板。
	7	工作验收	杆上电工检查施工质量： （1）杆上无遗漏物； （2）装置无缺陷，符合运行条件； （3）向工作负责人汇报施工质量。
	8	传递工具	梯上和杆上电工分别将工器具传至地面： （1）尺寸较长的工器具应用绝缘传递绳上下捆扎两点，沿传递绳方向传递； （2）传递过程中，工作点垂直下方禁止站人。
	9	撤离杆塔	架（梯）上和杆上电工返回地面。

6 工作结束

√	序号	作业内容	步骤及要求
	1	清理现场	工作负责人组织班组成员整理工具、材料。将工器具清洁后放入专用的箱（袋）中。清理现场，做到工完料尽场地清。
	2	召开收工会	工作负责人组织召开现场收工会，进行工作总结和点评工作： （1）正确点评本项工作的施工质量； （2）点评班组成员在作业中的安全措施的落实情况； （3）点评班组成员对规程的执行情况。
	3	办理工作终结手续	工作负责人按工作票内容与值班调控人员（运维人员）联系，工作结束，恢复线路重合闸，终结工作票。

7 验收记录

<table>
<tr><td>记录检修中发现的问题</td><td></td></tr>
<tr><td>问题处理意见</td><td></td></tr>
</table>

8 现场标准化作业指导书执行情况评估

<table>
<tr><td rowspan="4">评估内容</td><td rowspan="2">符合性</td><td>优</td><td></td><td>可操作项</td><td></td></tr>
<tr><td>良</td><td></td><td>不可操作项</td><td></td></tr>
<tr><td rowspan="2">可操作性</td><td>优</td><td></td><td>修改项</td><td></td></tr>
<tr><td>良</td><td></td><td>遗漏项</td><td></td></tr>
<tr><td>存在问题</td><td colspan="5"></td></tr>
<tr><td>改进意见</td><td colspan="5"></td></tr>
</table>

9 附图

应根据现场勘察结果，绘制作业点及邻近装置的线路图。需进行倒闸操作的作业，应绘制负荷开关、断路器及隔离开关等电气设备的接线图，并注明运行状态。

带电更换耐张绝缘子串及横担现场标准化作业指导书

（绝缘手套作业法、绝缘斗臂车、绝缘横担）

1 范围

本指导书适用于 10kV 架空线路带电作业现场绝缘手套作业法采用绝缘斗臂车带电更换耐张绝缘子串及横担工作，规定了该项工作现场标准化作业的工作步骤和技术要求。

2 规范性引用文件

GB/T 18857 《配电线路带电作业技术导则》

Q/GDW 10520 《10kV 配网不停电作业规范》

《国家电网公司电力安全工作规程（配电部分）》

3 人员组合

本项目需要工作人员 5 人。

3.1 作业人员要求

√	序号	责任人	资质	人数
	1	工作负责人	应具有一定的配电带电作业实际工作经验，熟悉设备状况，具有一定组织能力和事故处理能力，并按《安规》要求取得工作负责人资格。	1 人
	2	专责监护人	应具有一定的配电带电作业实际工作经验，熟悉设备状况，并按《安规》要求取得专责监护人资格。	1 人
	3	斗内电工	应通过 10kV 配电线路带电作业专项培训，考试合格并持证上岗。	2 人
	4	地面电工	需经省公司级基地进行带电作业专项理论培训，考试合格并持证上岗。	1 人

3.2 作业人员分工

√	序号	姓名	分工	签名
	1		工作负责人	
	2		专责监护人	
	3		1 号斗内电工	
	4		2 号斗内电工	
	5		地面电工	

4 工器具

领用带电作业工器具应核对电压等级和试验周期，并检查外观完好无损。

工器具在运输过程中，应存放在专用工具袋、工具箱或工具车内，以防受潮和损伤。

4.1 装备

√	序号	名称	型号/规格	单位	数量	备注
	1	绝缘斗臂车	10kV	辆	2	

4.2 个人防护用具

√	序号	名称	型号/规格	单位	数量	备注
	1	安全帽	电绝缘	顶	3	
	2	绝缘安全帽	10kV	顶	2	
	3	绝缘服或绝缘披肩	10kV	套	2	
	4	绝缘手套	10kV	副	2	
	5	防护手套	皮革	副	2	
	6	内衬手套	棉线	副	2	
	7	护目镜		副	2	防弧光及飞溅
	8	安全带	全方位式	副	2	绝缘型

4.3 绝缘遮蔽用具

√	序号	名称	型号/规格	单位	数量	备注
	1	导线遮蔽罩	10kV	根	6	
	2	绝缘毯	10kV	块	20	
	3	绝缘毯夹	10kV	个	40	
	4	杆顶遮蔽罩	10kV	个	1	

4.4 绝缘工具

√	序号	名称	型号/规格	单位	数量	备注
	1	绝缘绳套	10kV	根	4	
	2	绝缘紧线器	10kV	个	4	
	3	绝缘后备保护绳	10kV	根	4	
	4	绝缘传递绳	10kV	套	2	

续表

√	序号	名称	型号/规格	单位	数量	备注
	5	绝缘连接绳	10kV	根	2	根据保护绳规格选择
	6	绝缘横担	10kV	副	1	

4.5 其他工具

√	序号	名称	型号/规格	单位	数量	备注
	1	绝缘电阻检测仪	2500V 及以上	台	1	
	2	验电器	10kV	支	1	
	3	绝缘手套充气装置		台	1	
	4	风速检测仪		台	1	
	5	温度检测仪		台	1	
	6	湿度检测仪		台	1	
	7	卡线器		个	8	
	8	防潮苫布		块	1	
	9	个人手工工具		套	1	
	10	对讲机		部	2	
	11	清洁布		块	2	
	12	安全围栏		组	1	
	13	“从此进出”标示牌		块	1	
	14	“在此工作”标示牌		块	1	

4.6 材料

√	序号	名称	型号/规格	单位	数量	备注
	1	耐张绝缘子	XP-7	片	6	
	2	耐张横担		副	1	同等规格

5 作业程序

5.1 开工准备

√	序号	作业内容	步骤及要求
	1	现场复勘	工作负责人核对工作线路双重称号、杆号。
			工作负责人检查地形环境是否符合作业要求： （1）平整坚实； （2）地面倾斜度不大于 5°。

续表

√	序号	作业内容	步骤及要求
	1	现场复勘	工作负责人检查线路装置是否具备带电作业条件： （1）作业电杆埋深、杆身质量； （2）检查耐张绝缘子串及横担外观，如裂纹严重有脱落危险，考虑采取措施，无法控制不应进行该项工作； （3）检查作业点两侧电杆导线安装情况、有无烧伤断股。
			工作负责人检查气象条件： 带电作业应在良好天气下进行，风力大于5级，或湿度大于80%时，不宜带电作业。若遇雷电、雪、雹、雨、雾等不良天气，禁止带电作业。带电作业过程中若遇天气突然变化，有可能危及人身及设备安全时，应立即停止工作，撤离人员，恢复设备正常状况，或采取临时安全措施。
			工作负责人检查工作票所列安全措施，在工作票上补充安全措施。
	2	执行工作许可制度	工作负责人按工作票内容与值班调控人员（运维人员）联系，确认线路重合闸装置已退出。
			工作负责人在工作票上签字。
	3	召开班前会	工作负责人宣读工作票。
			工作负责人检查工作班组成员精神状态、交待工作任务进行分工、交待工作中的安全措施和技术措施。
			工作负责人检查班组各成员对工作任务分工、安全措施和技术措施是否明确。
			班组各成员在工作票、风险控制卡和作业指导书上签名确认。
	4	停放绝缘斗臂车	将绝缘斗臂车停放到适当位置。作业人员应对停放位置进行检查，以下为现场应检查的停放绝缘斗臂车位置的要素： （1）停放的位置应便于绝缘斗臂车绝缘斗到达作业位置，避开附近电力线和障碍物，并能保证作业时绝缘斗臂车的绝缘臂有效绝缘长度； （2）停放位置坡度不大于5°。
			支放绝缘斗臂车支腿，作业人员应对支腿情况进行检查，然后向工作负责人汇报检查项目及结果，检查标准为： （1）不应支放在沟道盖板上； （2）软土地面应使用垫块或枕木，垫板重叠不超过2块； （3）支撑应到位。车辆前后、左右呈水平；“H”型支腿的车型，水平支腿应全部伸出。
			使用截面面积不小于16mm^{2}的软铜线将绝缘斗臂车可靠接地。

续表

√	序号	作业内容	步骤及要求
	5	布置工作现场	工作负责人组织班组成员设置工作现场的安全围栏、安全警示标志： （1）安全围栏的范围应考虑作业中高空坠落和高空落物的影响以及道路交通，必要时联系交通部门； （2）围栏的出入口应设置合理，并悬挂“从此进出”标示。
			将绝缘工器具放在防潮苫布上： （1）防潮苫布应清洁、干燥； （2）工器具应按定置管理要求分类摆放； （3）绝缘工器具不能与金属工具、材料混放。
	6	检查绝缘工器具	逐件对绝缘工器具进行外观检查： （1）检查人员应戴清洁、干燥的手套； （2）绝缘工具表面不应有磨损、变形损坏，操作应灵活； （3）个人安全防护用具和遮蔽用具应无针孔、砂眼、裂纹； （4）检查全方位绝缘安全带外观，并做冲击试验。
			使用绝缘电阻检测仪分段检测绝缘工具的表面绝缘电阻值： （1）测量电极应符合规程要求（极宽 2cm、极间距 2cm）； （2）正确使用（自检、测量）绝缘电阻检测仪（应采用点测的方法，不应使电极在绝缘工具表面滑动，避免刮伤绝缘工具表面）； （3）绝缘电阻值不得低于 700MΩ。
			绝缘工器具检查完毕，向工作负责人汇报检查结果。
	7	检查绝缘斗臂车	检查绝缘斗臂车表面状况：绝缘斗、绝缘臂应清洁、无裂纹损伤。
			试操作绝缘斗臂车： （1）试操作应空斗进行； （2）试操作应充分，有回转、升降、伸缩的过程。确认液压、机械、电气系统正常可靠、制动装置可靠； （3）试操作绝缘斗臂车小吊，确认吊臂、吊绳良好。
			绝缘斗臂车检查和试操作完毕，向工作负责人汇报检查结果。
	8	检测（新）绝缘子串及横担	检测绝缘子串： （1）清洁瓷件，并作表面检查，瓷件表面应光滑，无麻点，裂痕等。用绝缘电阻检测仪检测绝缘子绝缘电阻不应低于 500MΩ； （2）检测完毕，向工作负责人汇报检测结果。
			检查横担： （1）对横担进行外观检查，镀锌均匀完整，无毛刺、锈蚀和变形； （2）抱箍进行外观检查，镀锌均匀完整，无毛刺、锈蚀和变形； （3）长孔必须加平垫圈，不得在螺栓上缠绕铁线代替垫圈； （4）应采用双螺母。

续表

√	序号	作业内容	步骤及要求
	9	斗内电工进入绝缘斗臂车绝缘斗	1号、2号斗内电工穿戴好全套的个人安全防护用具： （1）个人安全防护用具包括安全帽、绝缘服或绝缘披肩、绝缘手套（带防护手套）、护目镜等； （2）工作负责人应检查斗内电工个人防护用具的穿戴是否正确。
			地面电工配合将工器具放入绝缘斗： （1）工器具应分类放置工具袋中； （2）工器具的金属部分不准超出绝缘斗； （3）工具和人员重量不得超过绝缘斗额定载荷。
			1号、2号斗内电工分别进入两辆斗臂车绝缘斗，挂好全方位绝缘安全带保险钩。

5.2 操作步骤

√	序号	作业内容	步骤及要求
	1	进入带电作业区域	经工作负责人许可后，斗内电工分别操作绝缘斗臂车，进入带电作业区域，绝缘斗移动应平稳匀速，在进入带电作业区域时： （1）应无大幅晃动现象； （2）绝缘斗下降、上升的速度不应超过0.5m/s； （3）绝缘斗边沿的最大线速度不应超过0.5m/s。
	2	验电	2号斗内电工将工作斗调整至带电导线横担下侧适当位置，使用验电器对导线、绝缘子、横担进行验电，确认无漏电现象。
	3	设置内边相绝缘遮蔽隔离措施	经工作负责人许可后，斗内电工分别调整绝缘斗到达合适工作位置，按照“从近到远、从下到上、先带电体后接地体”的遮蔽原则对作业范围内可能触及的带电体和接地体进行绝缘遮蔽隔离： （1）遮蔽的部位和顺序依次为导线、引线、耐张线夹、耐张绝缘子串以及作业点临近的接地体； （2）斗内电工在对带电体设置绝缘遮蔽隔离措施时，动作应轻缓，与横担等地电位构件间应保持足够的安全距离（不小于0.4m），与邻相导线之间应保持足够的安全距离（不小于0.6m）； （3）绝缘遮蔽隔离措施应严密、牢固，绝缘遮蔽用具之间搭接不得小于150mm。
	4	设置外边相绝缘遮蔽隔离措施	经工作负责人的许可后，斗内电工分别调整绝缘斗到达外边相合适工作位置，按照与内边相相同的方法对作业范围内可能触及的带电体和接地体进行绝缘遮蔽隔离。
	5	设置中间相绝缘遮蔽隔离措施	经工作负责人的许可后，斗内电工分别调整绝缘斗到达中间相合适工作位置，按照与两边相相同的方法对作业范围内可能触及的带电体和接地体进行绝缘遮蔽隔离。

续表

√	序号	作业内容	步骤及要求
	6	安装绝缘横担	两斗臂车斗内电工配合在横担下方大于0.4m处装设绝缘横担。
	7	安装绝缘紧线器和后备绝缘保护绳	（1）斗内电工分别调整绝缘斗到达内边相合适工作位置，最小范围打开耐张横担处的绝缘遮蔽，两斗臂车斗内电工在内边相耐张横担两侧分别安装绝缘绳套，各自将绝缘紧线器一端固定于绝缘绳套上，及时恢复绝缘遮蔽；分别调整绝缘斗以最小范围打开导线处的绝缘遮蔽，将卡线器固定在导线上，在两个绝缘紧线器卡头外侧加装后备保护绳，及时恢复绝缘遮蔽。 （2）斗内电工分别调整绝缘斗到达外边相合适工作位置，按照与内边相相同的方法实施作业。
	8	导线转移至绝缘横担	（1）两斗臂车斗内电工分别调整绝缘斗到达内边相合适工作位置； （2）使用绝缘紧线器分别同时收紧两侧导线，待耐张绝缘子串松弛后，斗内电工脱开连接耐张线夹与绝缘子串连接，使绝缘子串脱离耐张线夹，用绝缘连接绳固定两侧耐张线夹并检查确认牢固可靠，并在耐张线夹外侧加装后备保护绳； （3）斗内电工分别缓慢放松绝缘紧线器，使绝缘连接绳受力； （4）斗内电工分别松开并拆除绝缘紧线器和后备保护绳，将绝缘连接绳放置在绝缘横担上，锁好保险环，并做好绝缘遮蔽措施。 （5）按照相同作业方法将外边相两侧导线转移至绝缘横担
			拆除和安装耐张线夹时，作业人员严禁接触不同电位体。
	9	更换新横担及绝缘子串	两斗臂车斗内电工配合拆除旧横担，换上新横担及绝缘子串。恢复绝缘遮蔽隔离措施。
	10	恢复导线至新横担	（1）两斗臂车斗内电工分别调整绝缘斗到达外边相合适工作位置； （2）斗内电工各自在新横担上装设绝缘紧线器，同时收紧导线，装好后备保护绳。拆除连接横担两侧耐张线夹的绝缘连接绳后，连接耐张线夹与绝缘子串，并检查是否牢靠。缓慢放松绝缘紧线器，待耐张绝缘子串受力正常后，拆除后备保护绳和绝缘紧线器； （3）按照相同作业方法将内边相导线恢复至新横担
	11	拆除中间相绝缘遮蔽隔离措施	经工作负责人的许可后，斗内电工分别转调整缘斗到达中间相合适工作位置，按照“从远到近、从上到下、先接地体后带电体”的原则拆除绝缘遮蔽隔离措施： （1）拆除的顺序依次为作业点临近的接地体、耐张绝缘子串、耐张线夹、引线、导线； （2）斗内电工在拆除带电体上的绝缘遮蔽隔离措施时，动作应轻缓，与横担等地电位构件间应保持足够的安全距离，与邻相导线之间应保持足够的安全距离。
	12	拆除外边相绝缘遮蔽隔离措施	经工作负责人的许可后，斗内电工分别调整绝缘斗到达外边相合适工作位置，按照与中间相相同的方法拆除绝缘遮蔽隔离。

续表

√	序号	作业内容	步骤及要求
	13	拆除内边相绝缘遮蔽隔离措施	经工作负责人的许可后，斗内电工分别调整绝缘斗到达内边相合适工作位置，按照与中间相相同的方法拆除绝缘遮蔽隔离。
	14	工作验收	斗内电工撤出带电作业区域时： （1）应无大幅晃动现象； （2）绝缘斗下降、上升的速度不应超过 0.5m/s； （3）绝缘斗边沿的最大线速度不应超过 0.5m/s。
			斗内电工检查施工质量： （1）杆上无遗漏物； （2）装置无缺陷，符合运行条件； （3）向工作负责人汇报施工质量。
	15	撤离杆塔	下降绝缘斗返回地面、收回绝缘臂时应注意绝缘斗臂车周围杆塔、线路等情况。

6　工作结束

√	序号	作业内容	步骤及要求
	1	清理现场	将绝缘斗臂车各部件复位。需注意： （1）收回绝缘斗臂车接地线； （2）绝缘斗臂车支腿收回。
			工作负责人组织班组成员整理工具、材料。将工器具清洁后放入专用的箱（袋）中。清理现场，做到工完料尽场地清。
	2	召开收工会	工作负责人组织召开现场收工会，进行工作总结和点评工作： （1）正确点评本项工作的施工质量； （2）点评班组成员在作业中的安全措施的落实情况； （3）点评班组成员对规程的执行情况。
	3	办理工作终结手续	工作负责人按工作票内容与值班调度员（运维人员）联系，工作结束，恢复线路重合闸，终结工作票。

7　验收记录

记录检修中发现的问题	
问题处理意见	

8 现场标准化作业指导书执行情况评估

<table>
<tr><td rowspan="4">评估内容</td><td rowspan="2">符合性</td><td>优</td><td></td><td>可操作项</td><td></td></tr>
<tr><td>良</td><td></td><td>不可操作项</td><td></td></tr>
<tr><td rowspan="2">可操作性</td><td>优</td><td></td><td>修改项</td><td></td></tr>
<tr><td>良</td><td></td><td>遗漏项</td><td></td></tr>
<tr><td>存在问题</td><td colspan="5"></td></tr>
<tr><td>改进意见</td><td colspan="5"></td></tr>
</table>

9 附图

应根据现场勘察结果，绘制作业点及邻近装置的线路图。需进行倒闸操作的作业，应绘制负荷开关、断路器及隔离开关等电气设备的接线图，并注明运行状态。

带电更换耐张绝缘子串及横担现场标准化作业指导书

（绝缘手套作业法、绝缘斗臂车）

1 范围

本指导书适用于 10kV 架空线路带电作业现场绝缘手套作业法采用绝缘斗臂车带电更换耐张绝缘子串及横担工作，规定了该项工作现场标准化作业的工作步骤和技术要求。

2 规范性引用文件

GB/T 18857 《配电线路带电作业技术导则》
Q/GDW 10520 《10kV 配网不停电作业规范》
《国家电网公司电力安全工作规程（配电部分）》

3 人员组合

本项目需要工作人员 5 人。

3.1 作业人员要求

√	序号	责任人	资质	人数
	1	工作负责人	应具有一定的配电带电作业实际工作经验，熟悉设备状况，具有一定组织能力和事故处理能力，并按《安规》要求取得工作负责人资格。	1 人
	2	专责监护人	应具有一定的配电带电作业实际工作经验，熟悉设备状况，并按《安规》要求取得专责监护人资格。	1 人
	3	斗内电工	应通过 10kV 配电线路带电作业专项培训，考试合格并持证上岗。	2 人
	4	地面电工	需经省公司级基地进行带电作业专项理论培训，考试合格并持证上岗。	1 人

3.2 作业人员分工

√	序号	姓名	分工	签名
	1		工作负责人	
	2		专责监护人	
	3		1 号斗内电工	
	4		2 号斗内电工	
	5		地面电工	

4 工器具

领用带电作业工器具应核对电压等级和试验周期，并检查外观完好无损。

工器具在运输过程中，应存放在专用工具袋、工具箱或工具车内，以防受潮和损伤。

4.1 装备

√	序号	名称	型号/规格	单位	数量	备注
	1	绝缘斗臂车	10kV	辆	2	

4.2 个人防护用具

√	序号	名称	型号/规格	单位	数量	备注
	1	安全帽	电绝缘	顶	3	
	2	绝缘安全帽	10kV	顶	2	
	3	绝缘服或绝缘披肩	10kV	套	2	
	4	绝缘手套	10kV	副	2	
	5	防护手套	皮革	副	2	
	6	内衬手套	棉线	副	2	
	7	护目镜		副	2	防弧光及飞溅
	8	安全带	全方位式	副	2	绝缘型

4.3 绝缘遮蔽用具

√	序号	名称	型号/规格	单位	数量	备注
	1	导线遮蔽罩	10kV	根	6	
	2	绝缘毯	10kV	块	20	
	3	绝缘毯夹	10kV	个	40	
	4	杆顶遮蔽罩	10kV	个	1	

4.4 绝缘工具

√	序号	名称	型号/规格	单位	数量	备注
	1	绝缘绳套	10kV	根	4	
	2	绝缘紧线器	10kV	个	4	
	3	绝缘后备保护绳	10kV	根	4	
	4	绝缘传递绳	10kV	套	2	
	5	绝缘连接绳	10kV	根		根据保护绳规格选择

4.5 其他工具

√	序号	名称	型号/规格	单位	数量	备注
	1	绝缘电阻检测仪	2500V 及以上	台	1	
	2	验电器	10kV	支	1	
	3	绝缘手套充气装置		台	1	
	4	风速检测仪		台	1	
	5	温度检测仪		台	1	
	6	湿度检测仪		台	1	
	7	卡线器		个	8	
	8	防潮苫布		块	1	
	9	个人手工工具		套	1	
	10	对讲机		部	2	
	11	清洁布		块	2	
	12	安全围栏		组	1	
	13	“从此进出”标示牌		块	1	
	14	“在此工作”标示牌		块	1	

4.6 材料

√	序号	名称	型号/规格	单位	数量	备注
	1	耐张绝缘子	XP-7	片	6	
	2	耐张横担		副	1	同等规格

5 作业程序

5.1 开工准备

√	序号	作业内容	步骤及要求
	1	现场复勘	工作负责人核对工作线路双重称号、杆号。
			工作负责人检查地形环境是否符合作业要求： （1）平整坚实； （2）地面倾斜度不大于 5°。
			工作负责人检查线路装置是否具备带电作业条件： （1）作业电杆埋深、杆身质量； （2）检查耐张绝缘子串及横担外观，如裂纹严重有脱落危险，考虑采取措施，无法控制不应进行该项工作； （3）检查作业点两侧电杆导线安装情况、有无烧伤断股。

续表

√	序号	作业内容	步骤及要求
	1	现场复勘	工作负责人检查气象条件： 带电作业应在良好天气下进行，风力大于 5 级，或湿度大于 80%时，不宜带电作业。若遇雷电、雪、雹、雨、雾等不良天气，禁止带电作业。带电作业过程中若遇天气突然变化，有可能危及人身及设备安全时，应立即停止工作，撤离人员，恢复设备正常状况，或采取临时安全措施。
			工作负责人检查工作票所列安全措施，在工作票上补充安全措施。
	2	执行工作许可制度	工作负责人按工作票内容与值班调控人员（运维人员）联系，确认线路重合闸装置已退出。
			工作负责人在工作票上签字。
	3	召开班前会	工作负责人宣读工作票。
			工作负责人检查工作班组成员精神状态、交待工作任务进行分工、交待工作中的安全措施和技术措施。
			工作负责人检查班组各成员对工作任务分工、安全措施和技术措施是否明确。
			班组各成员在工作票、风险控制卡和作业指导书上签名确认。
	4	停放绝缘斗臂车	将绝缘斗臂车停放到适当位置。作业人员应对停放位置进行检查，以下为现场应检查的停放绝缘斗臂车位置的要素： （1）停放的位置应便于绝缘斗臂车绝缘斗到达作业位置，避开附近电力线和障碍物，并能保证作业时绝缘斗臂车的绝缘臂有效绝缘长度； （2）停放位置坡度不大于 5°。
			支放绝缘斗臂车支腿，作业人员应对支腿情况进行检查，然后向工作负责人汇报检查项目及结果，检查标准为： （1）不应支放在沟道盖板上； （2）软土地面应使用垫块或枕木，垫板重叠不超过 2 块； （3）支撑应到位。车辆前后、左右呈水平；“H”型支腿的车型，水平支腿应全部伸出。
			使用截面面积不小于 $16mm^2$ 的软铜线将绝缘斗臂车可靠接地。
	5	布置工作现场	工作负责人组织班组成员设置工作现场的安全围栏、安全警示标志： （1）安全围栏的范围应考虑作业中高空坠落和高空落物的影响以及道路交通，必要时联系交通部门； （2）围栏的出入口应设置合理，并悬挂“从此进出”标示牌。
			将绝缘工器具放在防潮苫布上： （1）防潮苫布应清洁、干燥； （2）工器具应按定置管理要求分类摆放； （3）绝缘工器具不能与金属工具、材料混放。

续表

√	序号	作业内容	步骤及要求
	6	检查绝缘工器具	逐件对绝缘工器具进行外观检查： （1）检查人员应戴清洁、干燥的手套； （2）绝缘工具表面不应有磨损、变形损坏，操作应灵活； （3）个人安全防护用具和遮蔽用具应无针孔、砂眼、裂纹； （4）检查全方位绝缘安全带外观，并做冲击试验。
			使用绝缘电阻检测仪分段检测绝缘工具的表面绝缘电阻值： （1）测量电极应符合规程要求（极宽 2cm、极间距 2cm）； （2）正确使用（自检、测量）绝缘电阻检测仪（应采用点测的方法，不应使电极在绝缘工具表面滑动，避免刮伤绝缘工具表面）； （3）绝缘电阻值不得低于 700MΩ。
			绝缘工器具检查完毕，向工作负责人汇报检查结果。
	7	检查绝缘斗臂车	检查绝缘斗臂车表面状况：绝缘斗、绝缘臂应清洁、无裂纹损伤。
			试操作绝缘斗臂车： （1）试操作应空斗进行； （2）试操作应充分，有回转、升降、伸缩的过程。确认液压、机械、电气系统正常可靠、制动装置可靠。 （3）试操作绝缘斗臂车小吊，确认吊臂、吊绳良好。
			绝缘斗臂车检查和试操作完毕，向工作负责人汇报检查结果。
	8	检测（新）绝缘子串及横担	检测绝缘子串： （1）清洁瓷件，并作表面检查，瓷件表面应光滑，无麻点，裂痕等。用绝缘电阻检测仪检测绝缘子绝缘电阻不应低于 500MΩ； （2）检测完毕，向工作负责人汇报检测结果。
			检查横担： （1）对横担进行外观检查，镀锌均匀完整，无毛刺、锈蚀和变形； （2）抱箍进行外观检查，镀锌均匀完整，无毛刺、锈蚀和变形； （3）长孔必须加平垫圈，不得在螺栓上缠绕铁线代替垫圈； （4）应采用双螺母。
	9	斗内电工进入绝缘斗臂车绝缘斗	1 号、2 号斗内电工穿戴好全套的个人安全防护用具： （1）个人安全防护用具包括安全帽、绝缘服或绝缘披肩、绝缘手套（带防护手套）、护目镜等； （2）工作负责人应检查斗内电工个人防护用具的穿戴是否正确。
			地面电工配合将工器具放入绝缘斗： （1）工器具应分类放置工具袋中； （2）工器具的金属部分不准超出绝缘斗； （3）工具和人员重量不得超过绝缘斗额定载荷。
			1 号、2 号斗内电工进入绝缘斗，挂好全方位绝缘安全带保险钩。

5.2　操作步骤

√	序号	作业内容	步骤及要求
	1	进入带电作业区域	经工作负责人许可后，斗内电工分别操作绝缘斗臂车，进入带电作业区域，绝缘斗移动应平稳匀速，在进入带电作业区域时： （1）应无大幅晃动现象； （2）绝缘斗下降、上升的速度不应超过 0.5m/s； （3）绝缘斗边沿的最大线速度不应超过 0.5m/s。
	2	验电	2 号斗内电工将工作斗调整至带电导线横担下侧适当位置，使用验电器对导线、绝缘子、横担进行验电，确认无漏电现象。
	3	设置内边相绝缘遮蔽隔离措施	经工作负责人许可后，斗内电工分别调整绝缘斗到达合适工作位置，按照“从近到远、从下到上、先带电体后接地体”的遮蔽原则对作业范围内可能触及的带电体和接地体进行绝缘遮蔽隔离： （1）遮蔽的部位和顺序依次为导线、引线、耐张线夹、耐张绝缘子串以及作业点临近的接地体； （2）斗内电工在对带电体设置绝缘遮蔽隔离措施时，动作应轻缓，与横担等地电位构件间应保持足够的安全距离（不小于 0.4m），与邻相导线之间应保持足够的安全距离（不小于 0.6m）； （3）绝缘遮蔽隔离措施应严密、牢固，绝缘遮蔽用具之间搭接不得小于 150mm。
	4	设置外边相绝缘遮蔽隔离措施	经工作负责人的许可后，斗内电工分别调整绝缘斗到达外边相合适工作位置，按照与内边相相同的方法对作业范围内可能触及的带电体和接地体进行绝缘遮蔽隔离。
	5	设置中间相绝缘遮蔽隔离措施	经工作负责人的许可后，斗内电工分别调整绝缘斗到达中间相合适工作位置，按照与两边相相同的方法对作业范围内可能触及的带电体和接地体进行绝缘遮蔽隔离。
	6	安装新横担及绝缘子串	在原横担上方适当位置安装新的耐张横担、耐张绝缘子串，并可靠固定。对新安装的横担、耐张绝缘子串恢复绝缘遮蔽。
	7	转移导线至新横担	（1）斗内电工分别调整绝缘斗到达内边相合适工作位置，最小范围打开新耐张横担处的绝缘遮蔽，两斗臂车斗内电工在内边相耐张横担两侧分别安装绝缘绳套，各自将绝缘紧线器一端固定于绝缘绳套上，迅速恢复绝缘遮蔽；分别调整绝缘斗以最小范围打开导线处的绝缘遮蔽，将卡线器固定在导线上，在两个绝缘紧线器卡头外侧加装后备保护绳，迅速恢复绝缘遮蔽； （2）斗内电工同时将两侧导线收紧，再收紧后备保护绳，待耐张绝缘子串松弛后，斗内电工脱开旧耐张线夹与绝缘子之间的连接，使绝缘子串脱离导线； （3）两斗臂车内斗内电工相互配合，将耐张线夹安装到新的耐张绝缘子串上，然后放松绝缘紧线器，待耐张绝缘子串受力正常后拆除后备保护绳和绝缘紧线器； （4）按同样方法进行另一边相导线的转移操作。

续表

√	序号	作业内容	步骤及要求
	8	拆除旧横担	斗内电工分别调整绝缘斗到达合适工作位置，相互配合拆除旧横担。
	9	拆除中间相绝缘遮蔽隔离措施	经工作负责人的许可后，斗内电工分别调整绝缘斗到达中间相合适工作位置，按照“从远到近、从上到下、先接地体后带电体”的原则拆除绝缘遮蔽隔离措施： （1）拆除的顺序依次为作业点临近的接地体、耐张绝缘子串、耐张线夹、引线、导线； （2）斗内电工在拆除带电体上的绝缘遮蔽隔离措施时，动作应轻缓，与横担等地电位构件间应保持足够的安全距离，与邻相导线之间应保持足够的安全距离。
	10	拆除外边相绝缘遮蔽隔离措施	经工作负责人的许可后，斗内电工调整分别绝缘斗到达外边相合适工作位置，按照与中间相相同的方法拆除绝缘遮蔽隔离。
	11	拆除内边相绝缘遮蔽隔离措施	经工作负责人的许可后，斗内电工分别调整绝缘斗到达内边相合适工作位置，按照与中间相相同的方法拆除绝缘遮蔽隔离。
	12	工作验收	斗内电工撤出带电作业区域时： （1）应无大幅晃动现象； （2）绝缘斗下降、上升的速度不应超过 0.5m/s； （3）绝缘斗边沿的最大线速度不应超过 0.5m/s。
			斗内电工检查施工质量： （1）杆上无遗漏物； （2）装置无缺陷，符合运行条件； （3）向工作负责人汇报施工质量。
	13	撤离杆塔	下降绝缘斗返回地面、收回绝缘臂时应注意绝缘斗臂车周围杆塔、线路等情况。

6 工作结束

√	序号	作业内容	步骤及要求
	1	清理现场	将绝缘斗臂车各部件复位。需注意： （1）收回绝缘斗臂车接地线； （2）绝缘斗臂车支腿收回。
			工作负责人组织班组成员整理工具、材料。将工器具清洁后放入专用的箱（袋）中。清理现场，做到工完料尽场地清。
	2	召开收工会	工作负责人组织召开现场收工会，进行工作总结和点评工作： （1）正确点评本项工作的施工质量； （2）点评班组成员在作业中的安全措施的落实情况； （3）点评班组成员对规程的执行情况。

续表

√	序号	作业内容	步骤及要求
	3	办理工作终结手续	工作负责人按工作票内容与值班调度员（运维人员）联系，工作结束，恢复线路重合闸，终结工作票。

7　验收记录

记录检修中发现的问题	
问题处理意见	

8　现场标准化作业指导书执行情况评估

<table>
<tr><td rowspan="4">评估内容</td><td rowspan="2">符合性</td><td>优</td><td></td><td>可操作项</td><td></td></tr>
<tr><td>良</td><td></td><td>不可操作项</td><td></td></tr>
<tr><td rowspan="2">可操作性</td><td>优</td><td></td><td>修改项</td><td></td></tr>
<tr><td>良</td><td></td><td>遗漏项</td><td></td></tr>
<tr><td>存在问题</td><td colspan="5"></td></tr>
<tr><td>改进意见</td><td colspan="5"></td></tr>
</table>

9　附图

应根据现场勘察结果，绘制作业点及邻近装置的线路图。需进行倒闸操作的作业，应绘制负荷开关、断路器及隔离开关等电气设备的接线图，并注明运行状态。

带电组立直线电杆
现场标准化作业指导书
（绝缘手套作业法、绝缘斗臂车）

1 范围

本指导书适用于 10kV 架空线路带电作业现场绝缘手套作业法采用绝缘斗臂车带电组立直线电杆工作，规定了该项工作现场标准化作业的工作步骤和技术要求。

2 规范性引用文件

GB/T 18857 《配电线路带电作业技术导则》
Q/GDW 10520 《10kV 配网不停电作业规范》
《国家电网公司电力安全工作规程（配电部分）》

3 人员组合

本项目需要工作人员 8 人。

3.1 作业人员要求

√	序号	责任人	资质	人数
	1	工作负责人	应具有一定的配电带电作业实际工作经验，熟悉设备状况，具有一定组织能力和事故处理能力，并按《安规》要求取得工作负责人资格。	1 人
	2	专责监护人	应具有一定的配电带电作业实际工作经验，熟悉设备状况，并按《安规》要求取得专责监护人资格。	1 人
	3	斗内电工	应通过 10kV 配电线路带电作业专项培训，考试合格并持证上岗。	2 人
	4	杆上电工	应通过 10kV 配电线路带电作业专项培训，考试合格并持证上岗。	1 人
	5	地面电工	需经省公司级基地进行带电作业专项理论培训，考试合格并持证上岗。	1 人
	6	吊车指挥	应通过信号指挥专项培训，考试合格并持证上岗。	1 人
	7	吊车操作	应通过吊车专项培训，考试合格并持证上岗。	1 人

3.2 作业人员分工

√	序号	姓名	分工	签名
	1		工作负责人	
	2		专责监护人	

续表

√	序号	姓名	分工	签名
	3		1 号斗内电工	
	4		2 号斗内电工	
	5		杆上电工	
	6		地面电工	
	7		吊车指挥	
	8		吊车操作	

4 工器具

领用带电作业工器具应核对电压等级和试验周期，并检查外观完好无损。

工器具在运输过程中，应存放在专用工具袋、工具箱或工具车内，以防受潮和损伤。

4.1 装备

√	序号	名称	型号/规格	单位	数量	备注
	1	绝缘斗臂车	10kV	辆	1	
	2	吊车	8t 及以上	辆	1	
	3	脚扣	400mm	副	1	

4.2 个人防护用具

√	序号	名称	型号/规格	单位	数量	备注
	1	安全帽	电绝缘	顶	5	
	2	绝缘安全帽	10kV	顶	3	
	3	绝缘服或绝缘披肩	10kV	套	2	
	4	绝缘手套	10kV	副	4	
	5	防护手套	皮革	副	4	
	6	内衬手套	棉线	副	4	
	7	护目镜		副	2	防弧光及飞溅
	8	安全带	全方位式	副	3	绝缘型

4.3 绝缘遮蔽用具

√	序号	名称	型号/规格	单位	数量	备注
	1	导线遮蔽罩	10kV	根	6	
	2	绝缘毯	10kV	块	10	

续表

√	序号	名称	型号/规格	单位	数量	备注
	3	绝缘毯夹	10kV	个	20	
	4	横担遮蔽罩	10kV	个	2	
	5	绝缘子遮蔽罩	10kV	个	3	
	6	电杆遮蔽罩	10kV	个	1	

4.4 绝缘工具

√	序号	名称	型号/规格	单位	数量	备注
	1	绝缘传递绳	10kV	套	2	
	2	绝缘横担	10kV	副	1	

4.5 其他工具

√	序号	名称	型号/规格	单位	数量	备注
	1	绝缘电阻检测仪	2500V 及以上	台	1	
	2	验电器	10kV	支	1	
	3	绝缘手套充气装置		台	1	
	4	风速检测仪		台	1	
	5	温度检测仪		台	1	
	6	湿度检测仪		台	1	
	7	防潮苫布		块	1	
	8	个人手工工具		套	1	
	9	对讲机		部	2	
	10	清洁布		块	2	
	11	安全围栏		组	1	
	12	“从此进出”标示牌		块	1	
	13	“在此工作”标示牌		块	1	

4.6 材料

√	序号	名称	型号/规格	单位	数量	备注
	1	直线横担		副	1	同等规格
	2	杆顶抱箍		副	1	同等规格
	3	直线绝缘子	PS-15	个	3	
	4	直线电杆		根	1	同等规格

5　作业程序

5.1　开工准备

√	序号	作业内容	步骤及要求
	1	现场复勘	工作负责人核对工作线路双重称号、杆号。
			工作负责人检查地形环境是否符合作业要求： （1）平整坚实； （2）地面倾斜度不大于5°。
			工作负责人检查线路装置是否具备带电作业条件： （1）作业电杆埋深、杆身质量； （2）检查作业点符合作业条件如有危险，考虑采取措施，无法控制不应进行该项工作； （3）检查作业点两侧电杆导线安装情况、有无烧伤断股。
			工作负责人检查气象条件： 带电作业应在良好天气下进行，风力大于5级，或湿度大于80%时，不宜带电作业。若遇雷电、雪、雹、雨、雾等不良天气，禁止带电作业。带电作业过程中若遇天气突然变化，有可能危及人身及设备安全时，应立即停止工作，撤离人员，恢复设备正常状况，或采取临时安全措施。
			工作负责人检查工作票所列安全措施，在工作票上补充安全措施。
	2	执行工作许可制度	工作负责人按工作票内容与值班调控人员（运维人员）联系，履行工作许可手续。
			工作负责人在工作票上签字。
	3	召开班前会	工作负责人宣读工作票。
			工作负责人检查工作班组成员精神状态、交待工作任务进行分工、交待工作中的安全措施和技术措施。
			工作负责人检查班组各成员对工作任务分工、安全措施和技术措施是否明确。
			班组各成员在工作票、风险控制卡和作业指导书上签名确认。
	4	停放绝缘斗臂车	将绝缘斗臂车停放到适当位置。作业人员应对停放位置进行检查，以下为现场应检查的停放绝缘斗臂车位置的要素： （1）停放的位置应便于绝缘斗臂车绝缘斗到达作业位置，避开附近电力线和障碍物，并能保证作业时绝缘斗臂车的绝缘臂有效绝缘长度； （2）停放位置坡度不大于5°。

续表

√	序号	作业内容	步骤及要求
	4	停放绝缘斗臂车	支放绝缘斗臂车支腿，作业人员应对支腿情况进行检查，然后向工作负责人汇报检查项目及结果，检查标准为： （1）不应支放在沟道盖板上； （2）软土地面应使用垫块或枕木，垫板重叠不超过 2 块； （3）支撑应到位。车辆前后、左右呈水平；“H”型支腿的车型，水平支腿应全部伸出。
			使用截面面积不小于 16mm² 的软铜线将绝缘斗臂车可靠接地。
	5	布置工作现场	工作负责人组织班组成员设置工作现场的安全围栏、安全警示标志： （1）安全围栏的范围应考虑作业中高空坠落和高空落物的影响以及道路交通，必要时联系交通部门； （2）围栏的出入口应设置合理，并悬挂“从此进出”标示牌。
			将绝缘工器具放在防潮苫布上： （1）防潮苫布应清洁、干燥； （2）工器具应按定置管理要求分类摆放； （3）绝缘工器具不能与金属工具、材料混放。
	6	检查绝缘及登高工器具	逐件对绝缘及登高工器具进行外观检查： （1）检查人员应戴清洁、干燥的手套； （2）绝缘工具表面不应有磨损、变形损坏，操作应灵活； （3）个人安全防护用具和遮蔽用具应无针孔、砂眼、裂纹； （4）检查全方位绝缘安全带外观，并做冲击试验； （5）检查登杆工具，应无开焊、胶皮完好、螺栓齐全紧固，并做冲击试验。
			使用绝缘电阻检测仪分段检测绝缘工具的表面绝缘电阻值： （1）测量电极应符合规程要求（极宽 2cm、极间距 2cm）； （2）正确使用（自检、测量）绝缘电阻检测仪（应采用点测的方法，不应使电极在绝缘工具表面滑动，避免刮伤绝缘工具表面）； （3）绝缘电阻值不得低于 700MΩ。
			绝缘工器具检查完毕，向工作负责人汇报检查结果。
	7	检测新绝缘子	检测绝缘子： （1）清洁瓷件，并作表面检查，瓷件表面应光滑，无麻点，裂痕等。用绝缘电阻检测仪检测绝缘子绝缘电阻不应低于 500MΩ； （2）检测完毕，向工作负责人汇报检测结果。
	8	检查新横担	检查横担： （1）对横担进行外观检查，镀锌均匀完整，无毛刺、锈蚀和变形； （2）抱箍进行外观检查，镀锌均匀完整，无毛刺、锈蚀和变形； （3）长孔必须加平垫圈，不得在螺栓上缠绕铁线代替垫圈； （4）应采用双螺母。

续表

√	序号	作业内容	步骤及要求
	9	检查绝缘斗臂车	检查绝缘斗臂车表面状况：绝缘斗、绝缘臂应清洁、无裂纹损伤。
			试操作绝缘斗臂车： （1）试操作应空斗进行； （2）试操作应充分，有回转、升降、伸缩的过程。确认液压、机械、电气系统正常可靠、制动装置可靠。 （3）试操作绝缘斗臂车小吊，确认吊臂、吊绳良好。
			绝缘斗臂车检查和试操作完毕，向工作负责人汇报检查结果。
	10	斗内电工进入绝缘斗臂车绝缘斗	1 号、2 号斗内电工穿戴好全套的个人安全防护用具： （1）个人安全防护用具包括安全帽、绝缘服或绝缘披肩、绝缘手套（带防护手套）、护目镜等； （2）工作负责人应检查斗内电工个人防护用具的穿戴是否正确。
			地面电工配合将工器具放入绝缘斗： （1）工器具应分类放置工具袋中； （2）工器具的金属部分不准超出绝缘斗； （3）工具和人员重量不得超过绝缘斗额定载荷。
			1 号、2 号斗内电工进入绝缘斗，挂好全方位绝缘安全带保险钩。

5.2　操作步骤

√	序号	作业内容	步骤及要求
	1	进入带电作业区域	经工作负责人许可后，2 号斗内电工操作绝缘斗臂车，进入带电作业区域，绝缘斗移动应平稳匀速，在进入带电作业区域时： （1）应无大幅晃动现象； （2）绝缘斗下降、上升的速度不应超过 0.5m/s； （3）绝缘斗边沿的最大线速度不应超过 0.5m/s。
	2	验电	2 号斗内电工将工作斗调整至带电导线下侧适当位置，1 号电工使用验电器对导线进行验电。
	3	设置内边相绝缘遮蔽隔离措施	经工作负责人许可后，2 号斗内电工调整绝缘斗到达合适工作位置，1 号电工按照“从近到远”的遮蔽原则对作业范围内的导线进行绝缘遮蔽： （1）设置绝缘遮蔽时，动作应轻缓，与邻相导线之间应保持足够的安全距离（不小于 0.6m）； （2）绝缘遮蔽应严密、牢固，绝缘遮蔽用具之间搭接不得小于 150mm。
	4	设置外边相绝缘遮蔽隔离措施	经工作负责人的许可后，2 号斗内电工调整绝缘斗到达外边相合适工作位置，1 号电工按照与内边相相同的方法对外边相导线进行绝缘遮蔽。

续表

√	序号	作业内容	步骤及要求
	5	设置中间相绝缘遮蔽隔离措施	经工作负责人的许可后，2 号斗内电工调整绝缘斗到达中间相合适工作位置，1 号电工按照与两边相相同的方法对中相导线进行绝缘遮蔽。
	6	起升导线	（1）绝缘斗臂车返回地面，在地面电工配合下，在吊臂上组装绝缘横担后到达作业位置； （2）斗内电工调整绝缘横担使三相导线分别置于绝缘横担上的卡槽内，然后扣好保险环。操作斗臂车将绝缘横担缓慢上升，使绝缘横担受力； （3）调整绝缘斗臂车，缓缓将三相导线提升至适当位置。
	7	组立电杆	（1）地面电工在杆顶适当位置使用电杆遮蔽罩进行绝缘遮蔽，并在电杆适当位置系好电杆起吊钢丝绳（注：同杆架设线路吊钩穿越低压线时应做好吊车的接地工作；低压导线应加装绝缘遮蔽并用绝缘绳向两侧拉开，增加电杆起立的通道宽度；并在电杆低压导线下方位置增加两道晃绳）； （2）吊车缓缓起吊电杆； （3）吊车将新电杆缓慢吊至预定位置； （4）电杆起立，地面电工校正后及时回填，并夯实基础。
			在钢丝绳完全受力时暂停起吊，进行下列工作： （1）检查吊车支腿及其他受力部位的情况正常； （2）地面电工在杆根处系好绝缘绳以控制杆根方向。
	8	固定导线	（1）杆上电工安装横担、杆顶抱箍、绝缘子等，并对全部接地体进行绝缘遮蔽后，返回地面； （2）斗内电工操作小吊臂缓慢下降，使导线置于绝缘子沟槽内，斗内电工逐相绑扎好绝缘子，打开绝缘横担保险，操作绝缘斗臂车使导线完全脱离绝缘横担。
	9	拆除中间相绝缘遮蔽隔离措施	经工作负责人的许可后，2 号斗内电工调整绝缘斗到达中间相合适工作位置，1 号电工按照“从远到近、从上到下、先接地体后带电体”的原则拆除绝缘遮蔽隔离措施： （1）拆除的顺序依次为作业点临近的接地体、绝缘子、导线； （2）斗内电工在拆除带电体上的绝缘遮蔽隔离措施时，动作应轻缓，与横担等地电位构件间应保持足够的安全距离，与邻相导线之间应保持足够的安全距离。
	10	拆除外边相绝缘遮蔽隔离措施	经工作负责人的许可后，2 号斗内电工调整绝缘斗到达外边相合适工作位置，1 号电工按照与中间相相同的方法拆除绝缘遮蔽隔离。
	11	拆除内边相绝缘遮蔽隔离措施	经工作负责人的许可后，2 号斗内电工调整绝缘斗到达内边相合适工作位置，1 号电工按照与中间相相同的方法拆除绝缘遮蔽隔离。

续表

√	序号	作业内容	步骤及要求
	12	工作验收	斗内电工撤出带电作业区域时： （1）应无大幅晃动现象； （2）绝缘斗下降、上升的速度不应超过 0.5m/s； （3）绝缘斗边沿的最大线速度不应超过 0.5m/s。
			斗内电工检查施工质量： （1）杆上无遗漏物； （2）装置无缺陷，符合运行条件； （3）向工作负责人汇报施工质量。
	13	撤离杆塔	下降绝缘斗返回地面、收回绝缘臂时应注意绝缘斗臂车周围杆塔、线路等情况。

6　工作结束

√	序号	作业内容	步骤及要求
	1	清理现场	将绝缘斗臂车各部件复位。需注意： （1）收回绝缘斗臂车接地线； （2）绝缘斗臂车支腿收回。
			工作负责人组织班组成员整理工具、材料。将工器具清洁后放入专用的箱（袋）中。清理现场，做到工完料尽场地清。
	2	召开收工会	工作负责人组织召开现场收工会，进行工作总结和点评工作： （1）正确点评本项工作的施工质量； （2）点评班组成员在作业中的安全措施的落实情况； （3）点评班组成员对规程的执行情况。
	3	办理工作终结手续	工作负责人按工作票内容与值班调控人员（运维人员）联系，工作结束，终结工作票。

7　验收记录

记录检修中发现的问题	
问题处理意见	

8 现场标准化作业指导书执行情况评估

<table>
<tr><td rowspan="4">评估内容</td><td rowspan="2">符合性</td><td>优</td><td></td><td>可操作项</td><td></td></tr>
<tr><td>良</td><td></td><td>不可操作项</td><td></td></tr>
<tr><td rowspan="2">可操作性</td><td>优</td><td></td><td>修改项</td><td></td></tr>
<tr><td>良</td><td></td><td>遗漏项</td><td></td></tr>
<tr><td>存在问题</td><td colspan="5"></td></tr>
<tr><td>改进意见</td><td colspan="5"></td></tr>
</table>

9 附图

应根据现场勘察结果，绘制作业点及邻近装置的线路图。需进行倒闸操作的作业，应绘制负荷开关、断路器及隔离开关等电气设备的接线图，并注明运行状态。

带电撤除直线电杆
现场标准化作业指导书
（绝缘手套作业法、绝缘斗臂车）

1 范围

本指导书适用于 10kV 架空线路带电作业现场绝缘手套作业法采用绝缘斗臂车带电撤除直线电杆工作，规定了该项工作现场标准化作业的工作步骤和技术要求。

2 规范性引用文件

GB/T 18857 《配电线路带电作业技术导则》
Q/GDW 10520 《10kV 配网不停电作业规范》
《国家电网公司电力安全工作规程（配电部分）》

3 人员组合

本项目需要工作人员 8 人。

3.1 作业人员要求

√	序号	责任人	资质	人数
	1	工作负责人	应具有一定的配电带电作业实际工作经验，熟悉设备状况，具有一定组织能力和事故处理能力，并按《安规》要求取得工作负责人资格。	1 人
	2	专责监护人	应具有一定的配电带电作业实际工作经验，熟悉设备状况，并按《安规》要求取得专责监护人资格。	1 人
	3	斗内电工	应通过 10kV 配电线路带电作业专项培训，考试合格并持证上岗。	2 人
	4	杆上电工	应通过 10kV 配电线路带电作业专项培训，考试合格并持证上岗。	1 人
	5	地面电工	需经省公司级基地进行带电作业专项理论培训，考试合格并持证上岗。	1 人
	6	吊车指挥	应通过信号指挥专项培训，考试合格并持证上岗。	1 人
	7	吊车操作	应通过吊车专项培训，考试合格并持证上岗。	1 人

3.2 作业人员分工

√	序号	姓名	分工	签名
	1		工作负责人	
	2		专责监护人	

续表

√	序号	姓名	分工	签名
	3		1 号斗内电工	
	4		2 号斗内电工	
	5		杆上电工	
	6		地面电工	
	7		吊车指挥	
	8		吊车操作	

4 工器具

领用带电作业工器具应核对电压等级和试验周期，并检查外观完好无损。

工器具在运输过程中，应存放在专用工具袋、工具箱或工具车内，以防受潮和损伤。

4.1 装备

√	序号	名称	型号/规格	单位	数量	备注
	1	绝缘斗臂车	10kV	辆	1	
	2	吊车	8t 及以上	辆	1	
	3	脚扣	400mm	副	1	

4.2 个人防护用具

√	序号	名称	型号/规格	单位	数量	备注
	1	安全帽	电绝缘	顶	5	
	2	绝缘安全帽	10kV	顶	3	
	3	绝缘服或绝缘披肩	10kV	套	2	
	4	绝缘手套	10kV	副	5	
	5	防护手套	皮革	副	5	
	6	内衬手套	棉线	副	5	
	7	护目镜		副	2	防弧光及飞溅
	8	安全带	全方位式	副	3	绝缘型

4.3 绝缘遮蔽用具

√	序号	名称	型号/规格	单位	数量	备注
	1	导线遮蔽罩	10kV	个	6	
	2	绝缘毯	10kV	块	10	

续表

√	序号	名称	型号/规格	单位	数量	备注
	3	绝缘毯夹	10kV	个	20	
	4	横担遮蔽罩	10kV	个	2	
	5	绝缘子遮蔽罩	10kV	个	3	
	6	电杆遮蔽罩	10kV	个	1	

4.4　绝缘工具

√	序号	名称	型号/规格	单位	数量	备注
	1	绝缘传递绳	10kV	套	2	
	2	绝缘横担	10kV	副	1	

4.5　其他工具

√	序号	名称	型号/规格	单位	数量	备注
	1	绝缘电阻检测仪	2500V 及以上	台	1	
	2	验电器	10kV	支	1	
	3	绝缘手套充气装置		台	1	
	4	风速检测仪		台	1	
	5	温度检测仪		台	1	
	6	湿度检测仪		台	1	
	7	防潮苫布		块	1	
	8	个人手工工具		套	1	
	9	对讲机		部	2	
	10	清洁布		块	2	
	11	安全围栏		组	1	
	12	“从此进出”标示牌		块	1	
	13	“在此工作”标示牌		块	1	

4.6　材料

√	序号	名称	型号/规格	单位	数量	备注
	1					根据工作确定所需材料

5 作业程序

5.1 开工准备

√	序号	作业内容	步骤及要求
	1	现场复勘	工作负责人核对工作线路双重称号、杆号。
			工作负责人检查地形环境是否符合作业要求： （1）平整坚实； （2）地面倾斜度不大于5°。
			工作负责人检查线路装置是否具备带电作业条件： （1）作业电杆埋深、杆身质量； （2）检查作业点符合作业条件如有危险，考虑采取措施，无法控制不应进行该项工作； （3）检查作业点两侧电杆导线安装情况、有无烧伤断股。
			工作负责人检查气象条件： 带电作业应在良好天气下进行，风力大于5级，或湿度大于80%时，不宜带电作业。若遇雷电、雪、雹、雨、雾等不良天气，禁止带电作业。带电作业过程中若遇天气突然变化，有可能危及人身及设备安全时，应立即停止工作，撤离人员，恢复设备正常状况，或采取临时安全措施。
			工作负责人检查工作票所列安全措施，在工作票上补充安全措施。
	2	执行工作许可制度	工作负责人按工作票内容与值班调控人员（运维人员）联系，履行工作许可手续。
			工作负责人在工作票上签字。
	3	召开班前会	工作负责人宣读工作票。
			工作负责人检查工作班组成员精神状态、交待工作任务进行分工、交待工作中的安全措施和技术措施。
			工作负责人检查班组各成员对工作任务分工、安全措施和技术措施是否明确。
			班组各成员在工作票、风险控制卡和作业指导书上签名确认。
	4	停放绝缘斗臂车	将绝缘斗臂车停放到适当位置。作业人员应对停放位置进行检查，以下为现场应检查的停放绝缘斗臂车位置的要素： （1）停放的位置应便于绝缘斗臂车绝缘斗到达作业位置，避开附近电力线和障碍物，并能保证作业时绝缘斗臂车的绝缘臂有效绝缘长度； （2）停放位置坡度不大于5°。

续表

√	序号	作业内容	步骤及要求
	4	停放绝缘斗臂车	支放绝缘斗臂车支腿，作业人员应对支腿情况进行检查，然后向工作负责人汇报检查项目及结果，检查标准为： （1）不应支放在沟道盖板上； （2）软土地面应使用垫块或枕木，垫板重叠不超过 2 块； （3）支撑应到位。车辆前后、左右呈水平；“H”型支腿的车型，水平支腿应全部伸出。
			使用截面面积不小于 16mm^2 的软铜线将绝缘斗臂车可靠接地。
	5	布置工作现场	工作负责人组织班组成员设置工作现场的安全围栏、安全警示标志： （1）安全围栏的范围应考虑作业中高空坠落和高空落物的影响以及道路交通，必要时联系交通部门； （2）围栏的出入口应设置合理，并悬挂“从此进出”标示牌。
			将绝缘工器具放在防潮苫布上： （1）防潮苫布应清洁、干燥； （2）工器具应按定置管理要求分类摆放； （3）绝缘工器具不能与金属工具、材料混放。
	6	检查绝缘及登高工器具	逐件对绝缘及登高工器具进行外观检查： （1）检查人员应戴清洁、干燥的手套； （2）绝缘工具表面不应有磨损、变形损坏，操作应灵活； （3）个人安全防护用具和遮蔽用具应无针孔、砂眼、裂纹； （4）检查全方位绝缘安全带外观，并做冲击试验； （5）检查登杆工具，应无开焊、胶皮完好、螺栓齐全紧固，并做冲击试验。
			使用绝缘电阻检测仪分段检测绝缘工具的表面绝缘电阻值： （1）测量电极应符合规程要求（极宽 2cm、极间距 2cm）； （2）正确使用（自检、测量）绝缘电阻检测仪（应采用点测的方法，不应使电极在绝缘工具表面滑动，避免刮伤绝缘工具表面）； （3）绝缘电阻值不得低于 700MΩ。
			绝缘工器具检查完毕，向工作负责人汇报检查结果。
	7	检查绝缘斗臂车	检查绝缘斗臂车表面状况：绝缘斗、绝缘臂应清洁、无裂纹损伤。
			试操作绝缘斗臂车： （1）试操作应空斗进行； （2）试操作应充分，有回转、升降、伸缩的过程。确认液压、机械、电气系统正常可靠、制动装置可靠。 （3）试操作绝缘斗臂车小吊，确认吊臂、吊绳良好。
			绝缘斗臂车检查和试操作完毕，向工作负责人汇报检查结果。

续表

√	序号	作业内容	步骤及要求
	8	斗内电工进入绝缘斗臂车绝缘斗	1号、2号斗内电工穿戴好全套的个人安全防护用具： （1）个人安全防护用具包括安全帽、绝缘服或绝缘披肩、绝缘手套（带防护手套）、护目镜等； （2）工作负责人应检查斗内电工个人防护用具的穿戴是否正确。
			地面电工配合将工器具放入绝缘斗： （1）工器具应分类放置工具袋中； （2）工器具的金属部分不准超出绝缘斗； （3）工具和人员重量不得超过绝缘斗额定载荷。
			1号、2号斗内电工进入绝缘斗，挂好全方位绝缘安全带保险钩。

5.2 操作步骤

√	序号	作业内容	步骤及要求
	1	进入带电作业区域	经工作负责人许可后，2号斗内电工操作绝缘斗臂车，进入带电作业区域，绝缘斗移动应平稳匀速，在进入带电作业区域时： （1）应无大幅晃动现象； （2）绝缘斗下降、上升的速度不应超过0.5m/s； （3）绝缘斗边沿的最大线速度不应超过0.5m/s。
	2	验电	2号斗内电工将绝缘斗调整至带电导线横担下侧适当位置，1号电工使用验电器对导线、绝缘子、横担进行验电，确认无漏电现象。
	3	设置内边相绝缘遮蔽隔离措施	经工作负责人许可后，2号斗内电工调整绝缘斗到达合适工作位置，1号电工按照“从近到远、从下到上、先带电体后接地体”的遮蔽原则对作业范围内可能触及的带电体和接地体进行绝缘遮蔽隔离： （1）遮蔽的部位和顺序依次为导线、绝缘子以及作业点临近的接地体； （2）斗内电工在对带电体设置绝缘遮蔽隔离措施时，动作应轻缓，与横担等地电位构件间应保持足够的安全距离（不小于0.4m），与邻相导线之间应保持足够的安全距离（不小于0.6m）； （3）绝缘遮蔽隔离措施应严密、牢固，绝缘遮蔽用具之间搭接不得小于150mm。
	4	设置外边相绝缘遮蔽隔离措施	经工作负责人的许可后，2号斗内电工调整绝缘斗到达外边相合适工作位置，1号电工按照与内边相相同的方法对作业范围内可能触及的带电体和接地体进行绝缘遮蔽隔离。
	5	设置中间相绝缘遮蔽隔离措施	经工作负责人的许可后，2号斗内电工调整绝缘斗到达中间相合适工作位置，1号电工按照与两边相相同的方法对作业范围内可能触及的带电体和接地体进行绝缘遮蔽隔离。

续表

√	序号	作业内容	步骤及要求
	6	起升导线	（1）绝缘斗臂车返回地面，在地面电工配合下，在小吊臂上组装绝缘横担后到达作业位置； （2）2 号斗内电工调整绝缘斗臂车使三相导线分别置于绝缘横担上的卡槽内，然后扣好保险环。操作绝缘斗臂车将绝缘横担缓缓上升，使绝缘横担受力； （3）1 号电工依次拆除三相导线绑扎线，2 号电工调整绝缘斗臂车，缓缓将三相导线提升至距杆顶不小于 0.4m 以外的位置； （4）杆上电工登杆拆除绝缘子、横担及杆顶抱箍，并在杆顶适当位置使用电杆遮蔽罩对电杆进行绝缘遮蔽。
	7	撤除电杆	（1）杆上电工在适当位置系好电杆起吊钢丝绳后返回地面（注：同杆架设线路吊钩穿越低压线时应做好吊车的接地工作；低压导线应加装导线遮蔽罩，并用绝缘绳向两侧拉开，增加电杆下降的通道宽度；并在电杆低压导线下方位置增加两道晃绳）； （2）吊车缓缓起吊电杆； （3）工作负责人指挥吊车将电杆平稳地下放至地面（注：同杆架设线路应顺线路方向下降电杆），地面电工将杆坑回土夯实。拆除杆顶上的绝缘遮蔽； （4）1 号电工打开绝缘横担保险环，操作绝缘斗臂车使导线完全脱离绝缘横担。
			在钢丝绳完全受力时暂停起吊，进行下列工作： （1）检查吊车支腿及其他受力部位的情况正常； （2）地面电工在杆根处系好绝缘绳以控制杆根方向。
	8	拆除中间相绝缘遮蔽隔离措施	经工作负责人的许可后，2 号斗内电工调整绝缘斗到达中间相合适工作位置，1 号电工按照“从远到近、从上到下、先接地体后带电体”的原则拆除绝缘遮蔽隔离措施： （1）拆除导线绝缘遮蔽； （2）斗内电工在拆除带电体上的绝缘遮蔽隔离措施时，动作应轻缓，与邻相导线之间应保持足够的安全距离。
	9	拆除外边相绝缘遮蔽隔离措施	经工作负责人的许可后，2 号斗内电工调整绝缘斗到达外边相合适工作位置，1 号电工按照与中间相相同的方法拆除绝缘遮蔽隔离。
	10	拆除内边相绝缘遮蔽隔离措施	经工作负责人的许可后，2 号斗内电工调整绝缘斗到达内边相合适工作位置，1 号电工按照与中间相相同的方法拆除绝缘遮蔽隔离。
	11	工作验收	斗内电工撤出带电作业区域时： （1）应无大幅晃动现象； （2）绝缘斗下降、上升的速度不应超过 0.5m/s； （3）绝缘斗边沿的最大线速度不应超过 0.5m/s。

续表

√	序号	作业内容	步骤及要求
	11	工作验收	斗内电工检查施工质量： （1）杆上无遗漏物； （2）装置无缺陷，符合运行条件； （3）向工作负责人汇报施工质量。
	12	撤离杆塔	下降绝缘斗返回地面、收回绝缘臂时应注意绝缘斗臂车周围杆塔、线路等情况。

6 工作结束

√	序号	作业内容	步骤及要求
	1	清理现场	将绝缘斗臂车各部件复位。需注意： （1）收回绝缘斗臂车接地线； （2）绝缘斗臂车支腿收回。
			工作负责人组织班组成员整理工具、材料。将工器具清洁后放入专用的箱（袋）中。清理现场，做到工完料尽场地清。
	2	召开收工会	工作负责人组织召开现场收工会，进行工作总结和点评工作： （1）正确点评本项工作的施工质量； （2）点评班组成员在作业中的安全措施的落实情况； （3）点评班组成员对规程的执行情况。
	3	办理工作终结手续	工作负责人按工作票内容与值班调控人员（运维人员）联系，工作结束，终结工作票。

7 验收记录

记录检修中发现的问题	
问题处理意见	

8　现场标准化作业指导书执行情况评估

<table>
<tr><td rowspan="4">评估内容</td><td rowspan="2">符合性</td><td>优</td><td></td><td>可操作项</td><td></td></tr>
<tr><td>良</td><td></td><td>不可操作项</td><td></td></tr>
<tr><td rowspan="2">可操作性</td><td>优</td><td></td><td>修改项</td><td></td></tr>
<tr><td>良</td><td></td><td>遗漏项</td><td></td></tr>
<tr><td>存在问题</td><td colspan="5"></td></tr>
<tr><td>改进意见</td><td colspan="5"></td></tr>
</table>

9　附图

应根据现场勘察结果，绘制作业点及邻近装置的线路图。需进行倒闸操作的作业，应绘制负荷开关、断路器及隔离开关等电气设备的接线图，并注明运行状态。

带电更换直线电杆
现场标准化作业指导书
（绝缘手套作业法、绝缘斗臂车）

1　范围

本指导书适用于 10kV 架空线路带电作业现场绝缘手套作业法采用绝缘斗臂车带电更换直线电杆工作，规定了该项工作现场标准化作业的工作步骤和技术要求。

2　规范性引用文件

GB/T 18857　《配电线路带电作业技术导则》
Q/GDW 10520　《10kV 配网不停电作业规范》
《国家电网公司电力安全工作规程（配电部分）》

3　人员组合

本项目需要工作人员 8 人。

3.1　作业人员要求

√	序号	责任人	资质	人数
	1	工作负责人	应具有一定的配电带电作业实际工作经验，熟悉设备状况，具有一定组织能力和事故处理能力，并按《安规》要求取得工作负责人资格。	1 人
	2	专责监护人	应具有一定的配电带电作业实际工作经验，熟悉设备状况，并按《安规》要求取得专责监护人资格。	1 人
	3	斗内电工	应通过 10kV 配电线路带电作业专项培训，考试合格并持证上岗。	2 人
	4	杆上电工	应通过 10kV 配电线路带电作业专项培训，考试合格并持证上岗。	1 人
	5	地面电工	需经省公司级基地进行带电作业专项理论培训，考试合格并持证上岗。	1 人
	6	吊车指挥	应通过信号指挥专项培训，考试合格并持证上岗。	1 人
	7	吊车操作	应通过吊车专项培训，考试合格并持证上岗。	1 人

3.2　作业人员分工

√	序号	姓名	分工	签名
	1		工作负责人	
	2		专责监护人	

续表

√	序号	姓名	分工	签名
	3		1号斗内电工	
	4		2号斗内电工	
	5		杆上电工	
	6		地面电工	
	7		吊车指挥	
	8		吊车操作	

4 工器具

领用带电作业工器具应核对电压等级和试验周期，并检查外观完好无损。

工器具在运输过程中，应存放在专用工具袋、工具箱或工具车内，以防受潮和损伤。

4.1 装备

√	序号	名称	型号/规格	单位	数量	备注
	1	绝缘斗臂车	10kV	辆	1	
	2	吊车	8t 及以上	辆	1	
	3	脚扣	400mm	副	1	

4.2 个人防护用具

√	序号	名称	型号/规格	单位	数量	备注
	1	安全帽	电绝缘	顶	5	
	2	绝缘安全帽	10kV	顶	3	
	3	绝缘服或绝缘披肩	10kV	套	2	
	4	绝缘手套	10kV	副	5	
	5	防护手套	皮革	副	5	
	6	内衬手套	棉线	副	5	
	7	护目镜		副	2	防弧光及飞溅
	8	安全带	全方位式	副	3	绝缘型

4.3 绝缘遮蔽用具

√	序号	名称	型号/规格	单位	数量	备注
	1	导线遮蔽罩	10kV	个	6	
	2	绝缘毯	10kV	块	10	

续表

√	序号	名称	型号/规格	单位	数量	备注
	3	绝缘毯夹	10kV	个	20	
	4	横担遮蔽罩	10kV	个	2	
	5	绝缘子遮蔽罩	10kV	个	3	
	6	电杆遮蔽罩	10kV	个	1	

4.4 绝缘工具

√	序号	名称	型号/规格	单位	数量	备注
	1	绝缘传递绳	10kV	套	2	
	2	绝缘横担	10kV	副	1	
	3	绝缘测量杆	10kV	根	1	

4.5 其他工具

√	序号	名称	型号/规格	单位	数量	备注
	1	绝缘电阻检测仪	2500V 及以上	台	1	
	2	验电器	10kV	支	1	
	3	绝缘手套充气装置		台	1	
	4	风速检测仪		台	1	
	5	温度检测仪		台	1	
	6	湿度检测仪		台	1	
	7	防潮苫布		块	1	
	8	个人手工工具		套	1	
	9	对讲机		部	2	
	10	清洁布		块	2	
	11	安全围栏		组	1	
	12	“从此进出”标示牌		块	1	
	13	“在此工作”标示牌		块	1	

4.6 材料

√	序号	名称	型号/规格	单位	数量	备注
	1	直线横担		副	1	同等规格
	2	杆顶抱箍		副	1	同等规格
	3	直线绝缘子	PS-15	个	3	
	4	直线电杆		根	1	同等规格

5　作业程序

5.1　开工准备

<table>
<tr><th>√</th><th>序号</th><th>作业内容</th><th>步骤及要求</th></tr>
<tr><td rowspan="5"></td><td rowspan="5">1</td><td rowspan="5">现场复勘</td><td>工作负责人核对工作线路双重称号、杆号。</td></tr>
<tr><td>工作负责人检查地形环境是否符合作业要求：
（1）平整坚实；
（2）地面倾斜度不大于 5°。</td></tr>
<tr><td>工作负责人检查线路装置是否具备带电作业条件：
（1）作业电杆埋深、杆身质量；
（2）检查作业点符合作业条件如有危险，考虑采取措施，无法控制不应进行该项工作；
（3）检查作业点两侧电杆导线安装情况、有无烧伤断股。</td></tr>
<tr><td>工作负责人检查气象条件：
带电作业应在良好天气下进行，风力大于 5 级，或湿度大于 80%时，不宜带电作业。若遇雷电、雪、雹、雨、雾等不良天气，禁止带电作业。带电作业过程中若遇天气突然变化，有可能危及人身及设备安全时，应立即停止工作，撤离人员，恢复设备正常状况，或采取临时安全措施。</td></tr>
<tr><td>工作负责人检查工作票所列安全措施，在工作票上补充安全措施。</td></tr>
<tr><td rowspan="2"></td><td rowspan="2">2</td><td rowspan="2">执行工作许可制度</td><td>工作负责人按工作票内容与值班调控人员（运维人员）联系，履行工作许可手续。</td></tr>
<tr><td>工作负责人在工作票上签字。</td></tr>
<tr><td rowspan="4"></td><td rowspan="4">3</td><td rowspan="4">召开班前会</td><td>工作负责人宣读工作票。</td></tr>
<tr><td>工作负责人检查工作班组成员精神状态、交待工作任务进行分工、交待工作中的安全措施和技术措施。</td></tr>
<tr><td>工作负责人检查班组各成员对工作任务分工、安全措施和技术措施是否明确。</td></tr>
<tr><td>班组各成员在工作票、风险控制卡和作业指导书上签名确认。</td></tr>
<tr><td></td><td>4</td><td>停放绝缘斗臂车</td><td>将绝缘斗臂车停放到适当位置。作业人员应对停放位置进行检查，以下为现场应检查的停放绝缘斗臂车位置的要素：
（1）停放的位置应便于绝缘斗臂车绝缘斗到达作业位置，避开附近电力线和障碍物，并能保证作业时绝缘斗臂车的绝缘臂有效绝缘长度；
（2）停放位置坡度不大于 5°。</td></tr>
</table>

续表

√	序号	作业内容	步骤及要求
	4	停放绝缘斗臂车	支放绝缘斗臂车支腿，作业人员应对支腿情况进行检查，然后向工作负责人汇报检查项目及结果，检查标准为： （1）不应支放在沟道盖板上； （2）软土地面应使用垫块或枕木，垫板重叠不超过 2 块； （3）支撑应到位。车辆前后、左右呈水平；“H”型支腿的车型，水平支腿应全部伸出。
			使用截面面积不小于 $16mm^2$ 的软铜线将绝缘斗臂车可靠接地。
	5	布置工作现场	工作负责人组织班组成员设置工作现场的安全围栏、安全警示标志： （1）安全围栏的范围应考虑作业中高空坠落和高空落物的影响以及道路交通，必要时联系交通部门； （2）围栏的出入口应设置合理，并悬挂“从此进出”标示牌。
			将绝缘工器具放在防潮苫布上： （1）防潮苫布应清洁、干燥； （2）工器具应按定置管理要求分类摆放； （3）绝缘工器具不能与金属工具、材料混放。
	6	检查绝缘及登高工器具	逐件对绝缘及登高工器具进行外观检查： （1）检查人员应戴清洁、干燥的手套； （2）绝缘工具表面不应有磨损、变形损坏，操作应灵活； （3）个人安全防护用具和遮蔽用具应无针孔、砂眼、裂纹； （4）检查全方位绝缘安全带外观，并做冲击试验； （5）检查登杆工具，应无开焊、胶皮完好、螺栓齐全紧固，并做冲击试验。
			使用绝缘电阻检测仪分段检测绝缘工具的表面绝缘电阻值： （1）测量电极应符合规程要求（极宽 2cm、极间距 2cm）； （2）正确使用（自检、测量）绝缘电阻检测仪（应采用点测的方法，不应使电极在绝缘工具表面滑动，避免刮伤绝缘工具表面）； （3）绝缘电阻值不得低于 700MΩ。
			绝缘工器具检查完毕，向工作负责人汇报检查结果。
	7	检测新绝缘子	检测绝缘子： （1）清洁瓷件，并作表面检查，瓷件表面应光滑，无麻点，裂痕等。用绝缘电阻检测仪检测绝缘子绝缘电阻不应低于 500MΩ； （2）检测完毕，向工作负责人汇报检测结果。
	8	检查新横担	检查横担： （1）对横担进行外观检查，镀锌均匀完整，无毛刺、锈蚀和变形； （2）抱箍进行外观检查，镀锌均匀完整，无毛刺、锈蚀和变形； （3）长孔必须加平垫圈，不得在螺栓上缠绕铁线代替垫圈； （4）应采用双螺母。

续表

√	序号	作业内容	步骤及要求
	9	检查绝缘斗臂车	检查绝缘斗臂车表面状况：绝缘斗、绝缘臂应清洁、无裂纹损伤。
			试操作绝缘斗臂车： （1）试操作应空斗进行； （2）试操作应充分，有回转、升降、伸缩的过程。确认液压、机械、电气系统正常可靠、制动装置可靠。 （3）试操作绝缘斗臂车小吊，确认吊臂、吊绳良好。
			绝缘斗臂车检查和试操作完毕，向工作负责人汇报检查结果。
	10	斗内电工进入绝缘斗臂车绝缘斗	1 号、2 号斗内电工穿戴好全套的个人安全防护用具： （1）个人安全防护用具包括安全帽、绝缘服或绝缘披肩、绝缘手套（带防护手套）、护目镜等； （2）工作负责人应检查斗内电工个人防护用具的穿戴是否正确。
			地面电工配合将工器具放入绝缘斗： （1）工器具应分类放置工具袋中； （2）工器具的金属部分不准超出绝缘斗； （3）工具和人员重量不得超过绝缘斗额定载荷。
			1 号、2 号斗内电工进入绝缘斗，挂好全方位绝缘安全带保险钩。

5.2 操作步骤

√	序号	作业内容	步骤及要求
	1	进入带电作业区域	经工作负责人许可后，2 号斗内电工操作绝缘斗臂车，进入带电作业区域，绝缘斗移动应平稳匀速，在进入带电作业区域时： （1）应无大幅晃动现象； （2）绝缘斗下降、上升的速度不应超过 0.5m/s； （3）绝缘斗边沿的最大线速度不应超过 0.5m/s。
	2	验电	2 号斗内电工将绝缘斗调整至带电导线横担下侧适当位置，1 号电工使用验电器对导线、绝缘子、横担进行验电，确认无漏电现象。
	3	设置内边相绝缘遮蔽隔离措施	经工作负责人许可后，2 号斗内电工调整绝缘斗到达合适工作位置，1 号电工按照“从近到远、从下到上、先带电体后接地体”的遮蔽原则对作业范围内可能触及的带电体和接地体进行绝缘遮蔽隔离： （1）遮蔽的部位和顺序依次为导线、绝缘子以及作业点临近的接地体； （2）斗内电工在对带电体设置绝缘遮蔽隔离措施时，动作应轻缓，与横担等地电位构件间应保持足够的安全距离（不小于 0.4m），与邻相导线之间应保持足够的安全距离（不小于 0.6m）； （3）绝缘遮蔽隔离措施应严密、牢固，绝缘遮蔽用具之间搭接不得小于 150mm。

续表

√	序号	作业内容	步骤及要求
	4	设置外边相绝缘遮蔽隔离措施	经工作负责人的许可后，2 号斗内电工调整绝缘斗到达外边相合适工作位置，1 号电工按照与内边相相同的方法对作业范围内可能触及的带电体和接地体进行绝缘遮蔽隔离。
	5	设置中间相绝缘遮蔽隔离措施	经工作负责人的许可后，2 号斗内电工调整绝缘斗到达中间相合适工作位置，1 号电工按照与两边相相同的方法对作业范围内可能触及的带电体和接地体进行绝缘遮蔽隔离。
	6	起升导线	（1）绝缘斗臂车返回地面，在地面电工配合下，在小吊臂上组装绝缘横担后到达作业位置； （2）2 号斗内电工调整绝缘斗臂车使三相导线分别置于绝缘横担上的卡槽内，然后扣好保险环。操作绝缘斗臂车将绝缘横担缓缓上升，使绝缘横担受力； （3）1 号电工依次拆除三相导线绑扎线，2 号电工调整绝缘斗臂车，缓缓将三相导线提升至距杆顶不小于 0.4m 以外的位置； （4）杆上电工登杆拆除绝缘子、横担及杆顶抱箍，并在杆顶适当位置使用电杆遮蔽罩对电杆进行绝缘遮蔽。
	7	撤除旧电杆	（1）杆上电工在适当位置系好电杆起吊钢丝绳后返回地面（注：同杆架设线路吊钩穿越低压线时应做好吊车的接地工作；低压导线应加装导线遮蔽罩，并用绝缘绳向两侧拉开，增加电杆下降的通道宽度；并在电杆低压导线下方位置增加两道晃绳）； （2）吊车缓缓起吊电杆； （3）工作负责人指挥吊车将电杆平稳地下放至地面（注：同杆架设线路应顺线路方向下降电杆），地面电工将杆坑回土夯实。拆除杆顶上的绝缘遮蔽； （4）1 号电工打开绝缘横担保险环，操作绝缘斗臂车使导线完全脱离绝缘横担。
			在钢丝绳完全受力时暂停起吊，进行下列工作： （1）检查吊车支腿及其他受力部位的情况正常； （2）地面电工在杆根处系好绝缘绳以控制杆根方向。
	8	组立新电杆	（1）地面电工在杆顶适当位置使用电杆遮蔽罩进行绝缘遮蔽，并在电杆适当位置系好电杆起吊钢丝绳（注：同杆架设线路吊钩穿越低压线时应做好吊车的接地工作；低压导线应加装绝缘遮蔽并用绝缘绳向两侧拉开，增加电杆起立的通道宽度；并在电杆低压导线下方位置增加两道晃绳）； （2）吊车缓缓起吊电杆； （3）吊车将新电杆缓慢吊至预定位置； （4）电杆起立，地面电工校正后及时回填，并夯实基础。

续表

√	序号	作业内容	步骤及要求
	8	组立新电杆	在钢丝绳完全受力时暂停起吊，进行下列工作： （1）检查吊车支腿及其他受力部位的情况正常； （2）地面电工在杆根处系好绝缘绳以控制杆根方向。
	9	固定导线	（1）杆上电工安装横担、杆顶抱箍、绝缘子等，并对全部接地体进行绝缘遮蔽后，返回地面； （2）斗内电工操作小吊臂缓慢下降，使导线置于绝缘子沟槽内，斗内电工逐相绑扎好绝缘子，打开绝缘横担保险，操作绝缘斗臂车使导线完全脱离绝缘横担。
	10	拆除中间相绝缘遮蔽隔离措施	经工作负责人的许可后，2 号斗内电工调整绝缘斗到达中间相合适工作位置，1 号电工按照“从远到近、从上到下、先接地体后带电体”的原则拆除绝缘遮蔽隔离措施： （1）拆除的顺序依次为作业点临近的接地体、绝缘子、导线； （2）斗内电工在拆除带电体上的绝缘遮蔽隔离措施时，动作应轻缓，与横担等地电位构件间应保持足够的安全距离，与邻相导线之间应保持足够的安全距离。
	11	拆除外边相绝缘遮蔽隔离措施	经工作负责人的许可后，2 号斗内电工调整绝缘斗到达外边相合适工作位置，1 号电工按照与中间相相同的方法拆除绝缘遮蔽隔离。
	12	拆除内边相绝缘遮蔽隔离措施	经工作负责人的许可后，2 号斗内电工调整绝缘斗到达内边相合适工作位置，1 号电工按照与中间相相同的方法拆除绝缘遮蔽隔离。
	13	工作验收	斗内电工撤出带电作业区域时： （1）应无大幅晃动现象； （2）绝缘斗下降、上升的速度不应超过 0.5m/s； （3）绝缘斗边沿的最大线速度不应超过 0.5m/s。
			斗内电工检查施工质量： （1）杆上无遗漏物； （2）装置无缺陷，符合运行条件； （3）向工作负责人汇报施工质量。
	14	撤离杆塔	下降绝缘斗返回地面、收回绝缘臂时应注意绝缘斗臂车周围杆塔、线路等情况。

6　工作结束

√	序号	作业内容	步骤及要求
	1	清理现场	将绝缘斗臂车各部件复位。需注意： （1）收回绝缘斗臂车接地线； （2）绝缘斗臂车支腿收回。

续表

√	序号	作业内容	步骤及要求
	1	清理现场	工作负责人组织班组成员整理工具、材料。将工器具清洁后放入专用的箱（袋）中。清理现场，做到工完料尽场地清。
	2	召开收工会	工作负责人组织召开现场收工会，进行工作总结和点评工作： （1）正确点评本项工作的施工质量； （2）点评班组成员在作业中的安全措施的落实情况； （3）点评班组成员对规程的执行情况。
	3	办理工作终结手续	工作负责人按工作票内容与值班调控人员（运维人员）联系，工作结束，终结工作票。

7　验收记录

记录检修中发现的问题	
问题处理意见	

8　现场标准化作业指导书执行情况评估

<table>
<tr><td rowspan="4">评估内容</td><td rowspan="2">符合性</td><td>优</td><td></td><td>可操作项</td><td></td></tr>
<tr><td>良</td><td></td><td>不可操作项</td><td></td></tr>
<tr><td rowspan="2">可操作性</td><td>优</td><td></td><td>修改项</td><td></td></tr>
<tr><td>良</td><td></td><td>遗漏项</td><td></td></tr>
<tr><td>存在问题</td><td colspan="5"></td></tr>
<tr><td>改进意见</td><td colspan="5"></td></tr>
</table>

9　附图

应根据现场勘察结果，绘制作业点及邻近装置的线路图。需进行倒闸操作的作业，应绘制负荷开关、断路器及隔离开关等电气设备的接线图，并注明运行状态。

带电直线杆改终端杆现场标准化作业指导书

（绝缘手套作业法、绝缘斗臂车、绝缘横担）

1 范围

本指导书适用于 10kV 架空线路带电作业现场绝缘手套作业法采用绝缘斗臂车带电直线杆改终端杆工作，规定了该项工作现场标准化作业的工作步骤和技术要求。

2 规范性引用文件

GB/T 18857 《配电线路带电作业技术导则》
Q/GDW 10520 《10kV 配网不停电作业规范》
《国家电网公司电力安全工作规程（配电部分）》

3 人员组合

本项目需要工作人员 6 人。

3.1 作业人员要求

√	序号	责任人	资质	人数
	1	工作负责人	应具有一定的配电带电作业实际工作经验，熟悉设备状况，具有一定组织能力和事故处理能力，并按《安规》要求取得工作负责人资格。	1 人
	2	专责监护人	应具有一定的配电带电作业实际工作经验，熟悉设备状况，并按《安规》要求取得专责监护人资格。	1 人
	3	斗内电工	应通过 10kV 配电线路带电作业专项培训，考试合格并持证上岗。	2 人
	4	杆上电工	应通过 10kV 配电线路带电作业专项培训，考试合格并持证上岗。	1 人
	5	地面电工	需经省公司级基地进行带电作业专项理论培训，考试合格并持证上岗。	1 人

3.2 作业人员分工

√	序号	姓名	分工	签名
	1		工作负责人	
	2		专责监护人	
	3		1 号斗内电工	

续表

√	序号	姓名	分工	签名
	4		2 号斗内电工	
	5		杆上电工	
	6		地面电工	

4 工器具

领用带电作业工器具应核对电压等级和试验周期，并检查外观完好无损。

工器具在运输过程中，应存放在专用工具袋、工具箱或工具车内，以防受潮和损伤。

4.1 装备

√	序号	名称	型号/规格	单位	数量	备注
	1	绝缘斗臂车	10kV	辆	2	
	2	脚扣	400mm	副	1	

4.2 个人防护用具

√	序号	名称	型号/规格	单位	数量	备注
	1	安全帽	电绝缘	顶	3	
	2	绝缘安全帽	10kV	顶	3	
	3	绝缘服或绝缘披肩	10kV	套	2	
	4	绝缘手套	10kV	副	3	
	5	防护手套	皮革	副	3	
	6	内衬手套	棉线	副	3	
	7	绝缘靴	10kV	副	1	
	8	护目镜		副	2	防弧光及飞溅
	9	安全带	全方位式	副	3	绝缘型

4.3 绝缘遮蔽用具

√	序号	名称	型号/规格	单位	数量	备注
	1	导线遮蔽罩	10kV	个	6	
	2	横担遮蔽罩	10kV	个	4	
	3	绝缘毯	10kV	块	10	
	4	绝缘毯夹	10kV	个	20	
	5	杆顶遮蔽罩	10kV	个	1	

4.4　绝缘工具

√	序号	名称	型号/规格	单位	数量	备注
	1	绝缘横担组合	10kV	套	1	
	2	绝缘绳套	10kV	根	4	
	3	绝缘紧线器	10kV	个	4	
	4	绝缘后备保护绳	10kV	根	4	
	5	绝缘传递绳	10kV	套	2	

4.5　其他工具

√	序号	名称	型号/规格	单位	数量	备注
	1	绝缘电阻检测仪	2500V 及以上	台	1	
	2	验电器	10kV	支	1	
	3	绝缘手套充气装置		台	1	
	4	风速检测仪		台	1	
	5	温度检测仪		台	1	
	6	湿度检测仪		台	1	
	7	卡线器		个	8	
	8	防潮苫布		块	1	
	9	个人手工工具		套	1	
	10	对讲机		部	2	
	11	清洁布		块	2	
	12	安全围栏		组	1	
	13	“从此进出”标示牌		块	1	
	14	“在此工作”标示牌		块	1	

4.6　材料

√	序号	名称	型号/规格	单位	数量	备注
	1	耐张横担		副	1	同等规格
	2	耐张绝缘子	XP-7	片	6	
	3	耐张金具		套	3	同等规格
	4	拉线组合	GJ-50	套	1	
	5	二合抱箍		副	1	

5 作业程序

5.1 开工准备

√	序号	作业内容	步骤及要求
	1	现场复勘	工作负责人核对工作线路双重称号、杆号。
			工作负责人检查地形环境是否符合作业要求： （1）平整坚实； （2）地面倾斜度不大于5°。
			工作负责人检查线路装置是否具备带电作业条件： （1）作业电杆埋深、杆身质量； （2）检查绝缘子及横担外观，如裂纹严重有脱落危险，考虑采取措施，无法控制不应进行该项工作； （3）检查作业点两侧电杆导线安装情况、有无烧伤断股。
			工作负责人检查气象条件： 带电作业应在良好天气下进行，风力大于5级，或湿度大于80%时，不宜带电作业。若遇雷电、雪、雹、雨、雾等不良天气，禁止带电作业。带电作业过程中若遇天气突然变化，有可能危及人身及设备安全时，应立即停止工作，撤离人员，恢复设备正常状况，或采取临时安全措施。
			工作负责人检查工作票所列安全措施，在工作票上补充安全措施。
	2	执行工作许可制度	工作负责人按工作票内容与值班调控人员（运维人员）联系，履行工作许可手续。
			工作负责人在工作票上签字。
	3	召开班前会	工作负责人宣读工作票。
			工作负责人检查工作班组成员精神状态、交待工作任务进行分工、交待工作中的安全措施和技术措施。
			工作负责人检查班组各成员对工作任务分工、安全措施和技术措施是否明确。
			班组各成员在工作票、风险控制卡和作业指导书上签名确认。
	4	停放绝缘斗臂车	将绝缘斗臂车停放到适当位置。作业人员应对停放位置进行检查，以下为现场应检查的停放绝缘斗臂车位置的要素： （1）停放的位置应便于绝缘斗臂车绝缘斗到达作业位置，避开附近电力线和障碍物，并能保证作业时绝缘斗臂车的绝缘臂有效绝缘长度； （2）停放位置坡度不大于5°。

续表

√	序号	作业内容	步骤及要求
	4	停放绝缘斗臂车	支放绝缘斗臂车支腿，作业人员应对支腿情况进行检查，然后向工作负责人汇报检查项目及结果，检查标准为： （1）不应支放在沟道盖板上； （2）软土地面应使用垫块或枕木，垫板重叠不超过2块； （3）支撑应到位。车辆前后、左右呈水平；“H”型支腿的车型，水平支腿应全部伸出。
			使用截面面积不小于16mm^{2}的软铜线将绝缘斗臂车可靠接地。
	5	布置工作现场	工作负责人组织班组成员设置工作现场的安全围栏、安全警示标志： （1）安全围栏的范围应考虑作业中高空坠落和高空落物的影响以及道路交通，必要时联系交通部门； （2）围栏的出入口应设置合理，并悬挂“从此进出”标示牌。
			将绝缘工器具放在防潮苫布上： （1）防潮苫布应清洁、干燥； （2）工器具应按定置管理要求分类摆放； （3）绝缘工器具不能与金属工具、材料混放。
	6	检查绝缘及登高工器具	逐件对绝缘及登高工器具进行外观检查： （1）检查人员应戴清洁、干燥的手套； （2）绝缘工具表面不应有磨损、变形损坏，操作应灵活； （3）个人安全防护用具和遮蔽用具应无针孔、砂眼、裂纹； （4）检查全方位绝缘安全带外观，并做冲击试验； （5）检查登杆工具，应无开焊、胶皮完好、螺栓齐全紧固，并做冲击试验。
			使用绝缘电阻检测仪分段检测绝缘工具的表面绝缘电阻值： （1）测量电极应符合规程要求（极宽2cm、极间距2cm）； （2）正确使用（自检、测量）绝缘电阻检测仪（应采用点测的方法，不应使电极在绝缘工具表面滑动，避免刮伤绝缘工具表面）； （3）绝缘电阻值不得低于700MΩ。
			绝缘工器具检查完毕，向工作负责人汇报检查结果。
	7	检查绝缘斗臂车	检查绝缘斗臂车表面状况：绝缘斗、绝缘臂应清洁、无裂纹损伤。
			试操作绝缘斗臂车： （1）试操作应空斗进行； （2）试操作应充分，有回转、升降、伸缩的过程。确认液压、机械、电气系统正常可靠、制动装置可靠。 （3）试操作绝缘斗臂车小吊，确认吊臂、吊绳良好。
			绝缘斗臂车检查和试操作完毕，向工作负责人汇报检查结果。

续表

√	序号	作业内容	步骤及要求
	8	检测绝缘子串及横担	检测绝缘子串： （1）清洁瓷件，并作表面检查，瓷件表面应光滑，无麻点，裂痕等。用绝缘电阻检测仪检测绝缘子串绝缘电阻不应低于 500MΩ； （2）检测完毕，向工作负责人汇报检测结果。
			检查横担： （1）对横担进行外观检查，镀锌均匀完整，无毛刺、锈蚀和变形； （2）抱箍进行外观检查，镀锌均匀完整，无毛刺、锈蚀和变形； （3）长孔必须加平垫圈，不得在螺栓上缠绕铁线代替垫圈； （4）应采用双螺母。
	9	斗内电工进入绝缘斗臂车绝缘斗	1 号、2 号斗内电工穿戴好全套的个人安全防护用具： （1）个人安全防护用具包括安全帽、绝缘服或绝缘披肩、绝缘手套（带防护手套）、护目镜等； （2）工作负责人应检查斗内电工个人防护用具的穿戴是否正确。
			地面电工配合将工器具放入绝缘斗： （1）工器具应分类放置工具袋中； （2）工器具的金属部分不准超出绝缘斗； （3）工具和人员重量不得超过绝缘斗额定载荷。
			1 号、2 号斗内电工进入绝缘斗，挂好全方位绝缘安全带保险钩。

5.2 操作步骤

√	序号	作业内容	步骤及要求
	1	进入带电作业区域	经工作负责人许可后，斗内电工分别操作绝缘斗臂车，进入带电作业区域，绝缘斗移动应平稳匀速，在进入带电作业区域时： （1）应无大幅晃动现象； （2）绝缘斗下降、上升的速度不应超过 0.5m/s； （3）绝缘斗边沿的最大线速度不应超过 0.5m/s。
	2	验电	2 号斗内电工将绝缘斗调整至带电导线横担下侧适当位置，使用验电器对导线、绝缘子、横担进行验电，确认无漏电现象。
	3	设置内边相绝缘遮蔽隔离措施	经工作负责人许可后，斗内电工分别调整绝缘斗到达合适工作位置，按照“从近到远、从下到上、先带电体后接地体”的遮蔽原则对作业范围内可能触及的带电体和接地体进行绝缘遮蔽隔离： （1）遮蔽的部位和顺序依次为导线、绝缘子以及作业点临近的接地体； （2）斗内电工在对带电体设置绝缘遮蔽隔离措施时，动作应轻缓，与横担等地电位构件间应保持足够的安全距离（不小于 0.4m），与邻相导线之间应保持足够的安全距离（不小于 0.6m）； （3）绝缘遮蔽隔离措施应严密、牢固，绝缘遮蔽用具之间搭接不得小于 150mm。

续表

√	序号	作业内容	步骤及要求
	4	设置外边相绝缘遮蔽隔离措施	经工作负责人的许可后，斗内电工分别调整绝缘斗到达外边相合适工作位置，按照与内边相相同的方法对作业范围内可能触及的带电体和接地体进行绝缘遮蔽隔离。
	5	设置中间相绝缘遮蔽隔离措施	经工作负责人的许可后，斗内分别电工调整绝缘斗到达中间相合适工作位置，按照与两边相相同的方法对作业范围内可能触及的带电体和接地体进行绝缘遮蔽隔离。
	6	抬升导线	（1）2 号斗内电工操作斗臂车返回地面，在地面电工配合下安装绝缘横担； （2）2 号斗内电工操作绝缘斗臂车至导线下方，将两边相导线放入绝缘横担滑槽内并锁定； （3）1 号斗内电工逐相拆除两边相绝缘子的绑扎线； （4）2 号斗内电工操作绝缘斗臂车继续缓慢抬高绝缘横担，两边相导线，将中相导线放入绝缘横担滑槽内并锁定，由 1 号斗内电工拆除中相绝缘子绑扎线。
	7	更换横担	（1）2 号斗内电工将绝缘横担缓慢抬高，抬升三相导线，抬升高度不小于 0.4m； （2）杆上电工登杆，配合 1 号斗内电工，将直线横担更换成耐张横担，挂好悬式绝缘子串及耐张线夹，并安装好电杆拉线，杆上电工返回地面； （3）1 号斗内电工对新装耐张横担和电杆设置绝缘遮蔽隔离措施。
	8	安装绝缘紧线器和后备绝缘保护绳	（1）1、2 号斗内电工调整绝缘横担，将三相导线放在已遮蔽的耐张横担上，并做好固定措施，绝缘斗臂车返回地面，拆除绝缘横担； （2）两斗内电工分别调整绝缘斗至适当位置，将绝缘紧线器、卡线器固定于内边相和外边相导线上，并在两个紧线器外侧加装后备保护绳，同时将导线收紧，再收紧后备保护绳。收紧导线后在两边相导线松线侧使用绝缘绳和卡线器做好放松导线临时固定措施。 安装绝缘紧线器时： （1）最小范围打开耐张横担部位的绝缘遮蔽，将绝缘紧线器挂接在耐张线夹安装环处，并将后备绝缘保护绳安装在耐张横担上，及时恢复耐张横担及绝缘子串的绝缘遮蔽； （2）最小范围打开导线处的绝缘遮蔽，将卡线器安装到导线上，在卡线器外侧加装后备保护绳，及时恢复导线处的绝缘遮蔽。
	9	开断导线及放线	（1）斗内电工分别调整绝缘斗至内边相和外边相，逐相开断内边相、外边相导线，并将断开的带电导线安装到耐张线夹内，迅速恢复绝缘遮蔽； （2）斗内电工分别调整绝缘斗至内边相和外边相适当位置，拆除后备保护绳一端，拆除绝缘紧线器，地面电工控制绝缘绳依次将内边相和外边相放线侧导线缓慢放松落地；

续表

√	序号	作业内容	步骤及要求
	9	开断导线及放线	（3）斗内电工调整绝缘斗分别定位于内边相和外边相有电侧，同时缓慢松弛绝缘紧线器，待耐张线夹承力后，拆除绝缘紧线器，拆除后备保护绳； （4）斗内电工相互配合按照同样方法开断中间相导线。
			（1）如导线为绝缘导线，应恢复导线端头的绝缘和密封； （2）开断导线时应有防止导线端头摆动的措施； （3）地面电工应戴绝缘手套、穿绝缘靴。
	10	拆除中间相绝缘遮蔽隔离措施	经工作负责人的许可后，斗内电工分别调整绝缘斗到达中间相合适工作位置，按照“从远到近、从上到下、先接地体后带电体”的原则拆除绝缘遮蔽隔离措施： （1）拆除的顺序依次为作业点临近的接地体、耐张绝缘子串、耐张线夹、导线； （2）斗内电工在拆除带电体上的绝缘遮蔽隔离措施时，动作应轻缓，与横担等地电位构件间应保持足够的安全距离，与邻相导线之间应保持足够的安全距离。
	11	拆除外边相绝缘遮蔽隔离措施	经工作负责人的许可后，斗内电工分别调整绝缘斗到达外边相合适工作位置，按照与中间相相同的方法拆除绝缘遮蔽隔离。
	12	拆除内边相绝缘遮蔽隔离措施	经工作负责人的许可后，斗内电工分别调整绝缘斗到达内边相合适工作位置，按照与中间相相同的方法拆除绝缘遮蔽隔离。
	13	工作验收	斗内电工撤出带电作业区域时： （1）应无大幅晃动现象； （2）绝缘斗下降、上升的速度不应超过 0.5m/s； （3）绝缘斗边沿的最大线速度不应超过 0.5m/s。
			斗内电工检查施工质量： （1）杆上无遗漏物； （2）装置无缺陷，符合运行条件； （3）向工作负责人汇报施工质量。
	14	撤离杆塔	下降绝缘斗返回地面、收回绝缘臂时应注意绝缘斗臂车周围杆塔、线路等情况。

6 工作结束

√	序号	作业内容	步骤及要求
	1	清理现场	将绝缘斗臂车各部件复位。需注意： （1）收回绝缘斗臂车接地线； （2）绝缘斗臂车支腿收回。

续表

√	序号	作业内容	步骤及要求
	1	清理现场	工作负责人组织班组成员整理工具、材料。将工器具清洁后放入专用的箱（袋）中。清理现场，做到工完料尽场地清。
	2	召开收工会	工作负责人组织召开现场收工会，进行工作总结和点评工作： （1）正确点评本项工作的施工质量； （2）点评班组成员在作业中的安全措施的落实情况； （3）点评班组成员对规程的执行情况。
	3	办理工作终结手续	工作负责人按工作票内容与值班调度员（运维人员）联系，工作结束，终结工作票。

7　验收记录

记录检修中发现的问题	
问题处理意见	

8　现场标准化作业指导书执行情况评估

<table>
<tr><td rowspan="4">评估内容</td><td rowspan="2">符合性</td><td>优</td><td></td><td>可操作项</td><td></td></tr>
<tr><td>良</td><td></td><td>不可操作项</td><td></td></tr>
<tr><td rowspan="2">可操作性</td><td>优</td><td></td><td>修改项</td><td></td></tr>
<tr><td>良</td><td></td><td>遗漏项</td><td></td></tr>
<tr><td>存在问题</td><td colspan="5"></td></tr>
<tr><td>改进意见</td><td colspan="5"></td></tr>
</table>

9　附图

应根据现场勘察结果，绘制作业点及邻近装置的线路图。需进行倒闸操作的作业，应绘制负荷开关、断路器及隔离开关等电气设备的接线图，并注明运行状态。

带电直线杆改终端杆现场标准化作业指导书
（绝缘手套作业法、绝缘斗臂车）

1 范围

本指导书适用于 10kV 架空线路带电作业现场绝缘手套作业法采用绝缘斗臂车带电直线杆改终端杆工作，规定了该项工作现场标准化作业的工作步骤和技术要求。

2 规范性引用文件

GB/T 18857 《配电线路带电作业技术导则》
Q/GDW 10520 《10kV 配网不停电作业规范》
《国家电网公司电力安全工作规程（配电部分）》

3 人员组合

本项目需要工作人员 5 人。

3.1 作业人员要求

√	序号	责任人	资质	人数
	1	工作负责人	应具有一定的配电带电作业实际工作经验，熟悉设备状况，具有一定组织能力和事故处理能力，并按《安规》要求取得工作负责人资格。	1 人
	2	专责监护人	应具有一定的配电带电作业实际工作经验，熟悉设备状况，并按《安规》要求取得专责监护人资格。	1 人
	3	斗内电工	应通过 10kV 配电线路带电作业专项培训，考试合格并持证上岗。	2 人
	4	地面电工	需经省公司级基地进行带电作业专项理论培训，考试合格并持证上岗。	1 人

3.2 作业人员分工

√	序号	姓名	分工	签名
	1		工作负责人	
	2		专责监护人	
	3		1 号斗内电工	
	4		2 号斗内电工	
	5		地面电工	

4　工器具

领用带电作业工器具应核对电压等级和试验周期，并检查外观完好无损。

工器具在运输过程中，应存放在专用工具袋、工具箱或工具车内，以防受潮和损伤。

4.1　装备

√	序号	名称	型号/规格	单位	数量	备注
	1	绝缘斗臂车	10kV	辆	2	

4.2　个人防护用具

√	序号	名称	型号/规格	单位	数量	备注
	1	安全帽	电绝缘	顶	3	
	2	绝缘安全帽	10kV	顶	3	
	3	绝缘服或绝缘披肩	10kV	套	2	
	4	绝缘手套	10kV	副	3	
	5	防护手套	皮革	副	3	
	6	内衬手套	棉线	副	3	
	7	绝缘靴	10kV	副	1	
	8	护目镜		副	2	防弧光及飞溅
	9	安全带	全方位式	副	3	绝缘型

4.3　绝缘遮蔽用具

√	序号	名称	型号/规格	单位	数量	备注
	1	导线遮蔽罩	10kV	个	6	
	2	横担遮蔽罩	10kV	个	4	
	3	绝缘毯	10kV	块	10	
	4	绝缘毯夹	10kV	个	20	
	5	杆顶遮蔽罩	10kV	个	1	

4.4　绝缘工具

√	序号	名称	型号/规格	单位	数量	备注
	1	杆顶绝缘横担	10kV	套	1	
	2	绝缘绳套	10kV	根	4	
	3	绝缘紧线器	10kV	个	4	
	4	绝缘后备保护绳	10kV	根	4	
	5	绝缘传递绳	10kV	套	2	

4.5 其他工具

√	序号	名称	型号/规格	单位	数量	备注
	1	绝缘电阻检测仪	2500V 及以上	台	1	
	2	验电器	10kV	支	1	
	3	绝缘手套充气装置		台	1	
	4	风速检测仪		台	1	
	5	温度检测仪		台	1	
	6	湿度检测仪		台	1	
	7	卡线器		个	8	
	8	防潮苫布		块	1	
	9	个人手工工具		套	1	
	10	对讲机		部	2	
	11	清洁布		块	2	
	12	安全围栏		组	1	
	13	“从此进出”标示牌		块	1	
	14	“在此工作”标示牌		块	1	

4.6 材料

√	序号	名称	型号/规格	单位	数量	备注
	1	耐张绝缘子	XP-7	片	6	
	2	耐张金具		套	3	同等规格
	3	拉线组合	GJ-50	套	1	
	4	二合抱箍		副	1	

5 作业程序

5.1 开工准备

√	序号	作业内容	步骤及要求
	1	现场复勘	工作负责人核对工作线路双重称号、杆号。
			工作负责人检查地形环境是否符合作业要求： （1）平整坚实； （2）地面倾斜度不大于 5°。

续表

√	序号	作业内容	步骤及要求
	1	现场复勘	工作负责人检查线路装置是否具备带电作业条件： （1）作业电杆埋深、杆身质量； （2）检查绝缘子及横担外观，如裂纹严重有脱落危险，考虑采取措施，无法控制不应进行该项工作； （3）检查作业点两侧电杆导线安装情况、有无烧伤断股。
			工作负责人检查气象条件： 带电作业应在良好天气下进行，风力大于 5 级，或湿度大于 80%时，不宜带电作业。若遇雷电、雪、雹、雨、雾等不良天气，禁止带电作业。带电作业过程中若遇天气突然变化，有可能危及人身及设备安全时，应立即停止工作，撤离人员，恢复设备正常状况，或采取临时安全措施。
			工作负责人检查工作票所列安全措施，在工作票上补充安全措施。
	2	执行工作许可制度	工作负责人按工作票内容与值班调控人员（运维人员）联系，履行工作许可手续。
			工作负责人在工作票上签字。
	3	召开班前会	工作负责人宣读工作票。
			工作负责人检查工作班组成员精神状态、交待工作任务进行分工、交待工作中的安全措施和技术措施。
			工作负责人检查班组各成员对工作任务分工、安全措施和技术措施是否明确。
			班组各成员在工作票、风险控制卡和作业指导书上签名确认。
	4	停放绝缘斗臂车	将绝缘斗臂车停放到适当位置。作业人员应对停放位置进行检查，以下为现场应检查的停放绝缘斗臂车位置的要素： （1）停放的位置应便于绝缘斗臂车绝缘斗到达作业位置，避开附近电力线和障碍物，并能保证作业时绝缘斗臂车的绝缘臂有效绝缘长度； （2）停放位置坡度不大于 5°。
			支放绝缘斗臂车支腿，作业人员应对支腿情况进行检查，然后向工作负责人汇报检查项目及结果，检查标准为： （1）不应支放在沟道盖板上； （2）软土地面应使用垫块或枕木，垫板重叠不超过 2 块； （3）支撑应到位。车辆前后、左右呈水平；“H”型支腿的车型，水平支腿应全部伸出。
			使用截面面积不小于 $16mm^2$ 的软铜线将绝缘斗臂车可靠接地。

续表

√	序号	作业内容	步骤及要求
	5	布置工作现场	工作负责人组织班组成员设置工作现场的安全围栏、安全警示标志： （1）安全围栏的范围应考虑作业中高空坠落和高空落物的影响以及道路交通，必要时联系交通部门； （2）围栏的出入口应设置合理，并悬挂“从此进出”标示牌。
			将绝缘工器具放在防潮苫布上： （1）防潮苫布应清洁、干燥； （2）工器具应按定置管理要求分类摆放； （3）绝缘工器具不能与金属工具、材料混放。
	6	检查绝缘工器具	逐件对绝缘工器具进行外观检查： （1）检查人员应戴清洁、干燥的手套； （2）绝缘工具表面不应有磨损、变形损坏，操作应灵活； （3）个人安全防护用具和遮蔽用具应无针孔、砂眼、裂纹； （4）检查全方位绝缘安全带外观，并做冲击试验。
			使用绝缘电阻检测仪分段检测绝缘工具的表面绝缘电阻值： （1）测量电极应符合规程要求（极宽 2cm、极间距 2cm）； （2）正确使用（自检、测量）绝缘电阻检测仪（应采用点测的方法，不应使电极在绝缘工具表面滑动，避免刮伤绝缘工具表面）； （3）绝缘电阻值不得低于 700MΩ。
			绝缘工器具检查完毕，向工作负责人汇报检查结果。
	7	检查绝缘斗臂车	检查绝缘斗臂车表面状况：绝缘斗、绝缘臂应清洁、无裂纹损伤。
			试操作绝缘斗臂车： （1）试操作应空斗进行； （2）试操作应充分，有回转、升降、伸缩的过程。确认液压、机械、电气系统正常可靠、制动装置可靠。
			绝缘斗臂车检查和试操作完毕，向工作负责人汇报检查结果。
	8	检测绝缘子串及横担	检测绝缘子串： （1）清洁瓷件，并作表面检查，瓷件表面应光滑，无麻点，裂痕等。用绝缘电阻检测仪检测绝缘子串绝缘电阻不应低于 500MΩ； （2）检测完毕，向工作负责人汇报检测结果。
			检查横担： （1）对横担进行外观检查，镀锌均匀完整，无毛刺、锈蚀和变形； （2）抱箍进行外观检查，镀锌均匀完整，无毛刺、锈蚀和变形； （3）长孔必须加平垫圈，不得在螺栓上缠绕铁线代替垫圈； （4）应采用双螺母。

续表

√	序号	作业内容	步骤及要求
	9	斗内电工进入绝缘斗臂车绝缘斗	1号、2号斗内电工穿戴好全套的个人安全防护用具： （1）个人安全防护用具包括安全帽、绝缘服或绝缘披肩、绝缘手套（带防护手套）、护目镜等； （2）工作负责人应检查斗内电工个人防护用具的穿戴是否正确。
			地面电工配合将工器具放入绝缘斗： （1）工器具应分类放置工具袋中； （2）工器具的金属部分不准超出绝缘斗； （3）工具和人员重量不得超过绝缘斗额定载荷。
			1号、2号斗内电工封面别进入两辆斗臂车绝缘斗，挂好全方位绝缘安全带保险钩。

5.2　操作步骤

√	序号	作业内容	步骤及要求
	1	进入带电作业区域	经工作负责人许可后，斗内电工分别操作绝缘斗臂车，进入带电作业区域，绝缘斗移动应平稳匀速，在进入带电作业区域时： （1）应无大幅晃动现象； （2）绝缘斗下降、上升的速度不应超过0.5m/s； （3）绝缘斗边沿的最大线速度不应超过0.5m/s。
	2	验电	2号斗内电工将绝缘斗调整至带电导线横担下侧适当位置，使用验电器对导线、绝缘子、横担进行验电，确认无漏电现象。
	3	设置内边相绝缘遮蔽隔离措施	经工作负责人许可后，1、2号斗内电工调整绝缘斗到达合适工作位置，按照“从近到远、从下到上、先带电体后接地体”的遮蔽原则对作业范围内可能触及的带电体和接地体进行绝缘遮蔽隔离： （1）遮蔽的部位和顺序依次为导线、绝缘子以及作业点临近的接地体； （2）斗内电工在对带电体设置绝缘遮蔽隔离措施时，动作应轻缓，与横担等地电位构件间应保持足够的安全距离（不小于0.4m），与邻相导线之间应保持足够的安全距离（不小于0.6m）； （3）绝缘遮蔽隔离措施应严密、牢固，绝缘遮蔽用具之间搭接不得小于150mm。
	4	设置外边相绝缘遮蔽隔离措施	经工作负责人的许可后，斗内电工分别调整绝缘斗到达外边相合适工作位置，按照与内边相相同的方法对作业范围内可能触及的带电体和接地体进行绝缘遮蔽隔离。
	5	设置中间相绝缘遮蔽隔离措施	经工作负责人的许可后，斗内分别电工调整绝缘斗到达中间相合适工作位置，按照与两边相相同的方法对作业范围内可能触及的带电体和接地体进行绝缘遮蔽隔离。

续表

√	序号	作业内容	步骤及要求
	6	安装绝缘紧线器和后备绝缘保护绳	（1）1、2 号斗内电工调整绝缘横担，将三相导线放在已遮蔽的耐张横担上，并做好固定措施，绝缘斗臂车返回地面，拆除绝缘横担； （2）两斗内电工分别调整绝缘斗至适当位置，将绝缘紧线器、卡线器固定于内边相和外边相导线上，并在两个紧线器外侧加装后备保护绳，同时将导线收紧，再收紧后备保护绳。收紧导线后在两边相导线松线侧使用绝缘绳和卡线器做好放松导线临时固定措施。 安装绝缘紧线器时： （1）最小范围打开耐张横担部位的绝缘遮蔽，将绝缘紧线器挂接在耐张线夹安装环处，并将后备绝缘保护绳安装在耐张横担上，及时恢复耐张横担及绝缘子串的绝缘遮蔽； （2）最小范围打开导线处的绝缘遮蔽，将卡线器安装到导线上，在卡线器外侧加装后备保护绳，及时恢复导线处的绝缘遮蔽。
	7	开断导线及放线	（1）斗内电工分别调整绝缘斗至内边相和外边相，逐相开断内边相、外边相导线，并将断开的带电导线安装到耐张线夹内，迅速恢复绝缘遮蔽； （2）斗内电工分别调整绝缘斗至内边相和外边相适当位置，拆除后备保护绳一端，拆除绝缘紧线器，地面电工控制绝缘绳依次将内边相和外边相放线侧导线缓慢放松落地； （3）斗内电工调整绝缘斗分别定位于内边相和外边相有电侧，同时缓慢松弛绝缘紧线器，待耐张线夹承力后，拆除绝缘紧线器，拆除后备保护绳； （4）斗内电工相互配合按照同样方法开断中间相导线。
			（1）如导线为绝缘导线，应恢复导线端头的绝缘和密封； （2）开断导线时应有防止导线端头摆动的措施； （3）地面电工应戴绝缘手套、穿绝缘靴。
	8	拆除中间相绝缘遮蔽隔离措施	经工作负责人的许可后，斗内电工分别调整绝缘斗到达中间相合适工作位置，按照“从远到近、从上到下、先接地体后带电体”的原则拆除绝缘遮蔽隔离措施： （1）拆除的顺序依次为作业点临近的接地体、耐张绝缘子串、耐张线夹、导线； （2）斗内电工在拆除带电体上的绝缘遮蔽隔离措施时，动作应轻缓，与横担等地电位构件间应保持足够的安全距离，与邻相导线之间应保持足够的安全距离。
	9	拆除外边相绝缘遮蔽隔离措施	经工作负责人的许可后，斗内电工分别调整绝缘斗到达外边相合适工作位置，按照与中间相相同的方法拆除绝缘遮蔽隔离。
	10	拆除内边相绝缘遮蔽隔离措施	经工作负责人的许可后，斗内电工分别调整绝缘斗到达内边相合适工作位置，按照与中间相相同的方法拆除绝缘遮蔽隔离。

续表

√	序号	作业内容	步骤及要求
	11	工作验收	斗内电工撤出带电作业区域时： （1）应无大幅晃动现象； （2）绝缘斗下降、上升的速度不应超过 0.5m/s； （3）绝缘斗边沿的最大线速度不应超过 0.5m/s。
			斗内电工检查施工质量： （1）杆上无遗漏物； （2）装置无缺陷，符合运行条件； （3）向工作负责人汇报施工质量。
	12	撤离杆塔	下降绝缘斗返回地面、收回绝缘臂时应注意绝缘斗臂车周围杆塔、线路等情况。

6　工作结束

√	序号	作业内容	步骤及要求
	1	清理现场	将绝缘斗臂车各部件复位。需注意： （1）收回绝缘斗臂车接地线； （2）绝缘斗臂车支腿收回。
			工作负责人组织班组成员整理工具、材料。将工器具清洁后放入专用的箱（袋）中。清理现场，做到工完料尽场地清。
	2	召开收工会	工作负责人组织召开现场收工会，进行工作总结和点评工作： （1）正确点评本项工作的施工质量； （2）点评班组成员在作业中的安全措施的落实情况； （3）点评班组成员对规程的执行情况。
	3	办理工作终结手续	工作负责人按工作票内容与值班调度员（运维人员）联系，工作结束，终结工作票。

7　验收记录

记录检修中发现的问题	
问题处理意见	

8　现场标准化作业指导书执行情况评估

<table>
<tr><td rowspan="4">评估内容</td><td rowspan="2">符合性</td><td>优</td><td></td><td>可操作项</td><td></td></tr>
<tr><td>良</td><td></td><td>不可操作项</td><td></td></tr>
<tr><td rowspan="2">可操作性</td><td>优</td><td></td><td>修改项</td><td></td></tr>
<tr><td>良</td><td></td><td>遗漏项</td><td></td></tr>
<tr><td>存在问题</td><td colspan="5"></td></tr>
<tr><td>改进意见</td><td colspan="5"></td></tr>
</table>

9　附图

应根据现场勘察结果，绘制作业点及邻近装置的线路图。需进行倒闸操作的作业，应绘制负荷开关、断路器及隔离开关等电气设备的接线图，并注明运行状态。

带负荷更换熔断器现场标准化作业指导书

（绝缘手套作业法、绝缘斗臂车）

1 范围

本指导书适用于 10kV 架空线路带电作业现场绝缘手套作业法采用绝缘斗臂车带负荷更换熔断器工作，规定了该项工作现场标准化作业的工作步骤和技术要求。

2 规范性引用文件

GB/T 18857 《配电线路带电作业技术导则》

Q/GDW 10520 《10kV 配网不停电作业规范》

《国家电网公司电力安全工作规程（配电部分）》

3 人员组合

本项目需要工作人员 5 人。

3.1 作业人员要求

√	序号	责任人	资质	人数
	1	工作负责人	应具有一定的配电带电作业实际工作经验，熟悉设备状况，具有一定组织能力和事故处理能力，并按《安规》要求取得工作负责人资格。	1 人
	2	专责监护人	应具有一定的配电带电作业实际工作经验，熟悉设备状况，并按《安规》要求取得专责监护人资格。	1 人
	3	斗内电工	应通过 10kV 配电线路带电作业专项培训，考试合格并持证上岗。	2 人
	4	地面电工	需经省公司级基地进行带电作业专项理论培训，考试合格并持证上岗。	1 人

3.2 作业人员分工

√	序号	姓名	分工	签名
	1		工作负责人	
	2		专责监护人	
	3		1 号斗内电工	
	4		2 号斗内电工	
	5		地面电工	

4 工器具

领用带电作业工器具应核对电压等级和试验周期，并检查外观完好无损。

工器具在运输过程中，应存放在专用工具袋、工具箱或工具车内，以防受潮和损伤。

4.1 装备

√	序号	名称	型号/规格	单位	数量	备注
	1	绝缘斗臂车	10kV	辆	1	

4.2 个人防护用具

√	序号	名称	型号/规格	单位	数量	备注
	1	安全帽	电绝缘	顶	3	
	2	绝缘安全帽	10kV	顶	2	
	3	绝缘服或绝缘披肩	10kV	套	2	
	4	绝缘手套	10kV	副	2	
	5	防护手套	皮革	副	2	
	6	内衬手套	棉线	副	2	
	7	护目镜		副	2	防弧光及飞溅
	8	安全带	全方位式	副	2	绝缘型

4.3 绝缘遮蔽用具

√	序号	名称	型号/规格	单位	数量	备注
	1	导线遮蔽罩	10kV	个	3	
	2	跳线遮蔽罩	10kV	根	8	
	3	绝缘毯	10kV	块	10	
	4	绝缘毯夹	10kV	个	20	
	5	横担遮蔽罩	10kV	个	2	
	6	熔断器遮蔽罩	10kV	个	3	

4.4 绝缘工具

√	序号	名称	型号/规格	单位	数量	备注
	1	绝缘传递绳	10kV	套	1	
	2	绝缘操作杆	10kV	根	1	
	3	绝缘引流线	10kV	条	3	
	4	绝缘引流线支架	10kV	个	1	

4.5 其他工具

√	序号	名称	型号/规格	单位	数量	备注
	1	绝缘电阻检测仪	2500V 及以上	台	1	
	2	验电器	10kV	支	1	
	3	绝缘手套充气装置		台	1	
	4	风速检测仪		台	1	
	5	温度检测仪		台	1	
	6	湿度检测仪		台	1	
	7	钳形电流表		台	1	
	8	防潮苫布		块	1	
	9	个人手工工具		套	1	
	10	对讲机		部	2	
	11	清洁布		块	2	
	12	安全围栏		组	1	
	13	“从此进出”标示牌		块	1	
	14	“在此工作”标示牌		块	1	

4.6 材料

√	序号	名称	型号/规格	单位	数量	备注
	1	跌落式熔断器	10kV	组	1	

5 作业程序

5.1 开工准备

√	序号	作业内容	步骤及要求
	1	现场复勘	工作负责人核对工作线路双重称号、杆号。
			工作负责人检查地形环境是否符合作业要求： （1）平整坚实； （2）地面倾斜度不大于5°。
			工作负责人检查线路装置是否具备带电作业条件： （1）作业电杆埋深、杆身质量； （2）检查确认熔断器外观，如熔断器瓷体有损伤或断裂，考虑采取固定措施，无法控制不应进行该项工作； （3）检查作业点引线有无烧伤断股； （4）确认所带负荷不大于200A。

续表

√	序号	作业内容	步骤及要求
	1	现场复勘	工作负责人检查气象条件： 带电作业应在良好天气下进行，风力大于5级，或湿度大于80%时，不宜带电作业。若遇雷电、雪、雹、雨、雾等不良天气，禁止带电作业。带电作业过程中若遇天气突然变化，有可能危及人身及设备安全时，应立即停止工作，撤离人员，恢复设备正常状况，或采取临时安全措施。
			工作负责人检查工作票所列安全措施，在工作票上补充安全措施。
	2	执行工作许可制度	工作负责人按工作票内容与值班调控人员（运维人员）联系，确认线路重合闸装置已退出。
			工作负责人在工作票上签字。
	3	召开班前会	工作负责人宣读工作票。
			工作负责人检查工作班组成员精神状态、交待工作任务进行分工、交待工作中的安全措施和技术措施。
			工作负责人检查班组各成员对工作任务分工、安全措施和技术措施是否明确。
			班组各成员在工作票、风险控制卡和作业指导书上签名确认。
	4	停放绝缘斗臂车	将绝缘斗臂车停放到适当位置。作业人员应对停放位置进行检查，以下为现场应检查的停放绝缘斗臂车位置的要素： （1）停放的位置应便于绝缘斗臂车绝缘斗到达作业位置，避开附近电力线和障碍物，并能保证作业时绝缘斗臂车的绝缘臂有效绝缘长度； （2）停放位置坡度不大于5°。
			支放绝缘斗臂车支腿，作业人员应对支腿情况进行检查，然后向工作负责人汇报检查项目及结果，检查标准为： （1）不应支放在沟道盖板上； （2）软土地面应使用垫块或枕木，垫板重叠不超过2块； （3）支撑应到位。车辆前后、左右呈水平；“H”型支腿的车型，水平支腿应全部伸出。
			使用截面面积不小于16mm^{2}的软铜线将绝缘斗臂车可靠接地。
	5	布置工作现场	工作负责人组织班组成员设置工作现场的安全围栏、安全警示标志： （1）安全围栏的范围应考虑作业中高空坠落和高空落物的影响以及道路交通，必要时联系交通部门； （2）围栏的出入口应设置合理，并悬挂“从此进出”标示牌。
			将绝缘工器具放在防潮苫布上： （1）防潮苫布应清洁、干燥； （2）工器具应按定置管理要求分类摆放； （3）绝缘工器具不能与金属工具、材料混放。

续表

√	序号	作业内容	步骤及要求
	6	检查绝缘工器具	逐件对绝缘工器具进行外观检查： （1）检查人员应戴清洁、干燥的手套； （2）绝缘工具表面不应有磨损、变形损坏，操作应灵活； （3）个人安全防护用具和遮蔽用具应无针孔、砂眼、裂纹； （4）检查全方位绝缘安全带外观，并做冲击试验。
			使用绝缘电阻检测仪分段检测绝缘工具的表面绝缘电阻值： （1）测量电极应符合规程要求（极宽 2cm、极间距 2cm）； （2）正确使用（自检、测量）绝缘电阻检测仪（应采用点测的方法，不应使电极在绝缘工具表面滑动，避免刮伤绝缘工具表面）； （3）绝缘电阻值不得低于 700MΩ。
			绝缘工器具检查完毕，向工作负责人汇报检查结果。
	7	检查绝缘斗臂车	检查绝缘斗臂车表面状况：绝缘斗、绝缘臂应清洁、无裂纹损伤。
			试操作绝缘斗臂车： （1）试操作应空斗进行； （2）试操作应充分，有回转、升降、伸缩的过程。确认液压、机械、电气系统正常可靠、制动装置可靠。
			绝缘斗臂车检查和试操作完毕，向工作负责人汇报检查结果。
	8	检测（新）熔断器	检测熔断器： （1）清洁瓷件，并作表面检查，瓷件表面应光滑，无麻点，裂痕等。用绝缘电阻检测仪检测熔断器绝缘电阻不应低于 500MΩ； （2）检查确认新熔断器的机电性能完好； （3）检测完毕，向工作负责人汇报检测结果。
	9	斗内电工进入绝缘斗臂车绝缘斗	1 号、2 号斗内电工穿戴好全套的个人安全防护用具： （1）个人安全防护用具包括安全帽、绝缘服或绝缘披肩、绝缘手套（带防护手套）、护目镜等； （2）工作负责人应检查斗内电工个人防护用具的穿戴是否正确。
			地面电工配合将工器具放入绝缘斗： （1）工器具应分类放置工具袋中； （2）工器具的金属部分不准超出绝缘斗； （3）工具和人员重量不得超过绝缘斗额定载荷。
			1 号、2 号斗内电工进入绝缘斗，挂好全方位绝缘安全带保险钩。

5.2 操作步骤

√	序号	作业内容	步骤及要求
	1	进入带电作业区域	经工作负责人许可后，2 号斗内电工操作绝缘斗臂车，进入带电作业区域，绝缘斗移动应平稳匀速，在进入带电作业区域时： （1）应无大幅晃动现象； （2）绝缘斗下降、上升的速度不应超过 0.5m/s； （3）绝缘斗边沿的最大线速度不应超过 0.5m/s。
	2	验电	2 号斗内电工将绝缘斗调整至熔断器前方适当位置，1 号电工使用验电器对导线、熔断器、绝缘子、横担进行验电，确认无漏电现象。
	3	设置内边相绝缘遮蔽隔离措施	经工作负责人许可后，2 号斗内电工调整绝缘斗到达合适工作位置，1 号电工按照“从近到远、从下到上、先带电体后接地体”的遮蔽原则对作业范围内可能触及的带电体和接地体进行绝缘遮蔽隔离： （1）遮蔽的部位和顺序依次为熔断器引线、立线以及作业点临近的接地体； （2）斗内电工在对带电体设置绝缘遮蔽隔离措施时，动作应轻缓，与横担等地电位构件间应保持足够的安全距离（不小于 0.4m），与邻相导线之间应保持足够的安全距离（不小于 0.6m）； （3）绝缘遮蔽隔离措施应严密、牢固，绝缘遮蔽用具之间搭接不得小于 150mm。
	4	设置外边相绝缘遮蔽隔离措施	经工作负责人的许可后，2 号斗内电工调整绝缘斗到达外边相合适工作位置，1 号电工按照与内边相相同的方法对作业范围内可能触及的带电体和接地体进行绝缘遮蔽隔离。
	5	设置中间相绝缘遮蔽隔离措施	经工作负责人的许可后，2 号斗内电工调整绝缘斗到达中间相合适工作位置，1 号电工按照与两边相相同的方法对作业范围内可能触及的带电体和接地体进行绝缘遮蔽隔离。
	6	安装绝缘引流线	（1）斗内电工互相配合在熔断器横担下适当位置处安装绝缘引流线支架，将引流线妥善固定在支架上。 （2）斗内电工使用钳形电流表逐相检测三相熔断器负荷电流正常，用绝缘引流线逐相短接熔断器。短接每一相时，应注意绝缘引流线另一端头进行绝缘遮蔽。短接熔断器后应检测分流正常。三相熔断器可先按中间相、再两边相，或根据现场情况按由远及近的顺序依次短接。 （3）短接熔断器前应采取措施防止熔断器自行断开。
	7	更换熔断器	（1）确认三相绝缘引流线连接牢固、通流正常后，斗内电工用绝缘操作杆拉开熔丝管并取下。 （2）斗内电工将绝缘斗调整至内边相熔断器外侧适当位置，首先拆除内边相熔断器的下引线，恢复绝缘遮蔽并妥善固定，再拆除内边相熔断器的上引线，恢复绝缘遮蔽，并妥善固定。 （3）按相同的方法拆除其余两相引线。拆除三相引线可按先两侧、后中间或由由近到远的顺序进行。

续表

√	序号	作业内容	步骤及要求
	7	更换熔断器	（4）斗内电工更换三相熔断器，连接引线前对三相熔断器进行试操作，检查分合情况，最后将三相熔丝管取下。 （5）斗内电工将绝缘斗调整到外边相熔断器上引线侧，互相配合依次恢复熔断器上、下引线。恢复绝缘遮蔽隔离措施。 （6）其余两相熔断器引线连接按相同的方法进行。搭接三相引线，可按先中间、后两侧或由远到近的顺序进行。 （7）连接引线工作结束后，斗内电工挂上熔丝管，用绝缘操作杆分别合上三相熔丝管，确认通流正常。恢复熔断器的绝缘遮蔽隔离措施。
			作业时，严禁人体同时接触两个不同的电位体；绝缘斗内双人工作时禁止两人接触不同的电位体。
	8	拆除绝缘引流线	（1）斗内电工逐相拆除绝缘引流线。拆除每一相绝缘引流线时，应注意拆下的绝缘引流线端头进行绝缘遮蔽； （2）拆除的顺序可按从近到远或先两边相、再中间相的顺序进行； （3）斗内电工拆除绝缘引流线支架。
	9	拆除中间相绝缘遮蔽隔离措施	经工作负责人的许可后，2 号斗内电工转移绝缘斗到达中间相合适工作位置，1 号电工按照“从远到近、从上到下、先接地体后带电体”的原则拆除绝缘遮蔽隔离措施： （1）拆除的顺序依次为作业点临近的接地体、立线、上引线、熔断器； （2）斗内电工在拆除带电体上的绝缘遮蔽隔离措施时，动作应轻缓，与横担等地电位构件间应保持足够的安全距离，与邻相导线之间应保持足够的安全距离。
	10	拆除外边相绝缘遮蔽隔离措施	经工作负责人的许可后，2 号斗内电工调整绝缘斗到达外边相合适工作位置，1 号电工按照与中间相相同的方法拆除绝缘遮蔽隔离。
	11	拆除内边相绝缘遮蔽隔离措施	经工作负责人的许可后，2 号斗内电工调整绝缘斗到达内边相合适工作位置，1 号电工按照与中间相相同的方法拆除绝缘遮蔽隔离。
	12	工作验收	斗内电工撤出带电作业区域时： （1）应无大幅晃动现象； （2）绝缘斗下降、上升的速度不应超过 0.5m/s； （3）绝缘斗边沿的最大线速度不应超过 0.5m/s。
			斗内电工检查施工质量： （1）杆上无遗漏物； （2）装置无缺陷，符合运行条件； （3）向工作负责人汇报施工质量。
	13	撤离杆塔	下降绝缘斗返回地面、收回绝缘臂时应注意绝缘斗臂车周围杆塔、线路等情况。

6 工作结束

<table>
<tr><th>√</th><th>序号</th><th>作业内容</th><th>步骤及要求</th></tr>
<tr><td rowspan="2"></td><td rowspan="2">1</td><td rowspan="2">清理现场</td><td>将绝缘斗臂车各部件复位。需注意：
（1）收回绝缘斗臂车接地线；
（2）绝缘斗臂车支腿收回。</td></tr>
<tr><td>工作负责人组织班组成员整理工具、材料。将工器具清洁后放入专用的箱（袋）中。清理现场，做到工完料尽场地清。</td></tr>
<tr><td></td><td>2</td><td>召开收工会</td><td>工作负责人组织召开现场收工会，进行工作总结和点评工作：
（1）正确点评本项工作的施工质量；
（2）点评班组成员在作业中的安全措施的落实情况；
（3）点评班组成员对规程的执行情况。</td></tr>
<tr><td></td><td>3</td><td>办理工作终结手续</td><td>工作负责人按工作票内容与值班调控人员（运维人员）联系，工作结束，恢复线路重合闸，终结工作票。</td></tr>
</table>

7 验收记录

记录检修中发现的问题	
问题处理意见	

8 现场标准化作业指导书执行情况评估

<table>
<tr><td rowspan="4">评估内容</td><td rowspan="2">符合性</td><td>优</td><td></td><td>可操作项</td><td></td></tr>
<tr><td>良</td><td></td><td>不可操作项</td><td></td></tr>
<tr><td rowspan="2">可操作性</td><td>优</td><td></td><td>修改项</td><td></td></tr>
<tr><td>良</td><td></td><td>遗漏项</td><td></td></tr>
<tr><td>存在问题</td><td colspan="5"></td></tr>
<tr><td>改进意见</td><td colspan="5"></td></tr>
</table>

9 附图

应根据现场勘察结果，绘制作业点及邻近装置的线路图。需进行倒闸操作的作业，应绘制负荷开关、断路器及隔离开关等电气设备的接线图，并注明运行状态。

带负荷更换导线非承力线夹现场标准化作业指导书
（绝缘手套作业法、绝缘斗臂车）

1 范围

本指导书适用于 10kV 架空线路带电作业现场绝缘手套作业法采用绝缘斗臂车带负荷更换导线非承力线夹工作，规定了该项工作现场标准化作业的工作步骤和技术要求。

2 规范性引用文件

GB/T 18857 《配电线路带电作业技术导则》
Q/GDW 10520 《10kV 配网不停电作业规范》
《国家电网公司电力安全工作规程（配电部分）》

3 人员组合

本项目需要工作人员 5 人。

3.1 作业人员要求

√	序号	责任人	资质	人数
	1	工作负责人	应具有一定的配电带电作业实际工作经验，熟悉设备状况，具有一定组织能力和事故处理能力，并按《安规》要求取得工作负责人资格。	1 人
	2	专责监护人	应具有一定的配电带电作业实际工作经验，熟悉设备状况，并按《安规》要求取得专责监护人资格。	1 人
	3	斗内电工	应通过 10kV 配电线路带电作业专项培训，考试合格并持证上岗。	2 人
	4	地面电工	需经省公司级基地进行带电作业专项理论培训，考试合格并持证上岗。	1 人

3.2 作业人员分工

√	序号	姓名	分工	签名
	1		工作负责人	
	2		专责监护人	
	3		1 号斗内电工	
	4		2 号斗内电工	
	5		地面电工	

4　工器具

领用带电作业工器具应核对电压等级和试验周期，并检查外观完好无损。

工器具在运输过程中，应存放在专用工具袋、工具箱或工具车内，以防受潮和损伤。

4.1　装备

√	序号	名称	型号/规格	单位	数量	备注
	1	绝缘斗臂车	10kV	辆	1	

4.2　个人防护用具

√	序号	名称	型号/规格	单位	数量	备注
	1	安全帽	电绝缘	顶	3	
	2	绝缘安全帽	10kV	顶	2	
	3	绝缘服或绝缘披肩	10kV	套	2	
	4	绝缘手套	10kV	副	2	
	5	防护手套	皮革	副	2	
	6	内衬手套	棉线	副	2	
	7	护目镜		副	2	防弧光及飞溅
	8	安全带	全方位式	副	2	绝缘型

4.3　绝缘遮蔽用具

√	序号	名称	型号/规格	单位	数量	备注
	1	导线遮蔽罩	10kV	个	6	
	2	跳线遮蔽罩	10kV	根	3	
	3	绝缘毯	10kV	块	10	
	4	绝缘毯夹	10kV	个	20	
	5	横担遮蔽罩	10kV	个	2	
	6	杆顶遮蔽罩	10kV	个	1	

4.4　绝缘工具

√	序号	名称	型号/规格	单位	数量	备注
	1	绝缘传递绳	10kV	套	1	
	2	绝缘引流线	10kV	条	1	
	3	绝缘引流线支架	10kV	套	1	
	4	绝缘操作杆	10kV	根	1	

4.5 其他工具

√	序号	名称	型号/规格	单位	数量	备注
	1	绝缘电阻检测仪	2500V 及以上	台	1	
	2	验电器	10kV	支	1	
	3	绝缘手套充气装置		台	1	
	4	风速检测仪		台	1	
	5	温度检测仪		台	1	
	6	湿度检测仪		台	1	
	7	钳形电流表		台	1	
	8	防潮苫布		块	1	
	9	个人手工工具		套	1	
	10	对讲机		部	2	
	11	清洁布		块	2	
	12	安全围栏		组	1	
	13	“从此进出”标示牌		块	1	
	14	“在此工作”标示牌		块	1	

4.6 材料

√	序号	名称	型号/规格	单位	数量	备注
	1	接续线夹	10kV	个	3	同等材质
	2	自粘式线夹绝缘护罩	10kV	个	3	

5 作业程序

5.1 开工准备

√	序号	作业内容	步骤及要求
	1	现场复勘	工作负责人核对工作线路双重称号、杆号。
			工作负责人检查地形环境是否符合作业要求： （1）平整坚实； （2）地面倾斜度不大于 5°。
			工作负责人检查线路装置是否具备带电作业条件： （1）作业电杆埋深、杆身质量； （2）检查确认接续线夹外观，如存在可能断开的危险，考虑采取固定措施，无法控制不应进行该项工作； （3）检查作业点引线有无烧伤断股； （4）确认所带负荷不大于 200A。

续表

√	序号	作业内容	步骤及要求
	1	现场复勘	工作负责人检查气象条件： 带电作业应在良好天气下进行，风力大于 5 级，或湿度大于 80%时，不宜带电作业。若遇雷电、雪、雹、雨、雾等不良天气，禁止带电作业。带电作业过程中若遇天气突然变化，有可能危及人身及设备安全时，应立即停止工作，撤离人员，恢复设备正常状况，或采取临时安全措施。
			工作负责人检查工作票所列安全措施，在工作票上补充安全措施。
	2	执行工作许可制度	工作负责人按工作票内容与值班调控人员（运维人员）联系，确认线路重合闸装置已退出。
			工作负责人在工作票上签字。
	3	召开班前会	工作负责人宣读工作票。
			工作负责人检查工作班组成员精神状态、交待工作任务进行分工、交待工作中的安全措施和技术措施。
			工作负责人检查班组各成员对工作任务分工、安全措施和技术措施是否明确。
			班组各成员在工作票、风险控制卡和作业指导书上签名确认。
	4	停放绝缘斗臂车	将绝缘斗臂车停放到适当位置。作业人员应对停放位置进行检查，以下为现场应检查的停放绝缘斗臂车位置的要素： （1）停放的位置应便于绝缘斗臂车绝缘斗到达作业位置，避开附近电力线和障碍物，并能保证作业时绝缘斗臂车的绝缘臂有效绝缘长度； （2）停放位置坡度不大于 5°。
			支放绝缘斗臂车支腿，作业人员应对支腿情况进行检查，然后向工作负责人汇报检查项目及结果，检查标准为： （1）不应支放在沟道盖板上。 （2）软土地面应使用垫块或枕木，垫板重叠不超过 2 块。 （3）支撑应到位。车辆前后、左右呈水平；“H”型支腿的车型，水平支腿应全部伸出。
			使用截面面积不小于 16mm^2 的软铜线将绝缘斗臂车可靠接地。
	5	布置工作现场	工作负责人组织班组成员设置工作现场的安全围栏、安全警示标志： （1）安全围栏的范围应考虑作业中高空坠落和高空落物的影响以及道路交通，必要时联系交通部门； （2）围栏的出入口应设置合理，并悬挂“从此进出”标示牌。
			将绝缘工器具放在防潮苫布上： （1）防潮苫布应清洁、干燥； （2）工器具应按定置管理要求分类摆放； （3）绝缘工器具不能与金属工具、材料混放。

续表

√	序号	作业内容	步骤及要求
	6	检查绝缘工器具	逐件对绝缘工器具进行外观检查： （1）检查人员应戴清洁、干燥的手套； （2）绝缘工具表面不应有磨损、变形损坏，操作应灵活； （3）个人安全防护用具和遮蔽用具应无针孔、砂眼、裂纹； （4）检查全方位绝缘安全带外观，并做冲击试验。
			使用绝缘电阻检测仪分段检测绝缘工具的表面绝缘电阻值： （1）测量电极应符合规程要求（极宽 2cm、极间距 2cm）； （2）正确使用（自检、测量）绝缘电阻检测仪（应采用点测的方法，不应使电极在绝缘工具表面滑动，避免刮伤绝缘工具表面）； （3）绝缘电阻值不得低于 700MΩ。
			绝缘工器具检查完毕，向工作负责人汇报检查结果。
	7	检查绝缘斗臂车	检查绝缘斗臂车表面状况：绝缘斗、绝缘臂应清洁、无裂纹损伤。
			试操作绝缘斗臂车： （1）试操作应空斗进行。 （2）试操作应充分，有回转、升降、伸缩的过程。确认液压、机械、电气系统正常可靠、制动装置可靠。
			绝缘斗臂车检查和试操作完毕，向工作负责人汇报检查结果。
	8	准备新接续线夹及线夹绝缘护罩	新接续线夹及线夹绝缘护罩： （1）根据导线型号选择合适的接续线夹； （2）根据接续线夹选择合适的线夹绝缘护罩。
	9	斗内电工进入绝缘斗臂车绝缘斗	1 号、2 号斗内电工穿戴好全套的个人安全防护用具： （1）个人安全防护用具包括安全帽、绝缘服或绝缘披肩、绝缘手套（带防护手套）、护目镜等； （2）工作负责人应检查斗内电工个人防护用具的穿戴是否正确。
			地面电工配合将工器具放入绝缘斗： （1）工器具应分类放置工具袋中； （2）工器具的金属部分不准超出绝缘斗； （3）工具和人员重量不得超过绝缘斗额定载荷。
			1 号、2 号斗内电工进入绝缘斗，挂好全方位绝缘安全带保险钩。

5.2 操作步骤

√	序号	作业内容	步骤及要求
	1	进入带电作业区域	经工作负责人许可后，2 号斗内电工操作绝缘斗臂车，进入带电作业区域，绝缘斗移动应平稳匀速，在进入带电作业区域时： （1）应无大幅晃动现象； （2）绝缘斗下降、上升的速度不应超过 0.5m/s； （3）绝缘斗边沿的最大线速度不应超过 0.5m/s。

续表

√	序号	作业内容	步骤及要求
	2	验电	2 号斗内电工将绝缘斗调整至适当位置，1 号电工使用验电器对导线、绝缘子、横担进行验电，确认无漏电现象。
	3	设置内边相绝缘遮蔽隔离措施	经工作负责人许可后，2 号斗内电工转移绝缘斗到达合适工作位置，1 号电工按照“从近到远、从下到上、先带电体后接地体”的遮蔽原则对作业中可能触及的带电体和接地体进行绝缘遮蔽隔离： （1）遮蔽的部位和顺序依次为导线、引流线、耐张线夹、耐张绝缘子串以及作业点临近的接地体； （2）斗内电工在对带电体设置绝缘遮蔽隔离措施时，动作应轻缓，与横担等地电位构件间应保持足够的安全距离（不小于 0.4m），与邻相导线之间应保持足够的安全距离（不小于 0.6m）； （3）绝缘遮蔽隔离措施应严密、牢固，绝缘遮蔽用具之间搭接不得小于 150mm。
	4	设置外边相绝缘遮蔽隔离措施	经工作负责人的许可后，2 号斗内电工调整绝缘斗到达外边相合适工作位置，1 号电工按照与内边相相同的方法对作业中可能触及的部位进行绝缘遮蔽隔离。
	5	设置中间相绝缘遮蔽隔离措施	经工作负责人的许可后，2 号斗内电工调整绝缘斗到达中间相合适工作位置，1 号电工按照与两边相相同的方法对作业中可能触及的部位进行绝缘遮蔽隔离。
	6	安装绝缘引流线	（1）斗内电工使用钳形电流表确认负荷电流满足绝缘引流线使用要求； （2）在距离最下层带电体适当位置装设绝缘引流线支架，将绝缘引流线妥善固定在支架上； （3）根据绝缘引流线长度，在适当位置打开导线的绝缘遮蔽，去除导线绝缘层； （4）使用绝缘绳将绝缘引流线两端临时固定在主导线上。将绝缘引流线两端头分别连接到主导线上，安装牢固可靠，并恢复连接点的遮蔽； （5）检查分流回路连接良好，使用钳形电流表确认绝缘引流线通流正常。
	7	更换接续线夹	最小范围打开引线连接处的遮蔽，进行线夹处理。处理完毕对连接处进行绝缘和密封处理，并及时恢复绝缘遮蔽。
	8	拆除绝缘引流线	使用钳形电流表测量引流线通流正常后，拆除绝缘引流线和绝缘引流线支架。

续表

√	序号	作业内容	步骤及要求
	9	拆除中间相绝缘遮蔽隔离措施	经工作负责人的许可后，2 号斗内电工调整绝缘斗到达中间相合适工作位置，1 号电工按照“从远到近、从上到下、先接地体后带电体”的原则拆除绝缘遮蔽隔离措施： （1）拆除的顺序依次为作业点临近的接地体、耐张绝缘子串、耐张线夹、引流线、导线； （2）斗内电工在拆除带电体上的绝缘遮蔽隔离措施时，动作应轻缓，与横担等地电位构件间应保持足够的安全距离，与邻相导线之间应保持足够的安全距离。
	10	拆除外边相绝缘遮蔽隔离措施	经工作负责人的许可后，2 号斗内电工调整绝缘斗到达外边相合适工作位置，1 号电工按照与中间相相同的方法拆除绝缘遮蔽隔离。
	11	拆除内边相绝缘遮蔽隔离措施	经工作负责人的许可后，2 号斗内电工调整绝缘斗到达内边相合适工作位置，1 号电工按照与中间相相同的方法拆除绝缘遮蔽隔离。
	12	工作验收	斗内电工撤出带电作业区域时： （1）应无大幅晃动现象； （2）绝缘斗下降、上升的速度不应超过 0.5m/s； （3）绝缘斗边沿的最大线速度不应超过 0.5m/s。
			斗内电工检查施工质量： （1）杆上无遗漏物； （2）装置无缺陷，符合运行条件； （3）向工作负责人汇报施工质量。
	13	撤离杆塔	下降绝缘斗返回地面、收回绝缘臂时应注意绝缘斗臂车周围杆塔、线路等情况。

6　工作结束

√	序号	作业内容	步骤及要求
	1	清理现场	将绝缘斗臂车各部件复位。需注意： （1）收回绝缘斗臂车接地线； （2）绝缘斗臂车支腿收回。
			工作负责人组织班组成员整理工具、材料。将工器具清洁后放入专用的箱（袋）中。清理现场，做到工完料尽场地清。
	2	召开收工会	工作负责人组织召开现场收工会，进行工作总结和点评工作： （1）正确点评本项工作的施工质量； （2）点评班组成员在作业中的安全措施的落实情况； （3）点评班组成员对规程的执行情况。
	3	办理工作终结手续	工作负责人按工作票内容与值班调控人员（运维人员）联系，工作结束，恢复线路重合闸，终结工作票。

7 验收记录

记录检修中发现的问题	
问题处理意见	

8 现场标准化作业指导书执行情况评估

评估内容	符合性	优		可操作项	
		良		不可操作项	
	可操作性	优		修改项	
		良		遗漏项	
存在问题					
改进意见					

9 附图

应根据现场勘察结果，绘制作业点及邻近装置的线路图。需进行倒闸操作的作业，应绘制负荷开关、断路器及隔离开关等电气设备的接线图，并注明运行状态。

带负荷更换柱上开关或隔离开关现场标准化作业指导书

（绝缘手套作业法、绝缘斗臂车、旁路电缆）

1 范围

本指导书适用于 10kV 架空线路带电作业现场绝缘手套作业法采用绝缘斗臂车带负荷更换柱上开关或隔离开关工作，规定了该项工作现场标准化作业的工作步骤和技术要求。

2 规范性引用文件

GB/T 18857 《配电线路带电作业技术导则》

Q/GDW 10520 《10kV 配网不停电作业规范》

《国家电网公司电力安全工作规程（配电部分）》

3 人员组合

本项目需要工作人员 6 人。

3.1 作业人员要求

√	序号	责任人	资质	人数
	1	工作负责人	应具有一定的配电带电作业实际工作经验，熟悉设备状况，具有一定组织能力和事故处理能力，并按《安规》要求取得工作负责人资格。	1 人
	2	专责监护人	应具有一定的配电带电作业实际工作经验，熟悉设备状况，并按《安规》要求取得专责监护人资格。	1 人
	3	斗内电工	应通过 10kV 配电线路带电作业专项培训，考试合格并持证上岗。	2 人
	4	地面电工	需经省公司级基地进行带电作业专项理论培训，考试合格并持证上岗。	2 人

3.2 作业人员分工

√	序号	姓名	分工	签名
	1		工作负责人	
	2		专责监护人	
	3		1 号斗内电工	
	4		2 号斗内电工	
	5		1 号地面电工	
	6		2 号地面电工	

4 工器具

领用带电作业工器具应核对电压等级和试验周期，并检查外观完好无损。

工器具在运输过程中，应存放在专用工具袋、工具箱或工具车内，以防受潮和损伤。

4.1 装备

√	序号	名称	型号/规格	单位	数量	备注
	1	绝缘斗臂车	10kV	辆	2	

4.2 个人防护用具

√	序号	名称	型号/规格	单位	数量	备注
	1	安全帽	电绝缘	顶	4	
	2	绝缘安全帽	10kV	顶	2	
	3	绝缘服或绝缘披肩	10kV	套	2	
	4	绝缘手套	10kV	副	3	
	5	防护手套	皮革	副	3	
	6	内衬手套	棉线	副	3	
	7	护目镜		副	2	防弧光及飞溅
	8	安全带	全方位式	副	2	绝缘型

4.3 绝缘遮蔽用具

√	序号	名称	型号/规格	单位	数量	备注
	1	导线遮蔽罩	10kV	个	6	
	2	绝缘毯	10kV	块	20	
	3	绝缘毯夹	10kV	个	40	
	4	横担遮蔽罩	10kV	个	2	
	5	绝缘隔板	10kV	组	3	

4.4 绝缘工具

√	序号	名称	型号/规格	单位	数量	备注
	1	绝缘传递绳	10kV	套	1	
	2	旁路电缆防坠绳	10kV	根	6	
	3	绝缘锁杆	10kV	根	1	
	4	绝缘操作杆	10kV	根	2	
	5	拉（合）闸操作杆	10kV	根	1	
	6	绝缘放电杆	10kV	根	1	

4.5　旁路作业装备

√	序号	名称	型号/规格	单位	数量	备注
	1	旁路负荷开关	10kV	台	1	200A，带有核相装置
	2	旁路负荷开关支架		个	1	
	3	旁路负荷开关接地线	$25mm^2$	根	1	
	4	旁路高压引下电缆	10kV/8m	组	2	200A
	5	余缆支架	10kV	个	2	

4.6　其他工具

√	序号	名称	型号/规格	单位	数量	备注
	1	绝缘电阻检测仪	2500V 及以上	台	1	
	2	验电器	10kV	支	1	
	3	绝缘手套充气装置		台	1	
	4	风速检测仪		台	1	
	5	温度检测仪		台	1	
	6	湿度检测仪		台	1	
	7	钳形电流表		台	1	
	8	防潮苫布		块	1	
	9	个人手工工具		套	1	
	10	对讲机		部	2	
	11	清洁布		块	2	
	12	安全围栏		组	1	
	13	“从此进出”标示牌		块	1	
	14	“在此工作”标示牌		块	1	

4.7　材料

√	序号	名称	型号/规格	单位	数量	备注
	1	柱上开关	10kV	台	1	含附件
	2	柱上隔离开关	10kV	组	1	含附件
	3	接续线夹	10kV	个	6	同等材质
	4	线夹绝缘护罩	10kV	个	6	

5 作业程序

5.1 开工准备

√	序号	作业内容	步骤及要求
	1	现场复勘	工作负责人核对工作线路双重称号、杆号。
			工作负责人检查地形环境是否符合作业要求： （1）平整坚实； （2）地面倾斜度不大于5°。
			工作负责人检查线路装置是否具备带电作业条件： （1）作业电杆埋深、杆身质量； （2）检查隔离开关或柱上开关符合作业条件，如存在危险考虑采取措施，无法控制不应进行该项工作； （3）检查作业点两侧导线有无烧伤断股； （4）确认所带负荷不大于200A； （5）确认柱上开关自动化装置退出运行。
			工作负责人检查气象条件： 带电作业应在良好天气下进行，风力大于5级，或湿度大于80%时，不宜带电作业。若遇雷电、雪、雹、雨、雾等不良天气，禁止带电作业。带电作业过程中若遇天气突然变化，有可能危及人身及设备安全时，应立即停止工作，撤离人员，恢复设备正常状况，或采取临时安全措施。
			工作负责人检查工作票所列安全措施，在工作票上补充安全措施。
	2	执行工作许可制度	工作负责人按工作票内容与值班调控人员（运维人员）联系，确认线路重合闸装置已退出。
			工作负责人在工作票上签字。
	3	召开班前会	工作负责人宣读工作票。
			工作负责人检查工作班组成员精神状态、交待工作任务进行分工、交待工作中的安全措施和技术措施。
			工作负责人检查班组各成员对工作任务分工、安全措施和技术措施是否明确。
			班组各成员在工作票、风险控制卡和作业指导书上签名确认。
	4	停放绝缘斗臂车	将绝缘斗臂车停放到适当位置。作业人员应对停放位置进行检查，以下为现场应检查的停放绝缘斗臂车位置的要素： （1）停放的位置应便于绝缘斗臂车绝缘斗到达作业位置，避开附近电力线和障碍物，并能保证作业时绝缘斗臂车的绝缘臂有效绝缘长度； （2）停放位置坡度不大于5°。

续表

√	序号	作业内容	步骤及要求
	4	停放绝缘斗臂车	支放绝缘斗臂车支腿，作业人员应对支腿情况进行检查，然后向工作负责人汇报检查项目及结果，检查标准为： （1）不应支放在沟道盖板上。 （2）软土地面应使用垫块或枕木，垫板重叠不超过 2 块。 （3）支撑应到位。车辆前后、左右呈水平；“H”型支腿的车型，水平支腿应全部伸出。
			使用截面面积不小于 16mm^2 的软铜线将绝缘斗臂车可靠接地。
	5	布置工作现场	工作负责人组织班组成员设置工作现场的安全围栏、安全警示标志： （1）安全围栏的范围应考虑作业中高空坠落和高空落物的影响以及道路交通，必要时联系交通部门； （2）围栏的出入口应设置合理，并悬挂“从此进出”标示牌。
			将绝缘工器具放在防潮苫布上： （1）防潮苫布应清洁、干燥； （2）工器具应按定置管理要求分类摆放； （3）绝缘工器具不能与金属工具、材料混放。
	6	检查绝缘工器具	逐件对绝缘工器具进行外观检查： （1）检查人员应戴清洁、干燥的手套； （2）绝缘工具表面不应有磨损、变形损坏，操作应灵活； （3）个人安全防护用具和遮蔽用具应无针孔、砂眼、裂纹； （4）检查全方位绝缘安全带外观，并做冲击试验。
			使用绝缘电阻检测仪分段检测绝缘工具的表面绝缘电阻值： （1）测量电极应符合规程要求（极宽 2cm、极间距 2cm）； （2）正确使用（自检、测量）绝缘电阻检测仪（应采用点测的方法，不应使电极在绝缘工具表面滑动，避免刮伤绝缘工具表面）； （3）绝缘电阻值不得低于 700MΩ。
			绝缘工器具检查完毕，向工作负责人汇报检查结果。
	7	检查柱上开关或隔离开关	检查柱上开关或隔离开关： （1）清洁柱上开关或隔离开关，并作表面检查，瓷件表面应光滑，无麻点，裂痕等。用绝缘电阻检测仪检测隔离开关绝缘电阻不应低于 500MΩ； （2）试拉合柱上开关或隔离开关，无卡涩，机械指示准确，接触紧密； （3）检测完毕，向工作负责人汇报检测结果。

续表

√	序号	作业内容	步骤及要求
	8	检查绝缘斗臂车	检查绝缘斗臂车表面状况：绝缘斗、绝缘臂应清洁、无裂纹损伤。
			试操作绝缘斗臂车： （1）试操作应空斗进行。 （2）试操作应充分，有回转、升降、伸缩的过程。确认液压、机械、电气系统正常可靠、制动装置可靠。 （3）试操作绝缘斗臂车小吊，确认吊臂、吊绳良好。
			绝缘斗臂车检查和试操作完毕，向工作负责人汇报检查结果。
	9	斗内电工进入绝缘斗臂车绝缘斗	1 号、2 号斗内电工穿戴好全套的个人安全防护用具： （1）个人安全防护用具包括安全帽、绝缘服或绝缘披肩、绝缘手套（带防护手套）、护目镜等； （2）工作负责人应检查斗内电工个人防护用具的穿戴是否正确。
			地面电工配合将工器具放入绝缘斗： （1）工器具应分类放置工具袋中； （2）工器具的金属部分不准超出绝缘斗； （3）工具和人员重量不得超过绝缘斗额定载荷。
			1 号、2 号斗内电工分别进入两辆斗臂车绝缘斗，挂好全方位绝缘安全带保险钩。

5.2 操作步骤

√	序号	作业内容	步骤及要求
	1	进入带电作业区域	经工作负责人许可后，斗内电工分别操作绝缘斗臂车，进入带电作业区域，绝缘斗移动应平稳匀速，在进入带电作业区域时： （1）应无大幅晃动现象； （2）绝缘斗下降、上升的速度不应超过 0.5m/s； （3）绝缘斗边沿的最大线速度不应超过 0.5m/s。
	2	验电	2 号斗内电工将绝缘斗调整至带电导线横担下侧适当位置，使用验电器对导线、绝缘子、横担、柱上开关或隔离开关进行验电，确认无漏电现象。
	3	检测电流	（1）1 号电工用钳形电流表测量三相导线电流，确认每相负荷电流不超过 200A； （2）2 号电工将绝缘斗调整至柱上开关的合适位置，检查柱上开关无异常情况。

续表

√	序号	作业内容	步骤及要求
	4	设置内边相绝缘遮蔽隔离措施	经工作负责人许可后，斗内电工分别调整绝缘斗到达合适工作位置，按照“从近到远、从下到上、先带电体后接地体”的遮蔽原则对作业范围内可能触及的带电体和接地体进行绝缘遮蔽隔离： （1）遮蔽的部位和顺序依次为导线、引线、耐张线夹、耐张绝缘子串以及作业点临近的接地体； （2）斗内电工在对带电体设置绝缘遮蔽隔离措施时，动作应轻缓，与横担等地电位构件间应保持足够的安全距离（不小于 0.4m），与邻相导线之间应保持足够的安全距离（不小于 0.6m）； （3）绝缘遮蔽隔离措施应严密、牢固，绝缘遮蔽用具之间搭接不得小于 150mm。
	5	设置外边相绝缘遮蔽隔离措施	经工作负责人的许可后，斗内电工分别调整绝缘斗到达外边相合适工作位置，按照与内边相相同的方法对作业范围内可能触及的带电体和接地体进行绝缘遮蔽隔离。
	6	设置中间相绝缘遮蔽隔离措施	经工作负责人的许可后，斗内电工分别调整绝缘斗到达中间相合适工作位置，按照与两边相相同的方法对作业范围内可能触及的带电体和接地体进行绝缘遮蔽隔离。
	7	安装、检测旁路设备	（1）1 号电工、2 号电工在地面电工配合下，在柱上开关下侧电杆合适位置安装旁路负荷开关和余缆支架，并将旁路负荷开关可靠接地，将旁路高压引下电缆快速插拔终端接续到旁路负荷开关两侧接口； （2）合上旁路负荷开关进行绝缘检测，检测合格后应充分放电，并拉开旁路负荷开关。
			旁路作业设备检测完毕，向工作负责人汇报检查结果。
			连接旁路负荷开关时： （1）防止旁路柔性电缆与地面摩擦，且不得受力。 （2）连接旁路作业设备前，应对各接口进行清洁和润滑：用不起毛的清洁纸或清洁布、无水酒精或其他电缆清洁剂清洁；确认绝缘表面无污物、灰尘、水分、损伤。在插拔界面均匀涂润滑硅脂。 （3）绝缘电阻检测完毕后，应进行充分放电，用绝缘放电杆放电时，绝缘放电杆的接地应良好。
	8	旁路柔性电缆与主导线连接	（1）确认旁路负荷开关在断开状态下，1 号电工、2 号电工各自将中间相旁路高压引下电缆的引流线夹安装到中间相架空导线上，并挂好防坠绳，补充绝缘遮蔽措施； （2）其他两相的旁路高压引下电缆的引流线夹按照相同的方法挂接好； （3）三相旁路高压引下电缆可按照由远到近或先中间相再两边相的顺序挂接。

续表

√	序号	作业内容	步骤及要求
	9	合上旁路负荷开关并检测分流	确认三相旁路柔性电缆连接可靠，核相正确无误后，1 号电工用绝缘操作杆合上旁路负荷开关，锁死跳闸机构，用钳形电流表逐相测量三相旁路柔性电缆通流正常。
	10	更换柱上开关或隔离开关	（1）1 号电工将绝缘斗调整到柱上开关或隔离开关合适位置，用绝缘操作杆拉开柱上开关或隔离开关，并用钳形电流表测量旁路柔性电缆通流正常； （2）1 号电工、2 号电工将柱上开关或隔离开关引线拆除，并可靠固定，及时恢复绝缘遮蔽； （3）1 号电工、2 号电工与地面电工相互配合，利用绝缘斗臂车小吊更换柱上开关或隔离开关确认安装牢固并做拉合试验（使用绝缘斗臂车小吊起吊作业时，柱上开关或隔离开关应绑扎牢固，确认作业范围和起吊重量满足工况要求，垂直起吊）； （4）确认柱上开关或隔离开关在断开状态，1 号电工、2 号电工分别将柱上开关或隔离开关引线与主导线进行连接，并恢复导线、引线绝缘遮蔽； （5）1 号电工将绝缘斗调整到合适位置，合上柱上开关或隔离开关，使用钳形电流表逐相测量柱上开关或隔离开关三相引线通流正常。
	11	拆除旁路作业设备	（1）1 号电工调整绝缘斗到旁路负荷开关合适位置，断开旁路负荷开关，锁死闭锁机构。 （2）1 号电工、2 号电工调整绝缘斗位置依次拆除三相旁路高压引下电缆引流线夹，并及时恢复遮蔽。三相的顺序可按由近到远或先两边相再中间相进行。 （3）将三相旁路高压引下电缆放至地面，合上旁路负荷开关，对旁路设备逐相充分放电，放电时应戴绝缘手套，放电后拉开旁路负荷开关。 （4）1 号电工、2 号电工与地面电工相互配合，拆除旁路高压引下电缆、余缆支架和旁路负荷开关。
	12	拆除中间相绝缘遮蔽隔离措施	经工作负责人的许可后，斗内电工分别调整绝缘斗到达中间相合适工作位置，按照“从远到近、从上到下、先接地体后带电体”的原则拆除绝缘遮蔽隔离措施： （1）拆除的顺序依次为作业点临近的接地体、耐张绝缘子串、耐张线夹、引线、导线； （2）斗内电工在拆除带电体上的绝缘遮蔽隔离措施时，动作应轻缓，与横担等地电位构件间应保持足够的安全距离，与邻相导线之间应保持足够的安全距离。
	13	拆除外边相绝缘遮蔽隔离措施	经工作负责人的许可后，斗内电工分别调整绝缘斗到达外边相合适工作位置，按照与中间相相同的方法拆除绝缘遮蔽隔离。
	14	拆除内边相绝缘遮蔽隔离措施	经工作负责人的许可后，斗内电工分别调整绝缘斗到达内边相合适工作位置，按照与中间相相同的方法拆除绝缘遮蔽隔离。

续表

√	序号	作业内容	步骤及要求
	15	工作验收	斗内电工撤出带电作业区域时： （1）应无大幅晃动现象； （2）绝缘斗下降、上升的速度不应超过 0.5m/s； （3）绝缘斗边沿的最大线速度不应超过 0.5m/s。
			斗内电工检查施工质量： （1）杆上无遗漏物； （2）装置无缺陷，符合运行条件； （3）向工作负责人汇报施工质量。
	16	撤离杆塔	下降绝缘斗返回地面、收回绝缘臂时应注意绝缘斗臂车周围杆塔、线路等情况。

6　工作结束

√	序号	作业内容	步骤及要求
	1	清理现场	将绝缘斗臂车各部件复位。需注意： （1）收回绝缘斗臂车接地线； （2）绝缘斗臂车支腿收回。
			工作负责人组织班组成员整理工具、材料。将工器具清洁后放入专用的箱（袋）中。清理现场，做到工完料尽场地清。
	2	召开收工会	工作负责人组织召开现场收工会，进行工作总结和点评工作： （1）正确点评本项工作的施工质量； （2）点评班组成员在作业中的安全措施的落实情况； （3）点评班组成员对规程的执行情况。
	3	办理工作终结手续	工作负责人按工作票内容与值班调控人员（运维人员）联系，工作结束，恢复线路重合闸，终结工作票。

7　验收记录

记录检修中发现的问题	
问题处理意见	

8 现场标准化作业指导书执行情况评估

<table>
<tr><td rowspan="4">评估内容</td><td rowspan="2">符合性</td><td>优</td><td></td><td>可操作项</td><td></td></tr>
<tr><td>良</td><td></td><td>不可操作项</td><td></td></tr>
<tr><td rowspan="2">可操作性</td><td>优</td><td></td><td>修改项</td><td></td></tr>
<tr><td>良</td><td></td><td>遗漏项</td><td></td></tr>
<tr><td>存在问题</td><td colspan="5"></td></tr>
<tr><td>改进意见</td><td colspan="5"></td></tr>
</table>

9 附图

应根据现场勘察结果，绘制作业点及邻近装置的线路图。需进行倒闸操作的作业，应绘制负荷开关、断路器及隔离开关等电气设备的接线图，并注明运行状态。

带负荷更换柱上开关或隔离开关现场标准化作业指导书

（绝缘手套作业法、绝缘斗臂车、绝缘引流线）

1 范围

本指导书适用于 10kV 架空线路带电作业现场绝缘手套作业法采用绝缘斗臂车带负荷更换柱上开关或隔离开关工作，规定了该项工作现场标准化作业的工作步骤和技术要求。

2 规范性引用文件

GB/T 18857 《配电线路带电作业技术导则》
Q/GDW 10520 《10kV 配网不停电作业规范》
《国家电网公司电力安全工作规程（配电部分）》

3 人员组合

本项目需要工作人员 6 人。

3.1 作业人员要求

√	序号	责任人	资质	人数
	1	工作负责人	应具有一定的配电带电作业实际工作经验，熟悉设备状况，具有一定组织能力和事故处理能力，并按《安规》要求取得工作负责人资格。	1 人
	2	专责监护人	应具有一定的配电带电作业实际工作经验，熟悉设备状况，并按《安规》要求取得专责监护人资格。	1 人
	3	斗内电工	应通过 10kV 配电线路带电作业专项培训，考试合格并持证上岗。	2 人
	4	地面电工	需经省公司级基地进行带电作业专项理论培训，考试合格并持证上岗。	2 人

3.2 作业人员分工

√	序号	姓名	分工	签名
	1		工作负责人	
	2		专责监护人	
	3		1 号斗内电工	
	4		2 号斗内电工	
	5		1 号地面电工	
	6		2 号地面电工	

4 工器具

领用带电作业工器具应核对电压等级和试验周期，并检查外观完好无损。

工器具在运输过程中，应存放在专用工具袋、工具箱或工具车内，以防受潮和损伤。

4.1 装备

√	序号	名称	型号/规格	单位	数量	备注
	1	绝缘斗臂车	10kV	辆	2	

4.2 个人防护用具

√	序号	名称	型号/规格	单位	数量	备注
	1	安全帽	电绝缘	顶	4	
	2	绝缘安全帽	10kV	顶	2	
	3	绝缘服或绝缘披肩	10kV	套	2	
	4	绝缘手套	10kV	副	3	
	5	防护手套	皮革	副	3	
	6	内衬手套	棉线	副	3	
	7	护目镜		副	2	防弧光及飞溅
	8	安全带	全方位式	副	2	绝缘型

4.3 绝缘遮蔽用具

√	序号	名称	型号/规格	单位	数量	备注
	1	导线遮蔽罩	10kV	个	6	
	2	绝缘毯	10kV	块	20	
	3	绝缘毯夹	10kV	个	40	
	4	横担遮蔽罩	10kV	个	2	
	5	绝缘隔板	10kV	组	3	

4.4 绝缘工具

√	序号	名称	型号/规格	单位	数量	备注
	1	绝缘绳套	10kV	根	1	
	2	绝缘传递绳	10kV	套	1	
	3	绝缘引流线		条	3	
	4	拉（合）闸操作杆	10kV	根	1	
	5	绝缘引流线支架	10kV	个	1	

4.5 其他工具

√	序号	名称	型号/规格	单位	数量	备注
	1	绝缘电阻检测仪	2500V 及以上	台	1	
	2	验电器	10kV	支	1	
	3	绝缘手套充气装置		台	1	
	4	风速检测仪		台	1	
	5	温度检测仪		台	1	
	6	湿度检测仪		台	1	
	7	钳形电流表		台	1	
	8	防潮苫布		块	1	
	9	个人手工工具		套	1	
	10	对讲机		部	2	
	11	清洁布		块	2	
	12	安全围栏		组	1	
	13	“从此进出”标示牌		块	1	
	14	“在此工作”标示牌		块	1	

4.6 材料

√	序号	名称	型号/规格	单位	数量	备注
	1	柱上开关	10kV	台	1	含附件
	2	柱上隔离开关	10kV	组	1	含附件
	3	接续线夹	10kV	个	6	同等材质
	4	线夹绝缘护罩	10kV	个	6	

5 作业程序

5.1 开工准备

√	序号	作业内容	步骤及要求
	1	现场复勘	工作负责人核对工作线路双重称号、杆号。
			工作负责人检查地形环境是否符合作业要求： （1）平整坚实； （2）地面倾斜度不大于 5°。

续表

√	序号	作业内容	步骤及要求
	1	现场复勘	工作负责人检查线路装置是否具备带电作业条件： （1）作业电杆埋深、杆身质量； （2）检查作业点两侧导线有无烧伤断股； （3）检查柱上开关（隔离开关）外观，如裂纹严重有脱落危险，考虑采取措施，无法控制不应进行该项工作； （4）确认所带负荷不大于 200A； （5）确认柱上开关自动化装置退出运行。
			工作负责人检查气象条件： 带电作业应在良好天气下进行，风力大于 5 级，或湿度大于 80%时，不宜带电作业。若遇雷电、雪、雹、雨、雾等不良天气，禁止带电作业。带电作业过程中若遇天气突然变化，有可能危及人身及设备安全时，应立即停止工作，撤离人员，恢复设备正常状况，或采取临时安全措施。
			工作负责人检查工作票所列安全措施，在工作票上补充安全措施。
	2	执行工作许可制度	工作负责人按工作票内容与值班调控人员（运维人员）联系，确认线路重合闸装置已退出。
			工作负责人在工作票上签字。
	3	召开班前会	工作负责人宣读工作票。
			工作负责人检查工作班组成员精神状态、交待工作任务进行分工、交待工作中的安全措施和技术措施。
			工作负责人检查班组各成员对工作任务分工、安全措施和技术措施是否明确。
			班组各成员在工作票、风险控制卡和作业指导书上签名确认。
	4	停放绝缘斗臂车	将绝缘斗臂车停放到适当位置。作业人员应对停放位置进行检查，以下为现场应检查的停放绝缘斗臂车位置的要素： （1）停放的位置应便于绝缘斗臂车绝缘斗到达作业位置，避开附近电力线和障碍物，并能保证作业时绝缘斗臂车的绝缘臂有效绝缘长度； （2）停放位置坡度不大于 5°。
			支放绝缘斗臂车支腿，作业人员应对支腿情况进行检查，然后向工作负责人汇报检查项目及结果，检查标准为： （1）不应支放在沟道盖板上； （2）软土地面应使用垫块或枕木，垫板重叠不超过 2 块； （3）支撑应到位。车辆前后、左右呈水平；“H”型支腿的车型，水平支腿应全部伸出。
			使用截面面积不小于 $16mm^2$ 的软铜线将绝缘斗臂车可靠接地。

续表

√	序号	作业内容	步骤及要求
	5	布置工作现场	工作负责人组织班组成员设置工作现场的安全围栏、安全警示标志： （1）安全围栏的范围应考虑作业中高空坠落和高空落物的影响以及道路交通，必要时联系交通部门； （2）围栏的出入口应设置合理，并悬挂“从此进出”标示牌。
			将绝缘工器具放在防潮苫布上： （1）防潮苫布应清洁、干燥； （2）工器具应按定置管理要求分类摆放； （3）绝缘工器具不能与金属工具、材料混放。
	6	检查绝缘工器具	逐件对绝缘工器具进行外观检查： （1）检查人员应戴清洁、干燥的手套； （2）绝缘工具表面不应有磨损、变形损坏，操作应灵活； （3）个人安全防护用具和遮蔽用具应无针孔、砂眼、裂纹； （4）检查全方位绝缘安全带外观，并做冲击试验。
			使用绝缘电阻检测仪分段检测绝缘工具的表面绝缘电阻值： （1）测量电极应符合规程要求（极宽 2cm、极间距 2cm）； （2）正确使用（自检、测量）绝缘电阻检测仪（应采用点测的方法，不应使电极在绝缘工具表面滑动，避免刮伤绝缘工具表面）； （3）绝缘电阻值不得低于 700MΩ。
			绝缘工器具检查完毕，向工作负责人汇报检查结果。
	7	检查绝缘斗臂车	检查绝缘斗臂车表面状况：绝缘斗、绝缘臂应清洁、无裂纹损伤。
			试操作绝缘斗臂车： （1）试操作应空斗进行。 （2）试操作应充分，有回转、升降、伸缩的过程。确认液压、机械、电气系统正常可靠、制动装置可靠。 （3）试操作绝缘斗臂车小吊，确认吊臂、吊绳良好。
			绝缘斗臂车检查和试操作完毕，向工作负责人汇报检查结果。
	8	检查柱上开关或隔离开关	检查柱上开关或隔离开关： （1）清洁柱上开关或隔离开关，并作表面检查，瓷件表面应光滑，无麻点，裂痕等。用绝缘电阻检测仪检测隔离开关绝缘电阻不应低于 500MΩ。 （2）试拉合柱上开关或隔离开关，无卡涩，机械指示准确，接触紧密。 （3）检测完毕，向工作负责人汇报检测结果。

续表

√	序号	作业内容	步骤及要求
	9	斗内电工进入绝缘斗臂车绝缘斗	1号、2号斗内电工穿戴好全套的个人安全防护用具： （1）个人安全防护用具包括安全帽、绝缘服或绝缘披肩、绝缘手套（带防护手套）、护目镜等； （2）工作负责人应检查斗内电工个人防护用具的穿戴是否正确。
			地面电工配合将工器具放入绝缘斗： （1）工器具应分类放置工具袋中； （2）工器具的金属部分不准超出绝缘斗； （3）工具和人员重量不得超过绝缘斗额定载荷。
			1号、2号斗内电工分别进入两辆斗臂车绝缘斗，挂好全方位绝缘安全带保险钩。

5.2 操作步骤

√	序号	作业内容	步骤及要求
	1	进入带电作业区域	经工作负责人许可后，斗内电工分别操作绝缘斗臂车，进入带电作业区域，绝缘斗移动应平稳匀速，在进入带电作业区域时： （1）应无大幅晃动现象； （2）绝缘斗下降、上升的速度不应超过0.5m/s； （3）绝缘斗边沿的最大线速度不应超过0.5m/s。
	2	验电	2号斗内电工将绝缘斗调整至带电导线横担下侧适当位置，使用验电器对导线、绝缘子、横担、柱上开关或隔离开关进行验电，确认无漏电现象。
	3	检测电流	（1）1号电工用钳形电流表逐相测量柱上开关通流正常且负荷电流不大于绝缘引流线额定电流； （2）2号电工将绝缘斗调整至柱上开关的合适位置，检查柱上开关无异常情况。
	4	设置内边相绝缘遮蔽隔离措施	经工作负责人许可后，斗内电工分别调整绝缘斗到达合适工作位置，按照“从近到远、从下到上、先带电体后接地体”的遮蔽原则对作业范围内可能触及的带电体和接地体进行绝缘遮蔽隔离： （1）遮蔽的部位和顺序依次为导线、耐张线夹、开关引线、耐张绝缘子串以及作业点临近的接地体； （2）斗内电工在对带电体设置绝缘遮蔽隔离措施时，动作应轻缓，与横担等地电位构件间应保持足够的安全距离（不小于0.4m），与邻相导线之间应保持足够的安全距离（不小于0.6m）； （3）绝缘遮蔽隔离措施应严密、牢固，绝缘遮蔽用具之间搭接不得小于150mm。

续表

√	序号	作业内容	步骤及要求
	5	设置外边相绝缘遮蔽隔离措施	经工作负责人的许可后，斗内电工分别调整绝缘斗到达外边相合适工作位置，按照与内边相相同的方法对作业范围内可能触及的带电体和接地体进行绝缘遮蔽隔离。
	6	设置中间相绝缘遮蔽隔离措施	经工作负责人的许可后，斗内电工分别调整绝缘斗到达中间相合适工作位置，按照与两边相相同的方法对作业范围内可能触及的带电体和接地体进行绝缘遮蔽隔离。
	7	短接绝缘引流线并测量分流	（1）两斗内电工核对相序无误后，相互配合将绝缘引流线固定在绝缘引流线支架上，用绝缘引流线逐相短接柱上开关或隔离开关，并及时恢复绝缘遮蔽。短接时应两侧同时进行。短接时三相导线可先按中间相、再两边相，或根据现场情况按由远及近的顺序依次短接。 （2）确认三相绝缘引流线连接可靠，1 号电工使用钳形电流表逐相测量三相绝缘引流线通流正常。
	8	拉开柱上开关或隔离开关	1 号电工将绝缘斗调整到柱上开关或隔离开关合适位置，用绝缘操作杆拉开柱上开关或隔离开关，并用钳形电流表测量绝缘引流线通流正常。
	9	更换柱上开关或隔离开关	（1）1 号电工、2 号电工拆除柱上开关或隔离开关引线，恢复绝缘遮蔽； （2）1 号电工、2 号电工与地面电工相互配合，利用绝缘斗臂车小吊更换柱上开关或隔离开关（使用绝缘斗臂车小吊起吊作业时，柱上开关或隔离开关应绑扎牢固，确认作业范围和起吊重量满足工况要求，垂直起吊），并调试正常； （3）确认柱上开关或隔离开关在断开状态，1 号电工、2 号电工连接柱上开关或隔离开关引线，并恢复导线、引线绝缘遮蔽。
	10	合上柱上开关或隔离开关并测量电流	1 号电工将绝缘斗调整到合适位置，合上柱上开关或隔离开关，并通过操作机构位置和钳形电流表逐相测量柱上开关或隔离开关三相引线通流正常。
	11	拆除绝缘引流线	（1）1、2 号电工分别调整绝缘斗到内边相绝缘引流线处，两侧同时拆除绝缘引流线，并恢复绝缘遮蔽； （2）其余两相绝缘引流线按相同方法拆除，并拆除绝缘引流线支架。三相的顺序也可按由近到远或先两边相再中间相进行。
	12	拆除中间相绝缘遮蔽隔离措施	经工作负责人的许可后，斗内电工分别调整绝缘斗到达中间相合适工作位置，按照“从远到近、从上到下、先接地体后带电体”的原则拆除绝缘遮蔽隔离措施： （1）拆除的顺序依次为作业点临近的接地体、耐张绝缘子串、开关引线、耐张线夹、导线； （2）斗内电工在拆除带电体上的绝缘遮蔽隔离措施时，动作应轻缓，与横担等地电位构件间应保持足够的安全距离，与邻相导线之间应保持足够的安全距离。

续表

√	序号	作业内容	步骤及要求
	13	拆除外边相绝缘遮蔽隔离措施	经工作负责人的许可后，斗内电工分别调整绝缘斗到达外边相合适工作位置，按照与中间相相同的方法拆除绝缘遮蔽隔离。
	14	拆除内边相绝缘遮蔽隔离措施	经工作负责人的许可后，斗内电工分别调整绝缘斗到达内边相合适工作位置，按照与中间相相同的方法拆除绝缘遮蔽隔离。
	15	工作验收	斗内电工撤出带电作业区域。撤出带电作业区域时： （1）应无大幅晃动现象； （2）绝缘斗下降、上升的速度不应超过 0.5m/s； （3）绝缘斗边沿的最大线速度不应超过 0.5m/s。
			斗内电工检查施工质量： （1）杆上无遗漏物； （2）装置无缺陷，符合运行条件； （3）向工作负责人汇报施工质量。
	16	撤离杆塔	下降绝缘斗返回地面、收回绝缘臂时应注意绝缘斗臂车周围杆塔、线路等情况。

6 工作结束

√	序号	作业内容	步骤及要求
	1	清理现场	将绝缘斗臂车各部件复位。需注意： （1）收回绝缘斗臂车接地线； （2）绝缘斗臂车支腿收回。
			工作负责人组织班组成员整理工具、材料。将工器具清洁后放入专用的箱（袋）中。清理现场，做到工完料尽场地清。
	2	召开收工会	工作负责人组织召开现场收工会，进行工作总结和点评工作： （1）正确点评本项工作的施工质量； （2）点评班组成员在作业中的安全措施的落实情况； （3）点评班组成员对规程的执行情况。
	3	办理工作终结手续	工作负责人按工作票内容与值班调度员（运维人员）联系，工作结束，恢复线路重合闸，终结工作票。

7 验收记录

记录检修中发现的问题	
问题处理意见	

8 现场标准化作业指导书执行情况评估

评估内容	符合性	优		可操作项	
		良		不可操作项	
	可操作性	优		修改项	
		良		遗漏项	
存在问题					
改进意见					

9 附图

应根据现场勘察结果，绘制作业点及邻近装置的线路图。需进行倒闸操作的作业，应绘制负荷开关、断路器及隔离开关等电气设备的接线图，并注明运行状态。

带负荷更换柱上开关或隔离开关现场标准化作业指导书

（绝缘手套作业法、绝缘斗臂车、桥接）

1　范围

本指导书适用于 10kV 架空线路带电作业现场绝缘手套作业法采用绝缘斗臂车桥接带负荷更换柱上开关或隔离开关工作，规定了该项工作现场标准化作业的工作步骤和技术要求。

2　规范性引用文件

GB/T 18857 《配电线路带电作业技术导则》
Q/GDW 10520 《10kV 配网不停电作业规范》
《国家电网公司电力安全工作规程（配电部分）》

3　人员组合

本项目需要工作人员 12 人。

3.1　作业人员要求

√	序号	责任人	资质	人数
	1	带电工作负责人	应具有一定的配电带电作业实际工作经验，熟悉设备状况，具有一定组织能力和事故处理能力，并按《安规》要求取得工作负责人资格。	1 人
	2	专责监护人	应具有一定的配电带电作业实际工作经验，熟悉设备状况，并按《安规》要求取得专责监护人资格。	1 人
	3	斗内电工	应通过 10kV 配电线路带电作业专项培训，考试合格并持证上岗。	4 人
	4	地面电工	需经省公司级基地进行带电作业专项理论培训，考试合格并持证上岗。	2 人
	5	停电工作负责人	应具有一定的配电线路作业实际工作经验，熟悉设备状况，具有一定组织能力和事故处理能力，并按《安规》要求取得工作负责人资格。	1 人
	6	停电施工人员	应通过配电线路培训、考试合格并持证上岗。	3 人

3.2　作业人员分工

√	序号	姓名	分工	签名
	1		带电工作负责人	

续表

√	序号	姓名	分工	签名
	2		专责监护人	
	3		1 号斗内电工	
	4		2 号斗内电工	
	5		3 号斗内电工	
	6		4 号斗内电工	
	7		1 号地面电工	
	8		2 号地面电工	
	9		停电工作负责人	
	10		1 号停电施工人员	
	11		2 号停电施工人员	
	12		3 号停电施工人员	

4　工器具

领用带电作业工器具应核对电压等级和试验周期，并检查外观完好无损。

工器具在运输过程中，应存放在专用工具袋、工具箱或工具车内，以防受潮和损伤。

4.1　装备

√	序号	名称	型号/规格	单位	数量	备注
	1	绝缘斗臂车	10kV	辆	2	
	2	脚扣	400mm	副	3	

4.2　个人防护用具

√	序号	名称	型号/规格	单位	数量	备注
	1	安全帽	电绝缘	顶	8	
	2	绝缘安全帽	10kV	顶	4	
	3	绝缘服或绝缘披肩	10kV	套	4	
	4	绝缘手套	10kV	副	5	
	5	防护手套	皮革	副	5	
	6	内衬手套	棉线	副	5	
	7	护目镜		副	4	防弧光及飞溅
	8	安全带	全方位式	副	7	绝缘型

4.3 绝缘遮蔽用具

√	序号	名称	型号/规格	单位	数量	备注
	1	导线遮蔽罩	10kV	个	12	
	2	导线端头遮蔽罩	10kV	根	12	
	3	绝缘毯	10kV	块	25	
	4	绝缘毯夹	10kV	个	50	

4.4 绝缘工具

√	序号	名称	型号/规格	单位	数量	备注
	1	绝缘传递绳	10kV	套	1	
	2	旁路电缆防坠绳	10kV	根	6	
	3	后备保护绳	10kV	根	6	
	4	绝缘操作杆	10kV	根	2	连接旁路高压引下电缆
	5	硬质绝缘紧线器	10kV	个	6	
	6	绝缘放电杆	10kV	根	1	

4.5 旁路作业装备

√	序号	名称	型号/规格	单位	数量	备注
	1	旁路负荷开关	10kV	台	1	200A，带有核相装置
	2	旁路负荷开关支架		个	1	
	3	旁路负荷开关接地线	$16mm^2$	根	1	
	4	旁路高压引下电缆	10kV	组	2	200A
	5	余缆支架	10kV	个	2	

4.6 其他工具

√	序号	名称	型号/规格	单位	数量	备注
	1	绝缘电阻检测仪	2500V 及以上	台	1	
	2	验电器	10kV	支	1	
	3	卡线器		个	24	
	4	液压工具		套	2	
	5	接地线		组	2	
	6	绝缘手套充气装置		台	1	

续表

√	序号	名称	型号/规格	单位	数量	备注
	7	钳形电流表		台	1	
	8	风速检测仪		台	1	
	9	温度检测仪		台	1	
	10	湿度检测仪		台	1	
	11	防潮苫布		块	1	
	12	个人手工工具		套	1	
	13	剥皮器		个	2	
	14	对讲机		部	2	
	15	清洁布		块	2	
	16	安全围栏		组	1	
	17	“从此进出”标示牌		块	1	
	18	“在此工作”标示牌		块	1	

4.7 材料

√	序号	名称	型号/规格	单位	数量	备注
	1	柱上开关	10kV	台	1	含附件
	2	柱上隔离开关	10kV	组	1	含附件
	3	接续线夹	10kV	个	6	同等材质
	4	自粘式线夹绝缘护罩	10kV	个	6	
	5	导线液压接续管	10kV	根	6	同等材质

5 作业程序

5.1 开工准备

√	序号	作业内容	步骤及要求
	1	现场复勘	工作负责人核对工作线路双重称号、杆号。
			工作负责人检查地形环境是否符合作业要求： （1）平整坚实； （2）地面倾斜度不大于5°。
			工作负责人检查线路装置是否具备带电作业条件： （1）作业电杆及两侧电杆埋深、杆身质量； （2）检查隔离开关或柱上开关符合作业条件，如存在危险考虑采取措施，无法控制不应进行该项工作；

续表

√	序号	作业内容	步骤及要求
	1	现场复勘	（3）检查作业点两侧导线有无烧伤断股； （4）确认所带负荷不大于200A； （5）确认柱上开关自动化装置退出运行。
			工作负责人检查气象条件： 带电作业应在良好天气下进行，风力大于5级，或湿度大于80%时，不宜带电作业。若遇雷电、雪、雹、雨、雾等不良天气，禁止带电作业。带电作业过程中若遇天气突然变化，有可能危及人身及设备安全时，应立即停止工作，撤离人员，恢复设备正常状况，或采取临时安全措施。
			工作负责人检查工作票所列安全措施，在工作票上补充安全措施。
	2	执行工作许可制度	工作负责人按工作票内容与值班调控人员（运维人员）联系，确认线路重合闸装置已退出。
			工作负责人在工作票上签字。
	3	召开班前会	工作负责人宣读工作票。
			工作负责人检查工作班组成员精神状态、交待工作任务进行分工、交待工作中的安全措施和技术措施。
			工作负责人检查班组各成员对工作任务分工、安全措施和技术措施是否明确。
			班组各成员在工作票、风险控制卡和作业指导书上签名确认。
	4	停放绝缘斗臂车	将绝缘斗臂车停放到适当位置。作业人员应对停放位置进行检查，以下为现场应检查的停放绝缘斗臂车位置的要素： （1）停放的位置应便于绝缘斗臂车绝缘斗到达作业位置，避开附近电力线和障碍物，并能保证作业时绝缘斗臂车的绝缘臂有效绝缘长度； （2）停放位置坡度不大于5°。
			支放绝缘斗臂车支腿，作业人员应对支腿情况进行检查，然后向工作负责人汇报检查项目及结果，检查标准为： （1）不应支放在沟道盖板上。 （2）软土地面应使用垫块或枕木，垫板重叠不超过2块。 （3）支撑应到位。车辆前后、左右呈水平；“H”型支腿的车型，水平支腿应全部伸出。
			使用截面面积不小于16mm^{2}的软铜线将绝缘斗臂车可靠接地。
	5	布置工作现场	工作负责人组织班组成员设置工作现场的安全围栏、安全警示标志： （1）安全围栏的范围应考虑作业中高空坠落和高空落物的影响以及道路交通，必要时联系交通部门； （2）围栏的出入口应设置合理，并悬挂“从此进出”标示牌。

续表

√	序号	作业内容	步骤及要求
	5	布置工作现场	将绝缘工器具放在防潮苫布上： （1）防潮苫布应清洁、干燥； （2）工器具应按定置管理要求分类摆放； （3）绝缘工器具不能与金属工具、材料混放。
	6	检查绝缘及登高工器具	逐件对绝缘及登高工器具进行外观检查： （1）检查人员应戴清洁、干燥的手套； （2）绝缘工具表面不应有磨损、变形损坏，操作应灵活； （3）个人安全防护用具和遮蔽用具应无针孔、砂眼、裂纹； （4）检查安全带外观，并做冲击试验； （5）检查登杆工具，应无开焊、胶皮完好、螺栓齐全紧固，并做冲击试验。
			使用绝缘电阻检测仪分段检测绝缘工具的表面绝缘电阻值： （1）测量电极应符合规程要求（极宽 2cm、极间距 2cm）； （2）正确使用（自检、测量）绝缘电阻检测仪（应采用点测的方法，不应使电极在绝缘工具表面滑动，避免刮伤绝缘工具表面）； （3）绝缘电阻值不得低于 700MΩ。
			绝缘工器具检查完毕，向工作负责人汇报检查结果。
	7	检查新柱上开关或隔离开关	检查开关： （1）清洁柱上开关或隔离开关，并作表面检查，瓷件表面应光滑，无麻点，裂痕等。用绝缘电阻检测仪检测隔离开关绝缘电阻不应低于500MΩ。 （2）试拉合柱上开关或隔离开关，无卡涩，操作灵活，接触紧密。 （3）检测完毕，向工作负责人汇报检测结果。
	8	检查绝缘斗臂车	检查绝缘斗臂车表面状况：绝缘斗、绝缘臂应清洁、无裂纹损伤。
			试操作绝缘斗臂车： （1）试操作应空斗进行； （2）试操作应充分，有回转、升降、伸缩的过程。确认液压、机械、电气系统正常可靠、制动装置可靠； （3）试操作绝缘斗臂车小吊，确认吊臂、吊绳良好。
			绝缘斗臂车检查和试操作完毕，向工作负责人汇报检查结果。
	9	斗内电工进入绝缘斗臂车绝缘斗	1 号、2 号、3 号、4 号斗内电工穿戴好全套的个人安全防护用具： （1）个人安全防护用具包括安全帽、绝缘服或绝缘披肩、绝缘手套（带防护手套）、护目镜等； （2）工作负责人应检查斗内电工个人防护用具的穿戴是否正确。

续表

√	序号	作业内容	步骤及要求
	9	斗内电工进入绝缘斗臂车绝缘斗	地面电工配合将工器具放入绝缘斗： （1）工器具应分类放置在工具袋中； （2）工器具的金属部分不准超出绝缘斗； （3）工具和人员重量不得超过绝缘斗额定载荷。
			1 号、2 号、3 号、4 号斗内电工分别进入两辆斗臂车绝缘斗，挂好全方位绝缘安全带保险钩。

5.2　操作步骤

√	序号	作业内容	步骤及要求
	1	进入带电作业区域	经工作负责人许可后，斗内电工分别操作绝缘斗臂车，进入带电作业区域，绝缘斗移动应平稳匀速，在进入带电作业区域时： （1）应无大幅晃动现象； （2）绝缘斗下降、上升的速度不应超过 0.5m/s； （3）绝缘斗边沿的最大线速度不应超过 0.5m/s。
	2	验电	2 号斗内电工将绝缘斗调整至带电导线横担下侧适当位置，使用验电器对导线、绝缘子、横担、柱上开关或隔离开关进行验电，确认无漏电现象。
	3	检测电流	（1）1 号斗内电工用钳形电流表测量三相导线电流，确认每相负荷电流不超过 200A； （2）2 号斗内电工将绝缘斗调整至柱上开关的合适位置，检查柱上开关无异常情况。
	4	安装、检测旁路设备	（1）1 号、2 号、3 号、4 号斗内电工在地面电工配合下，在柱上开关下侧电杆合适位置安装旁路负荷开关和余缆工具，并将旁路负荷开关可靠接地，将旁路高压引下电缆快速插拔终端接续到旁路负荷开关两侧接口； （2）合上旁路负荷开关进行绝缘检测，检测合格后应充分放电，并拉开旁路负荷开关。
			旁路作业设备检测完毕，向工作负责人汇报检查结果。
			连接旁路负荷开关时： （1）防止旁路柔性电缆与地面摩擦，且不得受力。 （2）连接旁路作业设备前，应对各接口进行清洁和润滑：用不起毛的清洁纸或清洁布、无水酒精或其他电缆清洁剂清洁；确认绝缘表面无污物、灰尘、水分、损伤。在插拔界面均匀涂润滑硅脂。 （3）绝缘电阻检测完毕后，应进行充分放电，用绝缘放电杆放电时，绝缘放电杆的接地应良好。

续表

√	序号	作业内容	步骤及要求
	5	设置内边相绝缘遮蔽隔离措施	经工作负责人许可后，斗内电工分别调整绝缘斗到达距离电杆最远端挂接旁路高压引下电缆合适工作位置，按照“从近到远”的遮蔽原则对内边相导线进行绝缘遮蔽： （1）斗内电工在设置绝缘遮蔽隔离措施时，动作应轻缓，与邻相导线之间应保持足够的安全距离（不小于 0.6m）； （2）绝缘遮蔽应严密、牢固，绝缘遮蔽用具之间搭接不得小于150mm。
	6	设置外边相绝缘遮蔽隔离措施	经工作负责人的许可后，斗内分别电工调整绝缘斗到达外边相合适工作位置，按照与内边相相同的方法对外边相导线进行绝缘遮蔽。
	7	设置中间相绝缘遮蔽隔离措施	经工作负责人的许可后，斗内电工分别转移绝缘斗到达中间相合适工作位置，按照与两边相相同的方法对中相导线进行绝缘遮蔽。
	8	旁路柔性电缆与主导线连接	（1）确认旁路负荷开关在断开状态下，斗内电工各自将中间相旁路高压引下电缆的引流线夹安装到中间相架空导线上，并挂好防坠绳，补充绝缘遮蔽措施； （2）其他两相的旁路高压引下电缆的引流线夹按照相同的方法挂接好； （3）三相旁路高压引下电缆可按照由远到近或先中间相再两边相的顺序挂接。
	9	合上旁路负荷开关并检测分流	确认三相旁路柔性电缆连接可靠，核相正确无误后，1 号电工用绝缘操作杆合上旁路负荷开关，锁死跳闸机构，用钳形电流表逐相测量三相旁路柔性电缆通流正常。
	10	拉开柱上开关或隔离开关	1 号电工将绝缘斗调整到柱上开关或隔离开关合适位置，用绝缘操作杆拉开柱上开关或隔离开关，并用钳形电流表测量旁路柔性电缆通流正常。
	11	断开两侧主导线	（1）两辆斗臂车的斗内电工分别打开电杆两侧中相导线绝缘遮蔽，在距电杆合适位置安装硬质绝缘紧线器，操作绝缘紧线器将导线收紧至便于开断状态，安装并收紧后备保护绳，及时对导线及绝缘紧线器金属部分恢复绝缘遮蔽； （2）斗内电工检查确认硬质绝缘紧线器承力无误后，选好导线开断位置，最小范围打开导线绝缘遮蔽，两斗内电工同时将待检修区段两端导线断开； （3）斗内电工分别将各自导线端头加装导线端头遮蔽罩并将导线可靠固定，恢复绝缘遮蔽；再将开断导线另一端可靠固定，恢复绝缘遮蔽； （4）按相同方法进行其他两相导线开断作业；检修区段两端导线开断工作完成，经带电工作负责人检查无误后，斗内电工返回地面待命。

续表

√	序号	作业内容	步骤及要求
	12	停电更换柱上开关或隔离开关	（1）带电工作负责人通知停电工作负责人，并做好交接； （2）停电作业人员开始检修区段停电检修工作； （3）停电作业人员拆除原有柱上开关或隔离开关，吊运安装新柱上开关或隔离开关（使用绝缘斗臂车小吊起吊作业时，柱上开关或隔离开关应绑扎牢固，确认作业范围和起吊重量满足工况要求，垂直起吊），并将柱上开关或隔离开关置于断开位置； （4）检修工作完成后，停电工作负责人通知带电工作负责人，并做好交接。
	13	恢复主导线连接	（1）斗内电工分别操作斗臂车到达外边相两端导线开断处； （2）打开导线开断处绝缘遮蔽，使用绝缘剥皮器去除导线绝缘层，使用导线接续管、液压压接工具分别进行作业点两端外边相主导线的承力接续工作并恢复主导线绝缘； （3）连接完毕后，拆除导线及硬质绝缘紧线器的绝缘遮蔽，缓慢操作绝缘紧线器使导线逐渐承力； （4）斗内电工检查确认导线承力无误后，拆除硬质绝缘紧线器及保险绳，恢复导线绝缘遮蔽； （5）按相同方法进行其他两相主导线连接作业； （6）1 号电工调整绝缘斗到柱上开关合适位置，合上柱上开关或隔离开关，使用钳形电流表逐相测量开关引线通流正常
	14	拆除旁路作业设备	（1）1 号电工调整绝缘斗到旁路负荷开关合适位置，断开旁路负荷开关，锁死闭锁机构。 （2）1 号电工、2 号电工调整绝缘斗位置依次拆除三相旁路高压引下电缆引流线夹，并及时恢复遮蔽。三相的顺序可按由近到远或先两边相再中间相进行。 （3）将三相旁路高压引下电缆放至地面，合上旁路负荷开关，对旁路设备逐相充分放电，放电时应戴绝缘手套，放电后拉开旁路负荷开关。 （4）1 号电工、2 号电工与地面电工相互配合，拆除旁路高压引下电缆、余缆支架和旁路负荷开关。
	15	拆除中间相绝缘遮蔽隔离措施	经工作负责人的许可后，斗内电工分别调整绝缘斗到达中间相合适工作位置，按照“从远到近“的原则拆除绝缘遮蔽隔离措施： 斗内电工在拆除带电体上的绝缘遮蔽隔离措施时，动作应轻缓，与邻相导线之间应保持足够的安全距离。
	16	拆除外边相绝缘遮蔽隔离措施	经工作负责人的许可后，斗内电工分别调整绝缘斗到达外边相合适工作位置，按照与中间相相同的方法拆除绝缘遮蔽隔离。
	17	拆除内边相绝缘遮蔽隔离措施	经工作负责人的许可后，斗内电工分别调整绝缘斗到达内边相合适工作位置，按照与中间相相同的方法拆除绝缘遮蔽隔离。

续表

√	序号	作业内容	步骤及要求
	18	工作验收	斗内电工撤出带电作业区域时： （1）应无大幅晃动现象； （2）绝缘斗下降、上升的速度不应超过 0.5m/s； （3）绝缘斗边沿的最大线速度不应超过 0.5m/s。
			斗内电工检查施工质量： （1）杆上无遗漏物； （2）装置无缺陷，符合运行条件； （3）向工作负责人汇报施工质量。
	19	撤离杆塔	下降绝缘斗返回地面、收回绝缘臂时应注意绝缘斗臂车周围杆塔、线路等情况。

6　工作结束

√	序号	作业内容	步骤及要求
	1	清理现场	将绝缘斗臂车各部件复位。需注意： （1）收回绝缘斗臂车接地线； （2）绝缘斗臂车支腿收回。
			工作负责人组织班组成员整理工具、材料。将工器具清洁后放入专用的箱（袋）中。清理现场，做到工完料尽场地清。
	2	召开收工会	工作负责人组织召开现场收工会，进行工作总结和点评工作： （1）正确点评本项工作的施工质量； （2）点评班组成员在作业中的安全措施的落实情况； （3）点评班组成员对规程的执行情况。
	3	办理工作终结手续	工作负责人按工作票内容与值班调控人员（运维人员）联系，工作结束，恢复线路重合闸，终结工作票。

7　验收记录

记录检修中发现的问题	
问题处理意见	

8 现场标准化作业指导书执行情况评估

评估内容	符合性	优		可操作项	
		良		不可操作项	
	可操作性	优		修改项	
		良		遗漏项	
存在问题					
改进意见					

9 附图

应根据现场勘察结果，绘制作业点及邻近装置的线路图。需进行倒闸操作的作业，应绘制负荷开关、断路器及隔离开关等电气设备的接线图，并注明运行状态。

带负荷直线杆改耐张杆现场标准化作业指导书

（绝缘手套作业法、绝缘斗臂车）

1 范围

本指导书适用于 10kV 架空线路带电作业现场绝缘手套作业法采用绝缘斗臂车带负荷直线杆改耐张杆工作，规定了该项工作现场标准化作业的工作步骤和技术要求。

2 规范性引用文件

GB/T 18857 《配电线路带电作业技术导则》

Q/GDW 10520 《10kV 配网不停电作业规范》

《国家电网公司电力安全工作规程（配电部分）》

3 人员组合

本项目需要工作人员 6 人。

3.1 作业人员要求

√	序号	责任人	资质	人数
	1	工作负责人	应具有一定的配电带电作业实际工作经验，熟悉设备状况，具有一定组织能力和事故处理能力，并按《安规》要求取得工作负责人资格。	1 人
	2	专责监护人	应具有一定的配电带电作业实际工作经验，熟悉设备状况，并按《安规》要求取得专责监护人资格。	1 人
	3	斗内电工	应通过 10kV 配电线路带电作业专项培训，考试合格并持证上岗。	2 人
	4	地面电工	需经省公司级基地进行带电作业专项理论培训，考试合格并持证上岗。	2 人

3.2 作业人员分工

√	序号	姓名	分工	签名
	1		工作负责人	
	2		专责监护人	
	3		1 号斗内电工	
	4		2 号斗内电工	
	5		1 号地面电工	
	6		2 号地面电工	

4 工器具

领用带电作业工器具应核对电压等级和试验周期，并检查外观完好无损。

工器具在运输过程中，应存放在专用工具袋、工具箱或工具车内，以防受潮和损伤。

4.1 装备

√	序号	名称	型号/规格	单位	数量	备注
	1	绝缘斗臂车	10kV	辆	2	

4.2 个人防护用具

√	序号	名称	型号/规格	单位	数量	备注
	1	安全帽	电绝缘	顶	4	
	2	绝缘安全帽	10kV	顶	2	
	3	绝缘服或绝缘披肩	10kV	套	2	
	4	绝缘手套	10kV	副	2	
	5	防护手套	皮革	副	2	
	6	内衬手套	棉线	副	2	
	7	护目镜		副	2	防弧光及飞溅
	8	安全带	全方位式	副	2	绝缘型

4.3 绝缘遮蔽用具

√	序号	名称	型号/规格	单位	数量	备注
	1	导线遮蔽罩	10kV	个	6	
	2	横担遮蔽罩	10kV	个	4	
	3	绝缘毯	10kV	块	25	
	4	绝缘毯夹	10kV	个	50	
	5	杆顶遮蔽罩	10kV	个	1	

4.4 绝缘工具

√	序号	名称	型号/规格	单位	数量	备注
	1	绝缘绳套	10kV	根	2	
	2	绝缘紧线器	10kV	个	2	
	3	绝缘后备保护绳	10kV	根	2	
	4	绝缘传递绳	10kV	套	2	
	5	绝缘引流线	5m	条	1	

4.5 其他工具

√	序号	名称	型号/规格	单位	数量	备注
	1	绝缘电阻检测仪	2500V 及以上	台	1	
	2	验电器	10kV	支	1	
	3	绝缘手套充气装置		台	1	
	4	风速检测仪		台	1	
	5	温度检测仪		台	1	
	6	湿度检测仪		台	1	
	7	卡线器		个	8	
	8	钳形电流表		台	1	
	9	湿度检测仪		台	1	
	10	防潮苫布		块	1	
	11	个人手工工具		套	1	
	12	剥皮器		个	1	
	13	对讲机		部	2	
	14	清洁布		块	2	
	15	安全围栏		组	1	
	16	“从此进出”标示牌		块	1	
	17	“从此进出”标示牌		块	1	

4.6 材料

√	序号	名称	型号/规格	单位	数量	备注
	1	耐张绝缘子	XP-7	片	12	
	2	耐张金具		套	6	同等规格
	3	二合抱箍		副	1	

5 作业程序

5.1 开工准备

√	序号	作业内容	步骤及要求
	1	现场复勘	工作负责人核对工作线路双重称号、杆号。
			工作负责人检查地形环境是否符合作业要求： （1）平整坚实； （2）地面倾斜度不大于 5°。

续表

√	序号	作业内容	步骤及要求
	1	现场复勘	工作负责人检查线路装置是否具备带电作业条件： （1）作业电杆埋深、杆身质量； （2）检查绝缘子及横担外观，如裂纹严重有脱落危险，考虑采取措施，无法控制不应进行该项工作； （3）检查作业点两侧电杆导线安装情况、有无烧伤断股。
			工作负责人检查气象条件： 带电作业应在良好天气下进行，风力大于5级，或湿度大于80%时，不宜带电作业。若遇雷电、雪、雹、雨、雾等不良天气，禁止带电作业。带电作业过程中若遇天气突然变化，有可能危及人身及设备安全时，应立即停止工作，撤离人员，恢复设备正常状况，或采取临时安全措施。
			工作负责人检查工作票所列安全措施，在工作票上补充安全措施。
	2	执行工作许可制度	工作负责人按工作票内容与值班调控人员（运维人员）联系，确认线路重合闸装置已退出。
			工作负责人在工作票上签字。
	3	召开班前会	工作负责人宣读工作票。
			工作负责人检查工作班组成员精神状态、交待工作任务进行分工、交待工作中的安全措施和技术措施。
			工作负责人检查班组各成员对工作任务分工、安全措施和技术措施是否明确。
			班组各成员在工作票、风险控制卡和作业指导书上签名确认。
	4	停放绝缘斗臂车	将绝缘斗臂车停放到适当位置。作业人员应对停放位置进行检查，以下为现场应检查的停放绝缘斗臂车位置的要素： （1）停放的位置应便于绝缘斗臂车绝缘斗到达作业位置，避开附近电力线和障碍物，并能保证作业时绝缘斗臂车的绝缘臂有效绝缘长度； （2）停放位置坡度不大于5°。
			支放绝缘斗臂车支腿，作业人员应对支腿情况进行检查，然后向工作负责人汇报检查项目及结果，检查标准为： （1）不应支放在沟道盖板上； （2）软土地面应使用垫块或枕木，垫板重叠不超过2块； （3）支撑应到位。车辆前后、左右呈水平；“H”型支腿的车型，水平支腿应全部伸出。
			使用截面面积不小于16mm^{2}的软铜线将绝缘斗臂车可靠接地。

续表

√	序号	作业内容	步骤及要求
	5	布置工作现场	工作负责人组织班组成员设置工作现场的安全围栏、安全警示标志： （1）安全围栏的范围应考虑作业中高空坠落和高空落物的影响以及道路交通，必要时联系交通部门； （2）围栏的出入口应设置合理，并悬挂“从此进出”标示牌。
			将绝缘工器具放在防潮苫布上： （1）防潮苫布应清洁、干燥； （2）工器具应按定置管理要求分类摆放； （3）绝缘工器具不能与金属工具、材料混放。
	6	检查绝缘工器具	逐件对绝缘工器具进行外观检查： （1）检查人员应戴清洁、干燥的手套； （2）绝缘工具表面不应有磨损、变形损坏，操作应灵活； （3）个人安全防护用具和遮蔽用具应无针孔、砂眼、裂纹； （4）检查全方位绝缘安全带外观，并做冲击试验。
			使用绝缘电阻检测仪分段检测绝缘工具的表面绝缘电阻值： （1）测量电极应符合规程要求（极宽 2cm、极间距 2cm）； （2）正确使用（自检、测量）绝缘电阻检测仪（应采用点测的方法，不应使电极在绝缘工具表面滑动，避免刮伤绝缘工具表面）； （3）绝缘电阻值不得低于 700MΩ。
			绝缘工器具检查完毕，向工作负责人汇报检查结果。
	7	检查绝缘斗臂车	检查绝缘斗臂车表面状况：绝缘斗、绝缘臂应清洁、无裂纹损伤。
			试操作绝缘斗臂车： （1）试操作应空斗进行； （2）试操作应充分，有回转、升降、伸缩的过程。确认液压、机械、电气系统正常可靠、制动装置可靠。
			绝缘斗臂车检查和试操作完毕，向工作负责人汇报检查结果。
	8	检测（新）绝缘子串及横担	检测绝缘子串： （1）清洁瓷件，并作表面检查，瓷件表面应光滑，无麻点，裂痕等。用绝缘电阻检测仪检测绝缘子串绝缘电阻不应低于 500MΩ； （2）检测完毕，向工作负责人汇报检测结果。
			检查横担： （1）对横担进行外观检查，镀锌均匀完整，无毛刺、锈蚀和变形； （2）抱箍进行外观检查，镀锌均匀完整，无毛刺、锈蚀和变形； （3）长孔必须加平垫圈，不得在螺栓上缠绕铁线代替垫圈； （4）应采用双螺母。

续表

√	序号	作业内容	步骤及要求
	9	斗内电工进入绝缘斗臂车绝缘斗	1号、2号斗内电工穿戴好全套的个人安全防护用具： （1）个人安全防护用具包括安全帽、绝缘服或绝缘披肩、绝缘手套（带防护手套）、护目镜等； （2）工作负责人应检查斗内电工个人防护用具的穿戴是否正确。
			地面电工配合将工器具放入绝缘斗： （1）工器具应分类放置工具袋中； （2）工器具的金属部分不准超出绝缘斗； （3）工具和人员重量不得超过绝缘斗额定载荷。
			1号、2号斗内电工分别进入两辆斗臂车绝缘斗，挂好全方位绝缘安全带保险钩。

5.2 操作步骤

√	序号	作业内容	步骤及要求
	1	进入带电作业区域	经工作负责人许可后，斗内电工分别操作绝缘斗臂车，进入带电作业区域，绝缘斗移动应平稳匀速，在进入带电作业区域时： （1）应无大幅晃动现象； （2）绝缘斗下降、上升的速度不应超过0.5m/s； （3）绝缘斗边沿的最大线速度不应超过0.5m/s。
	2	验电	2号斗内电工将绝缘斗调整至带电导线横担下侧适当位置，使用验电器对导线、绝缘子、横担进行验电，确认无漏电现象。
	3	设置内边相绝缘遮蔽隔离措施	经工作负责人许可后，斗内电工分别调整绝缘斗到达合适工作位置，按照“从近到远、从下到上、先带电体后接地体”的遮蔽原则对作业范围内可能触及的带电体和接地体进行绝缘遮蔽隔离： （1）遮蔽的部位和顺序依次为导线、绝缘子以及作业点临近的接地体； （2）斗内电工在对带电体设置绝缘遮蔽隔离措施时，动作应轻缓，与横担等地电位构件间应保持足够的安全距离（不小于0.4m），与邻相导线之间应保持足够的安全距离（不小于0.6m）； （3）绝缘遮蔽隔离措施应严密、牢固，绝缘遮蔽用具之间搭接不得小于150mm。
	4	设置外边相绝缘遮蔽隔离措施	经工作负责人的许可后，斗内电工分别调整绝缘斗到达外边相合适工作位置，按照与内边相相同的方法对作业范围内可能触及的带电体和接地体进行绝缘遮蔽隔离。
	5	设置中间相绝缘遮蔽隔离措施	经工作负责人的许可后，斗内分别电工调整绝缘斗到达中间相合适工作位置，按照与两边相相同的方法对作业范围内可能触及的带电体和接地体进行绝缘遮蔽隔离。

续表

√	序号	作业内容	步骤及要求
	6	安装绝缘紧线器和后备绝缘保护绳	（1）两斗内电工调整作业位置相互配合打开杆顶遮蔽，安装抱箍及绝缘子串，并将绝缘紧线器分别挂接在耐张线夹安装环处，做好绝缘遮蔽； （2）两斗内电工将绝缘紧线器另一端分别安装于电杆两侧导线上，加装后备保护绳，收紧导线后，收紧后备保护绳。
	7	安装绝缘引流线	斗内电工用钳形电流表测量架空线路负荷电流，确认电流不超过绝缘引流线额定电流。斗内电工相互配合在中间相导线安装绝缘引流线，用钳形电流表检测电流，确认通流正常，绝缘引流线与导线连接应牢固可靠，绝缘引流线应在绝缘引流线支架上。
	8	开断导线	（1）两斗内电工相互配合，剪断中间相导线，分别将中间相两侧导线固定在两端的耐张线夹内，并恢复绝缘遮蔽； （2）两斗内电工分别拆除绝缘紧线器及后备保护绳。
	9	连接引线	（1）斗内电工配合做好横担及绝缘子的绝缘遮蔽措施，使用接续线夹连接中间相引线； （2）接续线夹完毕，及时恢复绝缘遮蔽； （3）用钳形电流表检测电流，确认通流正常。
			引线安装要求： （1）引线安装牢固； （2）长度适当，不得受力； （3）引线间距离满足运行要求。
	10	拆除绝缘引流线	三相引线接续工作结束后，拆除绝缘引流线，恢复绝缘遮蔽，拆除绝缘引流线支架。
	11	换相作业	两斗内电工相互配合按同样的方法开断内边相和外边相导线，并接续内边相和外边相引线。
	12	拆除中间相绝缘遮蔽隔离措施	经工作负责人的许可后，斗内电工分别调整绝缘斗到达中间相合适工作位置，按照“从远到近、从上到下、先接地体后带电体”的原则拆除绝缘遮蔽隔离措施： （1）拆除的顺序依次为作业点临近的接地体、耐张绝缘子串、引流线、耐张线夹、导线； （2）斗内电工在拆除带电体上的绝缘遮蔽隔离措施时，动作应轻缓，与横担等地电位构件间应保持足够的安全距离，与邻相导线之间应保持足够的安全距离。
	13	拆除外边相绝缘遮蔽隔离措施	经工作负责人的许可后，斗内电工分别调整绝缘斗到达外边相合适工作位置，按照与中间相相同的方法拆除绝缘遮蔽隔离。
	14	拆除内边相绝缘遮蔽隔离措施	经工作负责人的许可后，斗内电工分别调整绝缘斗到达内边相合适工作位置，按照与中间相相同的方法拆除绝缘遮蔽隔离。

续表

√	序号	作业内容	步骤及要求
	15	工作验收	斗内电工撤出带电作业区域时： （1）应无大幅晃动现象； （2）绝缘斗下降、上升的速度不应超过 0.5m/s； （3）绝缘斗边沿的最大线速度不应超过 0.5m/s。
			斗内电工检查施工质量： （1）杆上无遗漏物； （2）装置无缺陷，符合运行条件； （3）向工作负责人汇报施工质量。
	16	撤离杆塔	下降绝缘斗返回地面、收回绝缘臂时应注意绝缘斗臂车周围杆塔、线路等情况。

6 工作结束

√	序号	作业内容	步骤及要求
	1	清理现场	将绝缘斗臂车各部件复位。需注意： （1）收回绝缘斗臂车接地线； （2）绝缘斗臂车支腿收回。
			工作负责人组织班组成员整理工具、材料。将工器具清洁后放入专用的箱（袋）中。清理现场，做到工完料尽场地清。
	2	召开收工会	工作负责人组织召开现场收工会，进行工作总结和点评工作： （1）正确点评本项工作的施工质量； （2）点评班组成员在作业中的安全措施的落实情况； （3）点评班组成员对规程的执行情况。
	3	办理工作终结手续	工作负责人按工作票内容与值班调度员（运维人员）联系，工作结束，恢复线路重合闸，终结工作票。

7 验收记录

记录检修中发现的问题	
问题处理意见	

8　现场标准化作业指导书执行情况评估

<table>
<tr><td rowspan="4">评估内容</td><td rowspan="2">符合性</td><td>优</td><td></td><td>可操作项</td><td></td></tr>
<tr><td>良</td><td></td><td>不可操作项</td><td></td></tr>
<tr><td rowspan="2">可操作性</td><td>优</td><td></td><td>修改项</td><td></td></tr>
<tr><td>良</td><td></td><td>遗漏项</td><td></td></tr>
<tr><td>存在问题</td><td colspan="5"></td></tr>
<tr><td>改进意见</td><td colspan="5"></td></tr>
</table>

9　附图

应根据现场勘察结果，绘制作业点及邻近装置的线路图。需进行倒闸操作的作业，应绘制负荷开关、断路器及隔离开关等电气设备的接线图，并注明运行状态。

带电断空载电缆线路与架空线路连接引线现场标准化作业指导书
（绝缘手套作业法、绝缘斗臂车）

1 范围

本指导书适用于 10kV 架空线路带电作业现场绝缘手套作业法采用绝缘斗臂车带电断空载电缆线路与架空线路连接引线工作，规定了该项工作现场标准化作业的工作步骤和技术要求。

2 规范性引用文件

GB/T 18857 《配电线路带电作业技术导则》
Q/GDW 10520 《10kV 配网不停电作业规范》
《国家电网公司电力安全工作规程（配电部分）》

3 人员组合

本项目需要工作人员 4 人。

3.1 作业人员要求

√	序号	责任人	资质	人数
	1	工作负责人	应具有一定的配电带电作业实际工作经验，熟悉设备状况，具有一定组织能力和事故处理能力，并按《安规》要求取得工作负责人资格。	1 人
	2	斗内电工	应通过 10kV 配电线路带电作业专项培训，考试合格并持证上岗。	2 人
	3	地面电工	需经省公司级基地进行带电作业专项理论培训，考试合格并持证上岗。	1 人

3.2 作业人员分工

√	序号	姓名	分工	签名
	1		工作负责人	
	2		1 号斗内电工	
	3		2 号斗内电工	
	4		地面电工	

4 工器具

领用带电作业工器具应核对电压等级和试验周期，并检查外观完好无损。

工器具在运输过程中，应存放在专用工具袋、工具箱或工具车内，以防受潮和损伤。

4.1 装备

√	序号	名称	型号/规格	单位	数量	备注
	1	绝缘斗臂车	10kV	辆	1	

4.2 个人防护用具

√	序号	名称	型号/规格	单位	数量	备注
	1	安全帽	电绝缘	顶	2	
	2	绝缘安全帽	10kV	顶	2	
	3	绝缘服或绝缘披肩	10kV	套	2	
	4	绝缘手套	10kV	副	2	
	5	防护手套	皮革	副	2	
	6	内衬手套	棉线	副	2	
	7	护目镜		副	2	防弧光及飞溅
	8	安全带	全方位式	副	2	绝缘型

4.3 绝缘遮蔽用具

√	序号	名称	型号/规格	单位	数量	备注
	1	导线遮蔽罩	10kV	个	6	
	2	跳线遮蔽罩	10kV	根	6	
	3	绝缘毯	10kV	块	10	
	4	绝缘毯夹	10kV	个	20	
	5	横担遮蔽罩	10kV	个	2	
	6	绝缘子遮蔽罩	10kV	个	3	

4.4 绝缘工具

√	序号	名称	型号/规格	单位	数量	备注
	1	绝缘传递绳	10kV	套	1	
	2	绝缘锁杆	10kV	根	1	
	3	消弧开关	10kV	个	1	
	4	绝缘操作杆	10kV	副	1	
	5	放电杆		根	1	
	6	绝缘引流线		根	1	

4.5 其他工具

√	序号	名称	型号/规格	单位	数量	备注
	1	绝缘电阻检测仪	2500V 及以上	台	1	
	2	验电器	10kV	支	1	
	3	绝缘手套充气装置		台	1	
	4	风速检测仪		台	1	
	5	温度检测仪		台	1	
	6	湿度检测仪		台	1	
	7	钳形电流表		台	1	
	8	防潮苫布		块	1	
	9	个人手工工具		套	1	
	10	对讲机		部	2	
	11	清洁布		块	2	
	12	安全围栏		组	1	
	13	“从此进出”标示牌		块	1	
	14	“在此工作”标示牌		块	1	

4.6 材料

√	序号	名称	型号/规格	单位	数量	备注
	1	导线绝缘护罩	10kV	个	3	

5 作业程序

5.1 开工准备

√	序号	作业内容	步骤及要求
	1	现场复勘	工作负责人核对工作线路双重称号、杆号。
			工作负责人检查地形环境是否符合作业要求： （1）平整坚实； （2）地面倾斜度不大于 5°。
			工作负责人检查线路装置是否具备带电作业条件： （1）作业电杆埋深、杆身质量； （2）检查作业点导线有无烧伤断股； （3）检查确认待断电缆与架空线路连接线下方无负荷，如有危险，考虑采取措施，无法控制不应进行该项工作。

续表

√	序号	作业内容	步骤及要求
	1	现场复勘	工作负责人检查气象条件： 带电作业应在良好天气下进行，风力大于5级，或湿度大于80%时，不宜带电作业。若遇雷电、雪、雹、雨、雾等不良天气，禁止带电作业。带电作业过程中若遇天气突然变化，有可能危及人身及设备安全时，应立即停止工作，撤离人员，恢复设备正常状况，或采取临时安全措施。
			工作负责人检查工作票所列安全措施，在工作票上补充安全措施。
	2	执行工作许可制度	工作负责人按工作票内容与值班调控人员（运维人员）联系，申请停用线路重合闸，履行工作许可手续。
			工作负责人在工作票上签字。
	3	召开班前会	工作负责人宣读工作票。
			工作负责人检查工作班组成员精神状态、交待工作任务进行分工、交待工作中的安全措施和技术措施。
			工作负责人检查班组各成员对工作任务分工、安全措施和技术措施是否明确。
			班组各成员在工作票、风险控制卡和作业指导书上签名确认。
	4	停放绝缘斗臂车	将绝缘斗臂车停放到适当位置。作业人员应对停放位置进行检查，以下为现场应检查的停放绝缘斗臂车位置的要素： （1）停放的位置应便于绝缘斗臂车绝缘斗到达作业位置，避开附近电力线和障碍物，并能保证作业时绝缘斗臂车的绝缘臂有效绝缘长度； （2）停放位置坡度不大于5°。
			支放绝缘斗臂车支腿，作业人员应对支腿情况进行检查，然后向工作负责人汇报检查项目及结果，检查标准为： （1）不应支放在沟道盖板上； （2）软土地面应使用垫块或枕木，垫板重叠不超过2块； （3）支撑应到位。车辆前后、左右呈水平；“H”型支腿的车型，水平支腿应全部伸出。
			使用截面面积不小于16mm^2的软铜线将绝缘斗臂车可靠接地。
	5	布置工作现场	工作负责人组织班组成员设置工作现场的安全围栏、安全警示标志： （1）安全围栏的范围应考虑作业中高空坠落和高空落物的影响以及道路交通，必要时联系交通部门； （2）围栏的出入口应设置合理，并悬挂“从此进出”标示牌。
			将绝缘工器具放在防潮苫布上： （1）防潮苫布应清洁、干燥； （2）工器具应按定置管理要求分类摆放； （3）绝缘工器具不能与金属工具、材料混放。

续表

√	序号	作业内容	步骤及要求
	6	检查绝缘工器具	逐件对绝缘工器具进行外观检查： （1）检查人员应戴清洁、干燥的手套； （2）绝缘工具表面不应有磨损、变形损坏，操作应灵活； （3）个人安全防护用具和遮蔽用具应无针孔、砂眼、裂纹； （4）检查全方位绝缘安全带外观，并做冲击试验。
			使用绝缘电阻检测仪分段检测绝缘工具的表面绝缘电阻值： （1）测量电极应符合规程要求（极宽 2cm、极间距 2cm）； （2）正确使用（自检、测量）绝缘电阻检测仪（应采用点测的方法，不应使电极在绝缘工具表面滑动，避免刮伤绝缘工具表面）； （3）绝缘电阻值不得低于 700MΩ。
			检查消弧开关： （1）在现场使用消弧开关之前，应进行外观检查，并进行 1 次空载试操作，以确认开关外观符合要求，且状态良好，检查其是否在试验周期内； （2）在将消弧开关与线路连接之前，应确认消弧开关处于断开状态。
			绝缘工器具检查完毕，向工作负责人汇报检查结果。
	7	检查绝缘斗臂车	检查绝缘斗臂车表面状况：绝缘斗、绝缘臂应清洁、无裂纹损伤。
			试操作绝缘斗臂车： （1）试操作应空斗进行； （2）试操作应充分，有回转、升降、伸缩的过程。确认液压、机械、电气系统正常可靠、制动装置可靠。
			绝缘斗臂车检查和试操作完毕，向工作负责人汇报检查结果。
	8	斗内电工进入绝缘斗臂车绝缘斗	1 号、2 号斗内电工穿戴好全套的个人安全防护用具： （1）个人安全防护用具包括安全帽、绝缘服或绝缘披肩、绝缘手套（带防护手套）、护目镜等； （2）工作负责人应检查斗内电工个人防护用具的穿戴是否正确。
			地面电工配合将工器具放入绝缘斗： （1）工器具应分类放置工具袋中； （2）工器具的金属部分不准超出绝缘斗； （3）工具和人员重量不得超过绝缘斗额定载荷。
			1 号、2 号斗内电工进入绝缘斗，挂好全方位绝缘安全带保险钩。

5.2 操作步骤

√	序号	作业内容	步骤及要求
	1	进入带电作业区域	经工作负责人许可后，2 号斗内电工操作绝缘斗臂车，进入带电作业区域，绝缘斗移动应平稳匀速，在进入带电作业区域时： （1）应无大幅晃动现象； （2）绝缘斗下降、上升的速度不应超过 0.5m/s； （3）绝缘斗边沿的最大线速度不应超过 0.5m/s。
	2	验电	2 号斗内电工将绝缘斗调整至带电导线横担下侧适当位置，1 号电工使用验电器对导线、绝缘子、横担进行验电，确认无漏电现象。
	3	确认线路空载	斗内电工使用钳形电流表测量三相出线电缆的电流，确认待断引线无负荷。
	4	设置内边相绝缘遮蔽隔离措施	经工作负责人许可后，2 号斗内电工调整绝缘斗到达合适工作位置，1 号电工按照“从近到远、从下到上、先带电体后接地体”的遮蔽原则对作业范围内可能触及的带电体和接地体进行绝缘遮蔽隔离： （1）遮蔽的部位和顺序依次为导线、耐张线夹、耐张绝缘子串、电缆引流线以及作业点临近的接地体； （2）斗内电工在对带电体设置绝缘遮蔽隔离措施时，动作应轻缓，与横担等地电位构件间应保持足够的安全距离（不小于 0.4m），与邻相导线之间应保持足够的安全距离（不小于 0.6m）； （3）绝缘遮蔽隔离措施应严密、牢固，绝缘遮蔽用具之间搭接不得小于 150mm。
	5	设置外边相绝缘遮蔽隔离措施	经工作负责人的许可后，2 号斗内电工调整绝缘斗到达外边相合适工作位置，1 号电工按照与内边相相同的方法对作业范围内可能触及的带电体和接地体进行绝缘遮蔽隔离。
	6	设置中间相绝缘遮蔽隔离措施	经工作负责人的许可后，2 号斗内电工调整绝缘斗到达中间相合适工作位置，1 号电工按照与两边相相同的方法对作业范围内可能触及的带电体和接地体进行绝缘遮蔽隔离。
	7	安装消弧开关及绝缘引流线	（1）斗内电工确认消弧开关在断开位置后，将消弧开关挂接到内边相架空导线，及时恢复绝缘遮蔽； （2）在消弧开关下端的横向导电杆上安装绝缘引流线引流线夹，将绝缘引流线的另一端连接到同相电缆终端过渡引线上，及时恢复绝缘遮蔽； （3）如架空导线为绝缘线需先在消弧开关安装位置剥除绝缘层。
	8	合上消弧开关	斗内电工用绝缘操作杆合上消弧开关，确认正常。
	9	断开引线	两斗内电工相互配合断开电缆线路与架空线路连接引线。
	10	拆除消弧开关及绝缘引流线	（1）斗内电工用绝缘操作杆断开消弧开关； （2）斗内电工相互配合拆除绝缘引流线，并取下消弧开关。
	11	换相作业	按相同的方法断开其余两相引线。三相引线拆除，可先近后远，或根据现场情况先两侧、后中间的顺序进行。

续表

√	序号	作业内容	步骤及要求
	12	拆除中间相绝缘遮蔽隔离措施	经工作负责人的许可后，2 号斗内电工调整绝缘斗到达中间相合适工作位置，1 号电工按照“从远到近、从上到下、先接地体后带电体”的原则拆除绝缘遮蔽隔离措施： （1）拆除的顺序依次为作业点临近的接地体、耐张绝缘子串、耐张线夹、导线； （2）斗内电工在拆除带电体上的绝缘遮蔽隔离措施时，动作应轻缓，与横担等地电位构件间应保持足够的安全距离，与邻相导线之间应保持足够的安全距离。
	13	拆除外边相绝缘遮蔽隔离措施	经工作负责人的许可后，2 号斗内电工调整绝缘斗到达外边相合适工作位置，1 号电工按照与中间相相同的方法拆除绝缘遮蔽隔离。
	14	拆除内边相绝缘遮蔽隔离措施	经工作负责人的许可后，2 号斗内电工调整绝缘斗到达内边相合适工作位置，1 号电工按照与中间相相同的方法拆除绝缘遮蔽隔离。
	15	工作验收	斗内电工撤出带电作业区域。撤出带电作业区域时： （1）应无大幅晃动现象； （2）绝缘斗下降、上升的速度不应超过 0.5m/s； （3）绝缘斗边沿的最大线速度不应超过 0.5m/s。
			斗内电工检查施工质量： （1）杆上无遗漏物； （2）装置无缺陷，符合运行条件； （3）向工作负责人汇报施工质量。
	16	撤离杆塔	下降绝缘斗返回地面、收回绝缘臂时应注意绝缘斗臂车周围杆塔、线路等情况。

6 工作结束

√	序号	作业内容	步骤及要求
	1	清理现场	将绝缘斗臂车各部件复位。需注意： （1）收回绝缘斗臂车接地线； （2）绝缘斗臂车支腿收回。
			工作负责人组织班组成员整理工具、材料。将工器具清洁后放入专用的箱（袋）中。清理现场，做到工完料尽场地清。
	2	召开收工会	工作负责人组织召开现场收工会，进行工作总结和点评工作： （1）正确点评本项工作的施工质量； （2）点评班组成员在作业中的安全措施的落实情况； （3）点评班组成员对规程的执行情况。
	3	办理工作终结手续	工作负责人按工作票内容与值班调控人员（运维人员）联系，工作结束，申请恢复线路重合闸，终结工作票。

7 验收记录

记录检修中发现的问题	
问题处理意见	

8 现场标准化作业指导书执行情况评估

<table>
<tr><td rowspan="4">评估内容</td><td rowspan="2">符合性</td><td>优</td><td></td><td>可操作项</td><td></td></tr>
<tr><td>良</td><td></td><td>不可操作项</td><td></td></tr>
<tr><td rowspan="2">可操作性</td><td>优</td><td></td><td>修改项</td><td></td></tr>
<tr><td>良</td><td></td><td>遗漏项</td><td></td></tr>
<tr><td>存在问题</td><td colspan="5"></td></tr>
<tr><td>改进意见</td><td colspan="5"></td></tr>
</table>

9 附图

应根据现场勘察结果，绘制作业点及邻近装置的线路图。需进行倒闸操作的作业，应绘制负荷开关、断路器及隔离开关等电气设备的接线图，并注明运行状态。

带电断空载电缆线路与架空线路连接引线现场标准化作业指导书

（绝缘杆作业法、绝缘斗臂车）

1 范围

本指导书适用于 10kV 架空线路带电作业现场绝缘杆作业法采用绝缘斗臂车断空载电缆线路与架空线路连接引线工作，规定了该项工作现场标准化作业的工作步骤和技术要求。

2 规范性引用文件

GB/T 18857 《配电线路带电作业技术导则》

Q/GDW 10520 《10kV 配网不停电作业规范》

《国家电网公司电力安全工作规程（配电部分）》

3 人员组合

本项目需要工作人员 4 人。

3.1 作业人员要求

√	序号	责任人	资质	人数
	1	工作负责人	应具有一定的配电带电作业实际工作经验，熟悉设备状况，具有一定组织能力和事故处理能力，并按《安规》要求取得工作负责人资格。	1 人
	2	斗内电工	应通过 10kV 配电线路带电作业专项培训，考试合格并持证上岗。	2 人
	3	地面电工	需经省公司级基地进行带电作业专项理论培训，考试合格并持证上岗。	1 人

3.2 作业人员分工

√	序号	姓名	分工	签名
	1		工作负责人	
	2		1 号斗内电工	
	3		2 号斗内电工	
	4		地面电工	

4 工器具

领用带电作业工器具应核对电压等级和试验周期，并检查外观完好无损。

工器具在运输过程中，应存放在专用工具袋、工具箱或工具车内，以防受潮和损伤。

4.1 装备

√	序号	名称	型号/规格	单位	数量	备注
	1	绝缘斗臂车	10kV	辆	1	

4.2 个人防护用具

√	序号	名称	型号/规格	单位	数量	备注
	1	安全帽	电绝缘	顶	2	
	2	绝缘安全帽	10kV	顶	2	
	3	绝缘服或绝缘披肩	10kV	套	2	
	4	绝缘手套	10kV	副	2	
	5	防护手套	皮革	副	2	
	6	内衬手套	棉线	副	2	
	7	护目镜		副	2	防弧光及飞溅
	8	安全带	全方位式	副	2	绝缘型

4.3 绝缘遮蔽用具

√	序号	名称	型号/规格	单位	数量	备注
	1	导线遮蔽罩	10kV	个	6	绝缘杆法用
	2	专用遮蔽罩	10kV	个	3	绝缘杆法用
	3	横担遮蔽罩	10kV	个	2	绝缘杆法用

4.4 绝缘工具

√	序号	名称	型号/规格	单位	数量	备注
	1	绝缘传递绳	10kV	套	1	
	2	绝缘导线剥皮器	10kV	套	1	绝缘杆法用
	3	自锁定绝缘夹钳	10kV	把	1	
	4	绝缘锁杆	10kV	根	1	
	5	绝缘杆式消弧开关	10kV	个	1	绝缘杆法用
	6	绝缘操作杆	10kV	根	1	
	7	放电杆	10kV	根	1	
	8	绝缘引流线		根	1	

4.5 其他工具

√	序号	名称	型号/规格	单位	数量	备注
	1	绝缘电阻检测仪	2500V 及以上	套	1	
	2	验电器	10kV	支	1	
	3	绝缘手套充气装置		台	1	
	4	钳形电流表	10kV	台	1	绝缘杆法用
	5	风速检测仪		台	1	
	6	温度检测仪		台	1	
	7	湿度检测仪		台	1	
	8	防潮苫布		块	1	
	9	个人手工工具		套	1	
	10	对讲机		部	2	
	11	清洁布		块	2	
	12	安全围栏		组	1	
	13	“从此进出”标示牌		块	1	
	14	“在此工作”标示牌		块	1	

4.6 材料

√	序号	名称	型号/规格	单位	数量	备注
	1	导线绝缘护罩	10kV	个	3	

5 作业程序

5.1 开工准备

√	序号	作业内容	步骤及要求
	1	现场复勘	工作负责人核对工作线路双重称号、杆号。
			工作负责人检查地形环境是否符合作业要求： （1）平整坚实； （2）地面倾斜度不大于 5°。
			工作负责人检查线路装置是否具备带电作业条件： （1）作业电杆埋深、杆身质量； （2）检查作业点导线有无烧伤断股； （3）检查确认待断电缆与架空线路连接线下方无负荷，如有危险，考虑采取措施，无法控制不应进行该项工作。

续表

√	序号	作业内容	步骤及要求
	1	现场复勘	工作负责人检查气象条件： 带电作业应在良好天气下进行，风力大于 5 级，或湿度大于 80%时，不宜带电作业。若遇雷电、雪、雹、雨、雾等不良天气，禁止带电作业。带电作业过程中若遇天气突然变化，有可能危及人身及设备安全时，应立即停止工作，撤离人员，恢复设备正常状况，或采取临时安全措施。
			工作负责人检查工作票所列安全措施，在工作票上补充安全措施。
	2	执行工作许可制度	工作负责人按工作票内容与值班调控人员（运维人员）联系，申请停用线路重合闸，履行工作许可手续。
			工作负责人在工作票上签字。
	3	召开班前会	工作负责人宣读工作票。
			工作负责人检查工作班组成员精神状态、交待工作任务进行分工、交待工作中的安全措施和技术措施。
			工作负责人检查班组各成员对工作任务分工、安全措施和技术措施是否明确。
			班组各成员在工作票、风险控制卡和作业指导书上签名确认。
	4	停放绝缘斗臂车	将绝缘斗臂车停放到适当位置。作业人员应对停放位置进行检查，以下为现场应检查的停放绝缘斗臂车位置的要素： （1）停放的位置应便于绝缘斗臂车绝缘斗到达作业位置，避开附近电力线和障碍物，并能保证作业时绝缘斗臂车的绝缘臂有效绝缘长度； （2）停放位置坡度不大于 5°。
			支放绝缘斗臂车支腿，作业人员应对支腿情况进行检查，然后向工作负责人汇报检查项目及结果，检查标准为： （1）不应支放在沟道盖板上； （2）软土地面应使用垫块或枕木，垫板重叠不超过 2 块； （3）支撑应到位。车辆前后、左右呈水平；“H”型支腿的车型，水平支腿应全部伸出。
			使用截面面积不小于 $16mm^2$ 的软铜线将绝缘斗臂车可靠接地。
	5	布置工作现场	工作负责人组织班组成员设置工作现场的安全围栏、安全警示标志： （1）安全围栏的范围应考虑作业中高空坠落和高空落物的影响以及道路交通，必要时联系交通部门； （2）围栏的出入口应设置合理，并悬挂“从此进出”标示牌。
			将绝缘工器具放在防潮苫布上： （1）防潮苫布应清洁、干燥； （2）工器具应按定置管理要求分类摆放； （3）绝缘工器具不能与金属工具、材料混放。

续表

√	序号	作业内容	步骤及要求
	6	检查绝缘工器具	逐件对绝缘工器具进行外观检查： （1）检查人员应戴清洁、干燥的手套； （2）绝缘工具表面不应有磨损、变形损坏，操作应灵活； （3）个人安全防护用具和遮蔽用具应无针孔、砂眼、裂纹； （4）检查全方位安全带外观，并做冲击试验。
			使用绝缘电阻检测仪分段检测绝缘工具的表面绝缘电阻值： （1）测量电极应符合规程要求（极宽 2cm、极间距 2cm）； （2）正确使用（自检、测量）绝缘电阻检测仪（应采用点测的方法，不应使电极在绝缘工具表面滑动，避免刮伤绝缘工具表面）； （3）绝缘电阻值不得低于 700MΩ。
			检查绝缘杆式消弧开关： （1）在现场使用消弧开关之前，应进行外观检查，并进行 1 次空载试操作，以确认开关外观符合要求，且状态良好，检查其是否在试验周期内； （2）在将消弧开关与线路连接之前，应确认消弧开关处于断开状态。
			绝缘工器具检查完毕，向工作负责人汇报检查结果。
	7	检查绝缘斗臂车	检查绝缘斗臂车表面状况：绝缘斗、绝缘臂应清洁、无裂纹损伤。
			试操作绝缘斗臂车： （1）试操作应空斗进行； （2）试操作应充分，有回转、升降、伸缩的过程。确认液压、机械、电气系统正常可靠、制动装置可靠。
			绝缘斗臂车检查和试操作完毕，向工作负责人汇报检查结果。
	8	斗内电工进入绝缘斗臂车绝缘斗	1 号、2 号斗内电工穿戴好全套的个人安全防护用具： （1）个人安全防护用具包括安全帽、绝缘服或绝缘披肩、绝缘手套（带防护手套）、护目镜等； （2）工作负责人应检查斗内电工个人防护用具的穿戴是否正确。
			地面电工配合将工器具放入绝缘斗： （1）工器具应分类放置工具袋中； （2）工器具的金属部分不准超出绝缘斗； （3）工具和人员重量不得超过绝缘斗额定载荷。
			1 号、2 号斗内电工进入绝缘斗，挂好全方位安全带保险钩。

5.2 操作步骤

√	序号	作业内容	步骤及要求
	1	进入带电作业区域	经工作负责人许可后，2 号斗内电工操作绝缘斗臂车，进入带电作业区域，绝缘斗移动应平稳匀速，在进入带电作业区域时： （1）应无大幅晃动现象； （2）绝缘斗下降、上升的速度不应超过 0.5m/s； （3）绝缘斗边沿的最大线速度不应超过 0.5m/s。
	2	验电	2 号斗内电工将绝缘斗调整至带电导线横担下侧适当位置，1 号电工使用验电器对导线、绝缘子、横担进行验电，确认无漏电现象。
	3	确认线路空载	斗内电工使用钳形电流表测量三相出线电缆的电流，确认待断电缆引线无负荷。
	4	绝缘遮蔽	带电作业过程中人体与带电体应保持足够的安全距离（不小于 0.4m），如不满足安全距离要求，应进行绝缘遮蔽： （1）按照“从近到远、从下到上、先带电体后接地体”的遮蔽原则对不能满足安全距离的带电体进行绝缘遮蔽，遮蔽的部位和顺序依次为导线、耐张线夹、耐张绝缘子； （2）在对带电体设置绝缘遮蔽隔离措施时，动作应轻缓，人体与带电体应保持足够的安全距离； （3）绝缘遮蔽隔离措施应严密、牢固，绝缘遮蔽用具之间搭接不得小于 150mm。
	5	安装消弧开关及绝缘引流线	（1）斗内电工在选定的位置，使用绝缘杆式导线剥皮器剥除主导线及电缆连接引线上的绝缘皮； （2）斗内电工确认绝缘杆式消弧开关在断开位置，将绝缘杆式消弧开关挂接到内边相架空导线上，然后将绝缘引流线的一端连接到绝缘杆式消弧开关上，另一端连接到同相电缆终端过渡引线上。
	6	合上消弧开关	斗内电工用绝缘操作杆合上消弧开关，确认正常。
	7	断开引线	两斗内电工相互配合断开电缆线路与架空线路连接引线。
	8	拆除消弧开关及绝缘引流线	（1）斗内电工断开绝缘杆式消弧开关； （2）斗内电工相互配合拆除绝缘引流线，并取下消弧开关。
	9	换相作业	按相同的方法断开其余两相引线。三相引线拆除，可先近后远，或根据现场情况先两侧、后中间的顺序进行。
	10	拆除绝缘遮蔽	经工作负责人的许可后，2 号斗内电工调整绝缘斗到达中间相合适工作位置，1 号电工按照“从远到近、从上到下、先接地体后带电体”的原则拆除绝缘遮蔽隔离措施： （1）拆除的顺序依次为耐张绝缘子、耐张线夹、导线； （2）斗内电工在拆除带电体上的绝缘遮蔽隔离措施时，动作应轻缓，人体与带电体应保持足够的安全距离。

续表

√	序号	作业内容	步骤及要求
	11	工作验收	斗内电工撤出带电作业区域。撤出带电作业区域时： （1）应无大幅晃动现象； （2）绝缘斗下降、上升的速度不应超过 0.5m/s； （3）绝缘斗边沿的最大线速度不应超过 0.5m/s。
			斗内电工检查施工质量： （1）杆上无遗漏物； （2）装置无缺陷，符合运行条件； （3）向工作负责人汇报施工质量。
	12	撤离杆塔	下降绝缘斗返回地面、收回绝缘臂时应注意绝缘斗臂车周围杆塔、线路等情况。

6 工作结束

√	序号	作业内容	步骤及要求
	1	清理现场	将绝缘斗臂车各部件复位。需注意： （1）收回绝缘斗臂车接地线； （2）绝缘斗臂车支腿收回。
			工作负责人组织班组成员整理工具、材料。将工器具清洁后放入专用的箱（袋）中。清理现场，做到工完料尽场地清。
	2	召开收工会	工作负责人组织召开现场收工会，进行工作总结和点评工作： （1）正确点评本项工作的施工质量； （2）点评班组成员在作业中的安全措施的落实情况； （3）点评班组成员对规程的执行情况。
	3	办理工作终结手续	工作负责人按工作票内容与值班调控人员（运维人员）联系，工作结束，申请恢复线路重合闸，终结工作票。

7 验收记录

记录检修中发现的问题	
问题处理意见	

8 现场标准化作业指导书执行情况评估

<table>
<tr><td rowspan="4">评估内容</td><td rowspan="2">符合性</td><td>优</td><td></td><td>可操作项</td><td></td></tr>
<tr><td>良</td><td></td><td>不可操作项</td><td></td></tr>
<tr><td rowspan="2">可操作性</td><td>优</td><td></td><td>修改项</td><td></td></tr>
<tr><td>良</td><td></td><td>遗漏项</td><td></td></tr>
<tr><td>存在问题</td><td colspan="5"></td></tr>
<tr><td>改进意见</td><td colspan="5"></td></tr>
</table>

9 附图

应根据现场勘察结果，绘制作业点及邻近装置的线路图。需进行倒闸操作的作业，应绘制负荷开关、断路器及隔离开关等电气设备的接线图，并注明运行状态。

带电接空载电缆线路与架空线路连接引线现场标准化作业指导书

（绝缘手套作业法、绝缘斗臂车）

1 范围

本指导书适用于 10kV 架空线路带电作业现场绝缘手套作业法采用绝缘斗臂车带电接空载电缆线路与架空线路连接引线工作，规定了该项工作现场标准化作业的工作步骤和技术要求。

2 规范性引用文件

GB/T 18857 《配电线路带电作业技术导则》

Q/GDW 10520 《10kV 配网不停电作业规范》

《国家电网公司电力安全工作规程（配电部分）》

3 人员组合

本项目需要工作人员 4 人。

3.1 作业人员要求

√	序号	责任人	资质	人数
	1	工作负责人	应具有一定的配电带电作业实际工作经验，熟悉设备状况，具有一定组织能力和事故处理能力，并按《安规》要求取得工作负责人资格。	1 人
	2	斗内电工	应通过 10kV 配电线路带电作业专项培训，考试合格并持证上岗。	2 人
	3	地面电工	需经省公司级基地进行带电作业专项理论培训，考试合格并持证上岗。	1 人

3.2 作业人员分工

√	序号	姓名	分工	签名
	1		工作负责人	
	2		1 号斗内电工	
	3		2 号斗内电工	
	4		地面电工	

4 工器具

领用带电作业工器具应核对电压等级和试验周期，并检查外观完好无损。

工器具在运输过程中，应存放在专用工具袋、工具箱或工具车内，以防受潮和损伤。

4.1　装备

√	序号	名称	型号/规格	单位	数量	备注
	1	绝缘斗臂车	10kV	辆	1	

4.2　个人防护用具

√	序号	名称	型号/规格	单位	数量	备注
	1	安全帽	电绝缘	顶	2	
	2	绝缘安全帽	10kV	顶	2	
	3	绝缘服或绝缘披肩	10kV	套	2	
	4	绝缘手套	10kV	副	2	
	5	防护手套	皮革	副	2	
	6	内衬手套	棉线	副	2	
	7	护目镜		副	2	防弧光及飞溅
	8	安全带	全方位式	副	2	绝缘型

4.3　绝缘遮蔽用具

√	序号	名称	型号/规格	单位	数量	备注
	1	导线遮蔽罩	10kV	个	6	
	2	跳线遮蔽罩	10kV	根	6	
	3	绝缘毯	10kV	块	10	
	4	绝缘毯夹	10kV	个	20	
	5	横担遮蔽罩	10kV	个	2	
	6	绝缘子遮蔽罩	10kV	个	3	

4.4　绝缘工具

√	序号	名称	型号/规格	单位	数量	备注
	1	绝缘传递绳	10kV	套	1	
	2	绝缘测量杆	10kV	副	1	
	3	导线清扫刷	10kV	副	1	
	4	绝缘锁杆	10kV	副	1	
	5	消弧开关	10kV	个	1	
	6	绝缘操作杆	10kV	根	1	
	7	放电杆	10kV	根	1	
	8	绝缘引流线	10kV	根	1	

4.5 其他工具

√	序号	名称	型号/规格	单位	数量	备注
	1	绝缘电阻检测仪	2500V 及以上	台	1	
	2	验电器	10kV	支	1	
	3	绝缘手套充气装置		台	1	
	4	风速检测仪		台	1	
	5	温度检测仪		台	1	
	6	湿度检测仪		台	1	
	7	钳形电流表		台	1	
	8	防潮苫布		块	1	
	9	个人手工工具		套	1	
	10	对讲机		部	2	
	11	清洁布		块	2	
	12	安全围栏		组		根据现场实际需求
	13	“从此进出”标示牌		块	1	
	14	“在此工作”标示牌		块	1	

4.6 材料

√	序号	名称	型号/规格	单位	数量	备注
	1	接续线夹	10kV	个	3	同等材质
	2	线夹绝缘护罩	10kV	个	3	

5 作业程序

5.1 开工准备

√	序号	作业内容	步骤及要求
	1	现场复勘	工作负责人核对工作线路双重称号、杆号。
			工作负责人检查地形环境是否符合作业要求： （1）平整坚实； （2）地面倾斜度不大于 5°。
			工作负责人检查线路装置是否具备带电作业条件： （1）作业电杆埋深、杆身质量； （2）检查作业点导线有无烧伤断股； （3）检查确认待接引流线无负荷，如有危险，考虑采取措施，无法控制不应进行该项工作。

续表

√	序号	作业内容	步骤及要求
	1	现场复勘	工作负责人检查气象条件： 带电作业应在良好天气下进行，风力大于5级，或湿度大于80%时，不宜带电作业。若遇雷电、雪、雹、雨、雾等不良天气，禁止带电作业。带电作业过程中若遇天气突然变化，有可能危及人身及设备安全时，应立即停止工作，撤离人员，恢复设备正常状况，或采取临时安全措施。
			工作负责人检查工作票所列安全措施，在工作票上补充安全措施。
	2	执行工作许可制度	工作负责人按工作票内容与值班调控人员（运维人员）联系，申请停用线路重合闸，履行工作许可手续。
			工作负责人在工作票上签字。
	3	召开班前会	工作负责人宣读工作票。
			工作负责人检查工作班组成员精神状态、交待工作任务进行分工、交待工作中的安全措施和技术措施。
			工作负责人检查班组各成员对工作任务分工、安全措施和技术措施是否明确。
			班组各成员在工作票、风险控制卡和作业指导书上签名确认。
	4	停放绝缘斗臂车	将绝缘斗臂车停放到适当位置。作业人员应对停放位置进行检查，以下为现场应检查的停放绝缘斗臂车位置的要素： （1）停放的位置应便于绝缘斗臂车绝缘斗到达作业位置，避开附近电力线和障碍物，并能保证作业时绝缘斗臂车的绝缘臂有效绝缘长度； （2）停放位置坡度不大于5°。
			支放绝缘斗臂车支腿，作业人员应对支腿情况进行检查，然后向工作负责人汇报检查项目及结果，检查标准为： （1）不应支放在沟道盖板上； （2）软土地面应使用垫块或枕木，垫板重叠不超过2块； （3）支撑应到位。车辆前后、左右呈水平；“H”型支腿的车型，水平支腿应全部伸出。
			使用截面面积不小于16mm^{2}的软铜线将绝缘斗臂车可靠接地。
	5	布置工作现场	工作负责人组织班组成员设置工作现场的安全围栏、安全警示标志： （1）安全围栏的范围应考虑作业中高空坠落和高空落物的影响以及道路交通，必要时联系交通部门； （2）围栏的出入口应设置合理，并悬挂“从此进出”标示。
			将绝缘工器具放在防潮苫布上： （1）防潮苫布应清洁、干燥； （2）工器具应按定置管理要求分类摆放； （3）绝缘工器具不能与金属工具、材料混放。

续表

√	序号	作业内容	步骤及要求
	6	检查绝缘工器具	逐件对绝缘工器具进行外观检查： （1）检查人员应戴清洁、干燥的手套； （2）绝缘工具表面不应有磨损、变形损坏，操作应灵活； （3）个人安全防护用具和遮蔽用具应无针孔、砂眼、裂纹； （4）检查全方位绝缘安全带外观，并做冲击试验。
			使用绝缘电阻检测仪分段检测绝缘工具的表面绝缘电阻值： （1）测量电极应符合规程要求（极宽 2cm、极间距 2cm）； （2）正确使用（自检、测量）绝缘电阻检测仪（应采用点测的方法，不应使电极在绝缘工具表面滑动，避免刮伤绝缘工具表面）； （3）绝缘电阻值不得低于 700MΩ。
			检查消弧开关： （1）在现场使用消弧开关之前，应进行外观检查，并进行 1 次空载试操作，以确认开关外观符合要求，且状态良好，检查其是否在试验周期内； （2）在将消弧开关与线路连接之前，应确认消弧开关处于断开状态。
			绝缘工器具检查完毕，向工作负责人汇报检查结果。
	7	检查绝缘斗臂车	检查绝缘斗臂车表面状况：绝缘斗、绝缘臂应清洁、无裂纹损伤。
			试操作绝缘斗臂车： （1）试操作应空斗进行； （2）试操作应充分，有回转、升降、伸缩的过程。确认液压、机械、电气系统正常可靠、制动装置可靠。
			绝缘斗臂车检查和试操作完毕，向工作负责人汇报检查结果。
	8	斗内电工进入绝缘斗臂车绝缘斗	1 号、2 号斗内电工穿戴好全套的个人安全防护用具： （1）个人安全防护用具包括安全帽、绝缘服或绝缘披肩、绝缘手套（带防护手套）、护目镜等； （2）工作负责人应检查斗内电工个人防护用具的穿戴是否正确。
			地面电工配合将工器具放入绝缘斗： （1）工器具应分类放置工具袋中； （2）工器具的金属部分不准超出绝缘斗； （3）工具和人员重量不得超过绝缘斗额定载荷。
			1 号、2 号斗内电工进入绝缘斗，挂好全方位绝缘安全带保险钩。

5.2 操作步骤

√	序号	作业内容	步骤及要求
	1	进入带电作业区域	经工作负责人许可后，2 号斗内电工操作绝缘斗臂车，进入带电作业区域，绝缘斗移动应平稳匀速，在进入带电作业区域时： （1）应无大幅晃动现象； （2）绝缘斗下降、上升的速度不应超过 0.5m/s； （3）绝缘斗边沿的最大线速度不应超过 0.5m/s。
	2	验电	2 号斗内电工将绝缘斗调整至带电导线横担下侧适当位置，1 号电工使用验电器对导线、绝缘子、横担进行验电，确认无漏电现象。
	3	检测待接电缆线路	检测电缆线路： （1）斗内电工用绝缘电阻检测仪检测电缆对地、相间绝缘，确认无接地、短路情况，检测完成后应充分放电；若发现电缆有电或对地绝缘不良，禁止继续作业； （2）检测完毕，向工作负责人汇报检测结果。
	4	设置内边相绝缘遮蔽隔离措施	经工作负责人许可后，2 号斗内电工调整绝缘斗到达合适工作位置，1 号电工按照“从近到远、从下到上、先带电体后接地体”的遮蔽原则对作业范围内可能触及的带电体和接地体进行绝缘遮蔽隔离： （1）遮蔽的部位和顺序依次为导线、耐张线夹、耐张绝缘子串、电缆连接线以及作业点临近的接地体； （2）斗内电工在对带电体设置绝缘遮蔽隔离措施时，动作应轻缓，与横担等地电位构件间应保持足够的安全距离（不小于 0.4m），与邻相导线之间应保持足够的安全距离（不小于 0.6m）； （3）绝缘遮蔽隔离措施应严密、牢固，绝缘遮蔽用具之间搭接不得小于 150mm。
	5	设置外边相绝缘遮蔽隔离措施	经工作负责人的许可后，2 号斗内电工调整绝缘斗到达外边相合适工作位置，1 号电工按照与内边相相同的方法对作业范围内可能触及的带电体和接地体进行绝缘遮蔽隔离。
	6	设置中间相绝缘遮蔽隔离措施	经工作负责人的许可后，2 号斗内电工调整绝缘斗到达中间相合适工作位置，1 号电工按照与两边相相同的方法对作业范围内可能触及的带电体和接地体进行绝缘遮蔽隔离。
	7	安装消弧开关及绝缘引流线	（1）斗内电工确认消弧开关在断开位置后，将消弧开关挂接到内边相架空导线，及时恢复绝缘遮蔽； （2）在消弧开关下端的横向导电杆上安装绝缘引流线引流线夹，将绝缘引流线的另一端连接到同相电缆终端过渡引线上，及时恢复绝缘遮蔽； （3）如架空导线为绝缘线需先在消弧开关安装位置剥除绝缘层。
	8	合上消弧开关	斗内电工用绝缘操作杆合上消弧开关，确认正常。

续表

√	序号	作业内容	步骤及要求
	9	连接引线	两斗内电工相互配合连接电缆线路与架空线路连接引线。
			引线安装要求： （1）引线安装牢固； （2）长度适当，不得受力； （3）引线间距离满足运行要求。
	10	拆除消弧开关及绝缘引流线	（1）斗内电工断开消弧开关； （2）斗内电工相互配合拆除绝缘引流线，并取下消弧开关。
	11	换相作业	按相同的方法断开其余两相引线。三相引线拆除，可先近后远，或根据现场情况先两侧、后中间的顺序进行。
	12	拆除中间相绝缘遮蔽隔离措施	经工作负责人的许可后，2 号斗内电工调整绝缘斗到达中间相合适工作位置，1 号电工按照“从远到近、从上到下、先接地体后带电体”的原则拆除绝缘遮蔽隔离措施： （1）拆除的顺序依次为作业点临近的接地体、电缆连接线、耐张绝缘子串、耐张线夹、导线； （2）斗内电工在拆除带电体上的绝缘遮蔽隔离措施时，动作应轻缓，与横担等地电位构件间应保持足够的安全距离，与邻相导线之间应保持足够的安全距离。
	13	拆除外边相绝缘遮蔽隔离措施	经工作负责人的许可后，2 号斗内电工调整绝缘斗到达外边相合适工作位置，1 号电工按照与中间相相同的方法拆除绝缘遮蔽隔离。
	14	拆除内边相绝缘遮蔽隔离措施	经工作负责人的许可后，2 号斗内电工调整绝缘斗到达内边相合适工作位置，1 号电工按照与中间相相同的方法拆除绝缘遮蔽隔离。
	15	工作验收	斗内电工撤出带电作业区域。撤出带电作业区域时： （1）应无大幅晃动现象； （2）绝缘斗下降、上升的速度不应超过 0.5m/s； （3）绝缘斗边沿的最大线速度不应超过 0.5m/s。
			斗内电工检查施工质量： （1）杆上无遗漏物； （2）装置无缺陷，符合运行条件； （3）向工作负责人汇报施工质量。
	16	撤离杆塔	下降绝缘斗返回地面、收回绝缘臂时应注意绝缘斗臂车周围杆塔、线路等情况。

6　工作结束

√	序号	作业内容	步骤及要求
	1	清理现场	将绝缘斗臂车各部件复位。需注意： （1）收回绝缘斗臂车接地线； （2）绝缘斗臂车支腿收回。
			工作负责人组织班组成员整理工具、材料。将工器具清洁后放入专用的箱（袋）中。清理现场，做到工完料尽场地清。
	2	召开收工会	工作负责人组织召开现场收工会，进行工作总结和点评工作： （1）正确点评本项工作的施工质量； （2）点评班组成员在作业中的安全措施的落实情况； （3）点评班组成员对规程的执行情况。
	3	办理工作终结手续	工作负责人按工作票内容与值班调控人员（运维人员）联系，工作结束，申请恢复线路重合闸，终结工作票。

7　验收记录

记录检修中发现的问题	
问题处理意见	

8　现场标准化作业指导书执行情况评估

<table>
<tr><td rowspan="4">评估内容</td><td rowspan="2">符合性</td><td>优</td><td></td><td>可操作项</td><td></td></tr>
<tr><td>良</td><td></td><td>不可操作项</td><td></td></tr>
<tr><td rowspan="2">可操作性</td><td>优</td><td></td><td>修改项</td><td></td></tr>
<tr><td>良</td><td></td><td>遗漏项</td><td></td></tr>
<tr><td>存在问题</td><td colspan="5"></td></tr>
<tr><td>改进意见</td><td colspan="5"></td></tr>
</table>

9　附图

应根据现场勘察结果，绘制作业点及邻近装置的线路图。需进行倒闸操作的作业，应绘制负荷开关、断路器及隔离开关等电气设备的接线图，并注明运行状态。

带电接空载电缆线路与架空线路连接引线现场标准化作业指导书
（绝缘杆作业法、绝缘斗臂车）

1 范围

本指导书适用于 10kV 架空线路带电作业现场绝缘杆作业法采用绝缘斗臂车带电接空载电缆线路与架空线路连接引线工作，规定了该项工作现场标准化作业的工作步骤和技术要求。

2 规范性引用文件

GB/T 18857 《配电线路带电作业技术导则》
Q/GDW 10520 《10kV 配网不停电作业规范》
《国家电网公司电力安全工作规程（配电部分）》

3 人员组合

本项目需要工作人员 4 人。

3.1 作业人员要求

√	序号	责任人	资质	人数
	1	工作负责人	应具有一定的配电带电作业实际工作经验，熟悉设备状况，具有一定组织能力和事故处理能力，并按《安规》要求取得工作负责人资格。	1 人
	2	斗内电工	应通过 10kV 配电线路带电作业专项培训，考试合格并持证上岗。	2 人
	3	地面电工	需经省公司级基地进行带电作业专项理论培训，考试合格并持证上岗。	1 人

3.2 作业人员分工

√	序号	姓名	分工	签名
	1		工作负责人	
	2		1 号斗内电工	
	3		2 号斗内电工	
	4		地面电工	

4 工器具

领用带电作业工器具应核对电压等级和试验周期，并检查外观完好无损。

工器具在运输过程中，应存放在专用工具袋、工具箱或工具车内，以防受潮和损伤。

4.1 装备

√	序号	名称	型号/规格	单位	数量	备注
	1	绝缘斗臂车	10kV	辆	1	

4.2 个人防护用具

√	序号	名称	型号/规格	单位	数量	备注
	1	安全帽	电绝缘	顶	2	
	2	绝缘安全帽	10kV	顶	2	
	3	绝缘服或绝缘披肩	10kV	套	2	
	4	绝缘手套	10kV	副	2	
	5	防护手套	皮革	副	2	
	6	内衬手套	棉线	副	2	
	7	护目镜		副	2	防弧光及飞溅
	8	安全带	全方位式	副	2	绝缘型

4.3 绝缘遮蔽用具

√	序号	名称	型号/规格	单位	数量	备注
	1	导线遮蔽罩	10kV	个	6	绝缘杆法用
	2	横担遮蔽罩	10kV	个	2	绝缘杆法用
	3	绝缘子遮蔽罩	10kV	个	3	绝缘杆法用

4.4 绝缘工具

√	序号	名称	型号/规格	单位	数量	备注
	1	绝缘传递绳	10kV	套	1	
	2	绝缘导线剥皮器	10kV	套	1	绝缘杆法用
	3	自锁定绝缘夹钳	10kV	把	1	
	4	绝缘杆式导线清扫刷	10kV	根	1	绝缘杆法用
	5	绝缘锁杆	10kV	根	1	
	6	绝缘杆式消弧开关	10kV	个	1	绝缘杆法用
	7	绝缘操作杆	10kV	根	1	
	8	放电杆	10kV	根	1	
	9	绝缘引流线		根	1	

4.5 其他工具

√	序号	名称	型号/规格	单位	数量	备注
	1	绝缘电阻检测仪	2500V 及以上	台	1	
	2	验电器	10kV	支	1	
	3	绝缘手套充气装置		台	1	
	4	钳形电流表		台	1	
	5	风速检测仪		台	1	
	6	温度检测仪		台	1	
	7	湿度检测仪		台	1	
	8	防潮苫布		块	1	
	9	个人手工工具		套	1	
	10	对讲机		部	2	
	11	清洁布		块	2	
	12	安全围栏		组	1	
	13	“从此进出”标示牌		块	1	
	14	“在此工作”标示牌		块	1	

4.6 材料

√	序号	名称	型号/规格	单位	数量	备注
	1	接续线夹	10kV	个	3	同等材质
	2	线夹绝缘护罩	10kV	个	3	

5 作业程序

5.1 开工准备

√	序号	作业内容	步骤及要求
	1	现场复勘	工作负责人核对工作线路双重称号、杆号。
			工作负责人检查地形环境是否符合作业要求： （1）平整坚实； （2）地面倾斜度不大于5°。
			工作负责人检查线路装置是否具备带电作业条件： （1）作业电杆埋深、杆身质量； （2）检查作业点导线有无烧伤断股； （3）检查确认待接引流线无负荷，如有危险，考虑采取措施，无法控制不应进行该项工作。

续表

√	序号	作业内容	步骤及要求
	1	现场复勘	工作负责人检查气象条件： 带电作业应在良好天气下进行，风力大于5级，或湿度大于80%时，不宜带电作业。若遇雷电、雪、雹、雨、雾等不良天气，禁止带电作业。带电作业过程中若遇天气突然变化，有可能危及人身及设备安全时，应立即停止工作，撤离人员，恢复设备正常状况，或采取临时安全措施。
			工作负责人检查工作票所列安全措施，在工作票上补充安全措施。
	2	执行工作许可制度	工作负责人按工作票内容与值班调控人员（运维人员）联系，申请停用线路重合闸，履行工作许可手续。
			工作负责人在工作票上签字。
	3	召开班前会	工作负责人宣读工作票。
			工作负责人检查工作班组成员精神状态、交待工作任务进行分工、交待工作中的安全措施和技术措施。
			工作负责人检查班组各成员对工作任务分工、安全措施和技术措施是否明确。
			班组各成员在工作票、风险控制卡和作业指导书上签名确认。
	4	停放绝缘斗臂车	将绝缘斗臂车停放到适当位置。作业人员应对停放位置进行检查，以下为现场应检查的停放绝缘斗臂车位置的要素： （1）停放的位置应便于绝缘斗臂车绝缘斗到达作业位置，避开附近电力线和障碍物，并能保证作业时绝缘斗臂车的绝缘臂有效绝缘长度； （2）停放位置坡度不大于5°。
			支放绝缘斗臂车支腿，作业人员应对支腿情况进行检查，然后向工作负责人汇报检查项目及结果，检查标准为： （1）不应支放在沟道盖板上； （2）软土地面应使用垫块或枕木，垫板重叠不超过2块； （3）支撑应到位。车辆前后、左右呈水平；“H”型支腿的车型，水平支腿应全部伸出。
			使用截面面积不小于16mm²的软铜线将绝缘斗臂车可靠接地。
	5	布置工作现场	工作负责人组织班组成员设置工作现场的安全围栏、安全警示标志： （1）安全围栏的范围应考虑作业中高空坠落和高空落物的影响以及道路交通，必要时联系交通部门； （2）围栏的出入口应设置合理，并悬挂“从此进出”标示牌。
			将绝缘工器具放在防潮苫布上： （1）防潮苫布应清洁、干燥； （2）工器具应按定置管理要求分类摆放； （3）绝缘工器具不能与金属工具、材料混放。

续表

√	序号	作业内容	步骤及要求
	6	检查绝缘工器具	逐件对绝缘工器具进行外观检查： （1）检查人员应戴清洁、干燥的手套； （2）绝缘工具表面不应有磨损、变形损坏，操作应灵活； （3）个人安全防护用具和遮蔽用具应无针孔、砂眼、裂纹； （4）检查全方位安全带外观，并做冲击试验。
			使用绝缘电阻检测仪分段检测绝缘工具的表面绝缘电阻值： （1）测量电极应符合规程要求（极宽 2cm、极间距 2cm）； （2）正确使用（自检、测量）绝缘电阻检测仪（应采用点测的方法，不应使电极在绝缘工具表面滑动，避免刮伤绝缘工具表面）； （3）绝缘电阻值不得低于 700MΩ。
			检查绝缘杆式消弧开关： （1）在现场使用消弧开关之前，应进行外观检查，并进行 1 次空载试操作，以确认开关外观符合要求，且状态良好，检查其是否在试验周期内； （2）在将消弧开关与线路连接之前，应确认消弧开关处于断开状态。
			绝缘工器具检查完毕，向工作负责人汇报检查结果。
	7	检查绝缘斗臂车	检查绝缘斗臂车表面状况：绝缘斗、绝缘臂应清洁、无裂纹损伤。
			试操作绝缘斗臂车： （1）试操作应空斗进行； （2）试操作应充分，有回转、升降、伸缩的过程。确认液压、机械、电气系统正常可靠、制动装置可靠。
			绝缘斗臂车检查和试操作完毕，向工作负责人汇报检查结果。
	8	斗内电工进入绝缘斗臂车绝缘斗	1 号、2 号斗内电工穿戴好全套的个人安全防护用具： （1）个人安全防护用具包括安全帽、绝缘服或绝缘披肩、绝缘手套（带防护手套）、护目镜等； （2）工作负责人应检查斗内电工个人防护用具的穿戴是否正确。
			地面电工配合将工器具放入绝缘斗： （1）工器具应分类放置工具袋中； （2）工器具的金属部分不准超出绝缘斗； （3）工具和人员重量不得超过绝缘斗额定载荷。
			1 号、2 号斗内电工进入绝缘斗，挂好全方位安全带保险钩。

5.2　操作步骤

√	序号	作业内容	步骤及要求
	1	进入带电作业区域	经工作负责人许可后，2 号斗内电工操作绝缘斗臂车，进入带电作业区域，绝缘斗移动应平稳匀速，在进入带电作业区域时： （1）应无大幅晃动现象； （2）绝缘斗下降、上升的速度不应超过 0.5m/s； （3）绝缘斗边沿的最大线速度不应超过 0.5m/s。
	2	验电	2 号斗内电工将绝缘斗调整至带电导线横担下侧适当位置，1 号电工使用验电器对导线、绝缘子、横担进行验电，确认无漏电现象。
	3	检测待接电缆线路	检测电缆线路： （1）斗内电工用绝缘电阻检测仪检测电缆对地、相间绝缘，确认无接地、短路情况，检测完成后应充分放电；若发现电缆有电或对地绝缘不良，禁止继续作业； （2）检测完毕，向工作负责人汇报检测结果。
	4	绝缘遮蔽	带电作业过程中人体与带电体应保持足够的安全距离（不小于 0.4m），如不满足安全距离要求，应进行绝缘遮蔽： （1）按照“从近到远、从下到上、先带电体后接地体”的遮蔽原则对不能满足安全距离的带电体进行绝缘遮蔽，遮蔽的部位和顺序依次为导线、耐张线夹、耐张绝缘子； （2）在对带电体设置绝缘遮蔽隔离措施时，动作应轻缓，人体与带电体应保持足够的安全距离； （3）绝缘遮蔽隔离措施应严密、牢固，绝缘遮蔽用具之间搭接不得小于 150mm。
	5	安装消弧开关及绝缘引流线	（1）斗内电工在选定的位置，使用绝缘杆式导线剥皮器剥除主导线及电缆连接引线上的绝缘皮； （2）斗内电工确认绝缘杆式消弧开关在断开位置，将绝缘杆式消弧开关挂接到内边相架空导线上，然后将绝缘引流线的一端连接到绝缘杆式消弧开关上，另一端连接到同相电缆终端过渡引线上。
	6	合上消弧开关	斗内电工用绝缘操作杆合上消弧开关，确认正常。
	7	连接引线	两斗内电工相互配合连接电缆线路与架空线路连接引线。 引线安装要求： （1）引线安装牢固； （2）长度适当，不得受力； （3）引线间距离满足运行要求。
	8	拆除消弧开关及绝缘引流线	（1）斗内电工断开绝缘杆式消弧开关； （2）斗内电工相互配合拆除绝缘引流线，并取下消弧开关。
	9	换相作业	按相同的方法断开其余两相引线。三相引线拆除，可先近后远，或根据现场情况先两侧、后中间的顺序进行。

续表

√	序号	作业内容	步骤及要求
	10	拆除绝缘遮蔽	经工作负责人的许可后，2 号斗内电工调整绝缘斗到达中间相合适工作位置，1 号电工按照“从远到近、从上到下、先接地体后带电体”的原则拆除绝缘遮蔽隔离措施： （1）拆除的顺序依次为耐张绝缘子、耐张线夹、导线； （2）斗内电工在拆除带电体上的绝缘遮蔽隔离措施时，动作应轻缓，人体与带电体应保持足够的安全距离。
	11	工作验收	斗内电工撤出带电作业区域。撤出带电作业区域时： （1）应无大幅晃动现象； （2）绝缘斗下降、上升的速度不应超过 0.5m/s； （3）绝缘斗边沿的最大线速度不应超过 0.5m/s。
			斗内电工检查施工质量： （1）杆上无遗漏物； （2）装置无缺陷，符合运行条件； （3）向工作负责人汇报施工质量。
	12	撤离杆塔	下降绝缘斗返回地面、收回绝缘臂时应注意绝缘斗臂车周围杆塔、线路等情况。

6 工作结束

√	序号	作业内容	步骤及要求
	1	清理现场	将绝缘斗臂车各部件复位。需注意： （1）收回绝缘斗臂车接地线； （2）绝缘斗臂车支腿收回。
			工作负责人组织班组成员整理工具、材料。将工器具清洁后放入专用的箱（袋）中。清理现场，做到工完料尽场地清。
	2	召开收工会	工作负责人组织召开现场收工会，进行工作总结和点评工作： （1）正确点评本项工作的施工质量； （2）点评班组成员在作业中的安全措施的落实情况； （3）点评班组成员对规程的执行情况。
	3	办理工作终结手续	工作负责人按工作票内容与值班调控人员（运维人员）联系，工作结束，申请恢复线路重合闸，终结工作票。

7 验收记录

记录检修中发现的问题	
问题处理意见	

8 现场标准化作业指导书执行情况评估

<table>
<tr><td rowspan="4">评估内容</td><td rowspan="2">符合性</td><td>优</td><td></td><td>可操作项</td><td></td></tr>
<tr><td>良</td><td></td><td>不可操作项</td><td></td></tr>
<tr><td rowspan="2">可操作性</td><td>优</td><td></td><td>修改项</td><td></td></tr>
<tr><td>良</td><td></td><td>遗漏项</td><td></td></tr>
<tr><td>存在问题</td><td colspan="5"></td></tr>
<tr><td>改进意见</td><td colspan="5"></td></tr>
</table>

9 附图

应根据现场勘察结果，绘制作业点及邻近装置的线路图。需进行倒闸操作的作业，应绘制负荷开关、断路器及隔离开关等电气设备的接线图，并注明运行状态。

带负荷直线杆改耐张杆并加装柱上开关或隔离开关现场标准化作业指导书

（绝缘手套作业法、绝缘斗臂车、绝缘横担）

1 范围

本指导书适用于10kV架空线路带电作业现场绝缘手套作业法采用绝缘斗臂车带负荷直线杆改耐张杆并加装柱上开关或隔离开关工作，规定了该项工作现场标准化作业的工作步骤和技术要求。

2 规范性引用文件

GB/T 18857 《配电线路带电作业技术导则》

Q/GDW 10520 《10kV配网不停电作业规范》

《国家电网公司电力安全工作规程（配电部分）》

3 人员组合

本项目需要工作人员6人。

3.1 作业人员要求

√	序号	责任人	资质	人数
	1	工作负责人	应具有一定的配电带电作业实际工作经验，熟悉设备状况，具有一定组织能力和事故处理能力，并按《安规》要求取得工作负责人资格。	1人
	2	专责监护人	应具有一定的配电带电作业实际工作经验，熟悉设备状况，并按《安规》要求取得专责监护人资格。	1人
	3	斗内电工	应通过10kV配电线路带电作业专项培训，考试合格并持证上岗。	2人
	4	杆上电工	应通过10kV配电线路带电作业专项培训，考试合格并持证上岗。	1人
	5	地面电工	需经省公司级基地进行带电作业专项理论培训，考试合格并持证上岗。	1人

3.2 作业人员分工

√	序号	姓名	分工	签名
	1		工作负责人	
	2		专责监护人	

续表

√	序号	姓名	分工	签名
	3		1 号斗内电工	
	4		2 号斗内电工	
	5		杆上电工	
	6		地面电工	

4　工器具

领用带电作业工器具应核对电压等级和试验周期，并检查外观完好无损。

工器具在运输过程中，应存放在专用工具袋、工具箱或工具车内，以防受潮和损伤。

4.1　装备

√	序号	名称	型号/规格	单位	数量	备注
	1	绝缘斗臂车	10kV	辆	2	
	2	脚扣	400mm	副	1	

4.2　个人防护用具

√	序号	名称	型号/规格	单位	数量	备注
	1	安全帽	电绝缘	顶	3	
	2	绝缘安全帽	10kV	顶	3	
	3	绝缘服或绝缘披肩	10kV	套	3	
	4	绝缘手套	10kV	副	3	
	5	防护手套	皮革	副	3	
	6	内衬手套	棉线	副	3	
	7	护目镜		副	3	防弧光及飞溅
	8	安全带	全方位式	副	3	绝缘型

4.3　绝缘遮蔽用具

√	序号	名称	型号/规格	单位	数量	备注
	1	导线遮蔽罩	10kV	个	6	
	2	横担遮蔽罩	10kV	个	4	
	3	绝缘毯	10kV	块	25	
	4	绝缘毯夹	10kV	个	50	
	5	杆顶遮蔽罩	10kV	个	1	

续表

√	序号	名称	型号/规格	单位	数量	备注
	6	导线端头遮蔽罩	10kV	个	6	
	7	绝缘子遮蔽罩	10kV	个	3	

4.4 绝缘工具

√	序号	名称	型号/规格	单位	数量	备注
	1	绝缘横担	10kV	套	1	
	2	绝缘绳套	10kV	根	2	
	3	绝缘紧线器	10kV	个	2	
	4	绝缘后备保护绳	10kV	根	2	
	5	绝缘传递绳	10kV	套	2	
	6	绝缘操作杆	10kV	根	1	
	7	绝缘引流线	10kV	根	3	

4.5 其他工具

√	序号	名称	型号/规格	单位	数量	备注
	1	绝缘电阻检测仪	2500V 及以上	台	1	
	2	验电器	10kV	支	1	
	3	钳形电流表	10kV	台	1	
	4	绝缘手套充气装置		台	1	
	5	绝缘绳索检测仪		台	1	
	6	卡线器		个	4	
	7	风速检测仪		台	1	
	8	温度检测仪		台	1	
	9	湿度检测仪		台	1	
	10	防潮苫布		块	1	
	11	个人手工工具		套	1	
	12	剥皮器		把	2	
	13	对讲机		部	2	
	14	清洁布		块	2	
	15	安全围栏		组	1	
	16	“从此进出”标示牌		块	1	
	17	“在此工作”标示牌		块	1	

4.6 材料

√	序号	名称	型号/规格	单位	数量	备注
	1	耐张绝缘子	XP-7	片	12	
	2	耐张横担		副	1	同等规格
	3	柱上开关	10kV	台	1	
	4	隔离开关	10kV	组	1	
	5	二合抱箍		副	1	
	6	耐张金具		套	6	同等规格

5 作业程序

5.1 开工准备

√	序号	作业内容	步骤及要求
	1	现场复勘	工作负责人核对工作线路双重称号、杆号。
			工作负责人检查地形环境是否符合作业要求： （1）平整坚实； （2）地面倾斜度不大于5°。
			工作负责人检查线路装置是否具备带电作业条件： （1）作业电杆埋深、杆身质量； （2）检查绝缘子及横担外观，如裂纹严重有脱落危险，考虑采取措施，无法控制不应进行该项工作； （3）检查作业点两侧电杆导线安装情况、有无烧伤断股。
			工作负责人检查气象条件： 带电作业应在良好天气下进行，风力大于5级，或湿度大于80%时，不宜带电作业。若遇雷电、雪、雹、雨、雾等不良天气，禁止带电作业。带电作业过程中若遇天气突然变化，有可能危及人身及设备安全时，应立即停止工作，撤离人员，恢复设备正常状况，或采取临时安全措施。
			工作负责人检查工作票所列安全措施，在工作票上补充安全措施。
	2	执行工作许可制度	工作负责人按工作票内容与值班调控人员（运维人员）联系，确认线路重合闸装置已退出。
			工作负责人在工作票上签字。
	3	召开班前会	工作负责人宣读工作票。
			工作负责人检查工作班组成员精神状态、交待工作任务进行分工、交待工作中的安全措施和技术措施。
			工作负责人检查班组各成员对工作任务分工、安全措施和技术措施是否明确。
			班组各成员在工作票、风险控制卡和作业指导书上签名确认。

续表

<table>
<tr><th>√</th><th>序号</th><th>作业内容</th><th>步骤及要求</th></tr>
<tr><td rowspan="3"></td><td rowspan="3">4</td><td rowspan="3">停放绝缘斗臂车</td><td>将绝缘斗臂车停放到适当位置。作业人员应对停放位置进行检查，以下为现场应检查的停放绝缘斗臂车位置的要素：
（1）停放的位置应便于绝缘斗臂车绝缘斗到达作业位置，避开附近电力线和障碍物，并能保证作业时绝缘斗臂车的绝缘臂有效绝缘长度；
（2）停放位置坡度不大于5°。</td></tr>
<tr><td>支放绝缘斗臂车支腿，作业人员应对支腿情况进行检查，然后向工作负责人汇报检查项目及结果，检查标准为：
（1）不应支放在沟道盖板上；
（2）软土地面应使用垫块或枕木，垫板重叠不超过2块；
（3）支撑应到位。车辆前后、左右呈水平；“H”型支腿的车型，水平支腿应全部伸出。</td></tr>
<tr><td>使用截面面积不小于16mm^{2}的软铜线将绝缘斗臂车可靠接地。</td></tr>
<tr><td rowspan="2"></td><td rowspan="2">5</td><td rowspan="2">布置工作现场</td><td>工作负责人组织班组成员设置工作现场的安全围栏、安全警示标志：
（1）安全围栏的范围应考虑作业中高空坠落和高空落物的影响以及道路交通，必要时联系交通部门；
（2）围栏的出入口应设置合理，并悬挂“从此进出”标示牌。</td></tr>
<tr><td>将绝缘工器具放在防潮苫布上：
（1）防潮苫布应清洁、干燥；
（2）工器具应按定置管理要求分类摆放；
（3）绝缘工器具不能与金属工具、材料混放。</td></tr>
<tr><td rowspan="3"></td><td rowspan="3">6</td><td rowspan="3">检查绝缘及登高工器具</td><td>逐件对绝缘及登高工器具进行外观检查：
（1）检查人员应戴清洁、干燥的手套；
（2）绝缘工具表面不应有磨损、变形损坏，操作应灵活；
（3）个人安全防护用具和遮蔽用具应无针孔、砂眼、裂纹；
（4）检查全方位绝缘安全带外观，并做冲击试验；
（5）检查登杆工具，应无开焊、胶皮完好、螺栓齐全紧固，并做冲击试验。</td></tr>
<tr><td>使用绝缘电阻检测仪分段检测绝缘工具的表面绝缘电阻值：
（1）测量电极应符合规程要求（极宽2cm、极间距2cm）；
（2）正确使用（自检、测量）绝缘电阻检测仪（应采用点测的方法，不应使电极在绝缘工具表面滑动，避免刮伤绝缘工具表面）；
（3）绝缘电阻值不得低于700MΩ。</td></tr>
<tr><td>绝缘工器具检查完毕，向工作负责人汇报检查结果。</td></tr>
<tr><td rowspan="3"></td><td rowspan="3">7</td><td rowspan="3">检查绝缘斗臂车</td><td>检查绝缘斗臂车表面状况：绝缘斗、绝缘臂应清洁、无裂纹损伤。</td></tr>
<tr><td>试操作绝缘斗臂车：
（1）试操作应空斗进行；
（2）试操作应充分，有回转、升降、伸缩的过程。确认液压、机械、电气系统正常可靠、制动装置可靠；
（3）试操作绝缘斗臂车小吊，确认吊臂、吊绳良好。</td></tr>
<tr><td>绝缘斗臂车检查和试操作完毕，向工作负责人汇报检查结果。</td></tr>
</table>

续表

√	序号	作业内容	步骤及要求
	8	检测绝缘子串及横担	检测绝缘子串： （1）清洁瓷件，并作表面检查，瓷件表面应光滑，无麻点，裂痕等。用绝缘电阻检测仪检测绝缘子绝缘电阻不应低于 500MΩ； （2）检测完毕，向工作负责人汇报检测结果。
			检查横担： （1）对横担进行外观检查，镀锌均匀完整，无毛刺、锈蚀和变形； （2）抱箍进行外观检查，镀锌均匀完整，无毛刺、锈蚀和变形； （3）长孔必须加平垫圈，不得在螺栓上缠绕铁线代替垫圈； （4）应采用双螺母。
	9	检查柱上开关或隔离开关	检查柱上开关或隔离开关： （1）清洁柱上开关或隔离开关，并作表面检查，瓷件表面应光滑，无麻点，裂痕等。用绝缘电阻检测仪检测隔离开关绝缘电阻不应低于 500MΩ； （2）试拉合柱上开关或隔离开关，无卡涩，机械指示准确，接触紧密； （3）检测完毕，向工作负责人汇报检测结果。
	10	斗内电工进入绝缘斗臂车绝缘斗	1 号、2 号斗内电工穿戴好全套的个人安全防护用具： （1）个人安全防护用具包括安全帽、绝缘服或绝缘披肩、绝缘手套（带防护手套）、护目镜等； （2）工作负责人应检查斗内电工个人防护用具的穿戴是否正确。
			地面电工配合将工器具放入绝缘斗： （1）工器具应分类放置工具袋中； （2）工器具的金属部分不准超出绝缘斗； （3）工具和人员重量不得超过绝缘斗额定载荷。
			1 号、2 号斗内电工分别进入两辆斗臂车绝缘斗，挂好全方位绝缘安全带保险钩。

5.2 操作步骤

√	序号	作业内容	步骤及要求
	1	进入带电作业区域	经工作负责人许可后，斗内电工分别操作绝缘斗臂车，进入带电作业区域，绝缘斗移动应平稳匀速，在进入带电作业区域时： （1）应无大幅晃动现象； （2）绝缘斗下降、上升的速度不应超过 0.5m/s； （3）绝缘斗边沿的最大线速度不应超过 0.5m/s。
	2	验电	1 号斗内电工将绝缘斗调整至带电导线横担下侧适当位置，使用验电器对导线、绝缘子、横担进行验电，确认无漏电现象。
	3	设置内边相绝缘遮蔽隔离措施	经工作负责人许可后，斗内电工分别调整绝缘斗到达合适工作位置，按照“从近到远、从下到上、先带电体后接地体”的遮蔽原则对作业范围内可能触及的带电体和接地体进行绝缘遮蔽隔离： （1）遮蔽的部位和顺序依次为导线、绝缘子以及作业点临近的接地体；

续表

√	序号	作业内容	步骤及要求
	3	设置内边相绝缘遮蔽隔离措施	（2）斗内电工在对带电体设置绝缘遮蔽隔离措施时，动作应轻缓，与横担等地电位构件间应保持足够的安全距离（不小于 0.4m），与邻相导线之间应保持足够的安全距离（不小于 0.6m）； （3）绝缘遮蔽隔离措施应严密、牢固，绝缘遮蔽用具之间搭接不得小于 150mm。
	4	设置外边相绝缘遮蔽隔离措施	经工作负责人的许可后，斗内电工分别调整绝缘斗到达外边相合适工作位置，按照与内边相相同的方法对作业范围内可能触及的带电体和接地体进行绝缘遮蔽隔离。
	5	设置中间相绝缘遮蔽隔离措施	经工作负责人的许可后，斗内分别电工调整绝缘斗到达中间相合适工作位置，按照与两边相相同的方法对作业范围内可能触及的带电体和接地体进行绝缘遮蔽隔离。
	6	抬升导线	（1）2 号斗内电工操作斗臂车返回地面，在地面电工配合下安装绝缘横担； （2）2 号斗内电工操作绝缘斗臂车至导线下方，将两边相导线放入绝缘横担滑槽内并锁定； （3）1 号斗内电工逐相拆除两边相绝缘子的绑扎线； （4）2 号斗内电工操作绝缘斗臂车继续缓慢抬高绝缘横担，两边相导线，将中相导线放入绝缘横担滑槽内并锁定，由 1 号斗内电工拆除中相绝缘子绑扎线。
	7	更换横担	（1）2 号斗内电工将绝缘横担缓慢抬高，抬升三相导线，抬升高度不小于 0.4m； （2）杆上电工登杆，配合 1 号斗内电工，将直线横担更换成耐张横担，安装抱箍，挂好悬式绝缘子串及耐张线夹。
	8	安装柱上开关或隔离开关	（1）1 号斗内电工操作绝缘小吊使用绝缘吊绳将柱上开关或隔离开关提升至安装位置处，杆上电工进行柱上开关或隔离开关的安装，并确认开关在“分”的位置，杆上电工安装避雷器，并做好接地装置的连接，返回地面； （2）1 号斗内电工对新装耐张横担、耐张绝缘子串、耐张线夹和电杆设置绝缘遮蔽隔离措施； （3）2 号斗内电工缓慢下降绝缘横担，在 1 号斗内电工配合下将导线逐一放置在耐张横担上，并做好固定措施，2 号斗内电工返回地面，拆除绝缘横担。
			（1）使用斗臂车起吊柱上开关要注意吊臂角度，防止超载倾翻； （2）确认柱上开关自动化装置退出运行。
	9	安装绝缘紧线器和后备绝缘保护绳	（1）两斗内电工调整作业位置，相互配合打开遮蔽，将绝缘紧线器分别挂接在耐张线夹安装环处，做好绝缘遮蔽； （2）两斗内电工将绝缘紧线器另一端分别安装于电杆两侧导线上，加装后备保护绳，收紧导线后，收紧后备保护绳。
	10	安装绝缘引流线	斗内电工用钳形电流表测量架空线路负荷电流，确认电流不超过绝缘引流线额定电流。斗内电工相互配合在中间相导线安装绝缘引流线，用钳形电流表检测电流，确认通流正常，绝缘引流线与导线连接应牢固可靠，绝缘引流线应在绝缘引流线支架上。

续表

√	序号	作业内容	步骤及要求
	11	开断导线	（1）两斗内电工相互配合，剪断中间相导线，分别将中间相两侧导线固定在两端的耐张线夹内，并恢复绝缘遮蔽； （2）两斗内电工分别拆除绝缘紧线器及后备保护绳。
	12	换相作业	两斗内电工相互配合按同样的方法开断内边相和外边相导线。
	13	连接开关引线并合上柱上开关或隔离开关	（1）两斗内电工相互配合，分别在柱上开关或隔离开关两侧依次进行开关引线与导线的接续。接续完毕后，及时恢复绝缘遮蔽； （2）三相引线搭接完毕，1 号斗内电工合上柱上开关或隔离开关，确认开关在“合”的位置； （3）1 号斗内电工使用钳形电流表测量三相引线通流正常。
			引线安装要求： （1）引线安装牢固； （2）长度适当，不得受力； （3）引线间距离满足运行要求。
	14	拆除绝缘引流线	拆除绝缘引流线，恢复绝缘遮蔽，拆除绝缘引流线支架。
	15	拆除中间相绝缘遮蔽隔离措施	经工作负责人的许可后，斗内电工分别调整绝缘斗到达中间相合适工作位置，按照“从远到近、从上到下、先接地体后带电体”的原则拆除绝缘遮蔽隔离措施： （1）拆除的顺序依次为作业点临近的接地体、耐张绝缘子串、引线、耐张线夹、导线； （2）斗内电工在拆除带电体上的绝缘遮蔽隔离措施时，动作应轻缓，与横担等地电位构件间应保持足够的安全距离，与邻相导线之间应保持足够的安全距离。
	16	拆除外边相绝缘遮蔽隔离措施	经工作负责人的许可后，斗内电工分别调整绝缘斗到达外边相合适工作位置，按照与中间相相同的方法拆除绝缘遮蔽隔离。
	17	拆除内边相绝缘遮蔽隔离措施	经工作负责人的许可后，斗内电工分别调整绝缘斗到达内边相合适工作位置，按照与中间相相同的方法拆除绝缘遮蔽隔离。
	18	工作验收	斗内电工撤出带电作业区域时： （1）应无大幅晃动现象； （2）绝缘斗下降、上升的速度不应超过 0.5m/s； （3）绝缘斗边沿的最大线速度不应超过 0.5m/s。
			斗内电工检查施工质量： （1）杆上无遗漏物； （2）装置无缺陷，符合运行条件； （3）向工作负责人汇报施工质量。
	19	撤离杆塔	下降绝缘斗返回地面、收回绝缘臂时应注意绝缘斗臂车周围杆塔、线路等情况。

6 工作结束

√	序号	作业内容	步骤及要求
	1	清理现场	将绝缘斗臂车各部件复位。需注意：

续表

<table>
<tr><th>√</th><th>序号</th><th>作业内容</th><th>步骤及要求</th></tr>
<tr><td rowspan="2"></td><td rowspan="2">1</td><td rowspan="2">清理现场</td><td>（1）收回绝缘斗臂车接地线；
（2）绝缘斗臂车支腿收回。</td></tr>
<tr><td>工作负责人组织班组成员整理工具、材料。将工器具清洁后放入专用的箱（袋）中。清理现场，做到工完料尽场地清。</td></tr>
<tr><td></td><td>2</td><td>召开收工会</td><td>工作负责人组织召开现场收工会，进行工作总结和点评工作：
（1）正确点评本项工作的施工质量；
（2）点评班组成员在作业中的安全措施的落实情况；
（3）点评班组成员对规程的执行情况。</td></tr>
<tr><td></td><td>3</td><td>办理工作终结手续</td><td>工作负责人按工作票内容与值班调度员（运维人员）联系，工作结束，恢复线路重合闸，终结工作票。</td></tr>
</table>

7　验收记录

记录检修中发现的问题	
问题处理意见	

8　现场标准化作业指导书执行情况评估

<table>
<tr><td rowspan="4">评估内容</td><td rowspan="2">符合性</td><td>优</td><td></td><td>可操作项</td><td></td></tr>
<tr><td>良</td><td></td><td>不可操作项</td><td></td></tr>
<tr><td rowspan="2">可操作性</td><td>优</td><td></td><td>修改项</td><td></td></tr>
<tr><td>良</td><td></td><td>遗漏项</td><td></td></tr>
<tr><td>存在问题</td><td colspan="5"></td></tr>
<tr><td>改进意见</td><td colspan="5"></td></tr>
</table>

9　附图

应根据现场勘察结果，绘制作业点及邻近装置的线路图。需进行倒闸操作的作业，应绘制负荷开关、断路器及隔离开关等电气设备的接线图，并注明运行状态。

带负荷直线杆改耐张杆并加装柱上开关或隔离开关现场标准化作业指导书（绝缘手套作业法、绝缘斗臂车）

1 范围

本指导书适用于 10kV 架空线路带电作业现场绝缘手套作业法采用绝缘斗臂车带负荷直线杆改耐张杆并加装柱上开关或隔离开关工作，规定了该项工作现场标准化作业的工作步骤和技术要求。

2 规范性引用文件

GB/T 18857 《配电线路带电作业技术导则》
Q/GDW 10520 《10kV 配网不停电作业规范》
《国家电网公司电力安全工作规程（配电部分）》

3 人员组合

本项目需要工作人员 6 人。

3.1 作业人员要求

√	序号	责任人	资质	人数
	1	工作负责人	应具有一定的配电带电作业实际工作经验，熟悉设备状况，具有一定组织能力和事故处理能力，并按《安规》要求取得工作负责人资格。	1 人
	2	专责监护人	应具有一定的配电带电作业实际工作经验，熟悉设备状况，并按《安规》要求取得专责监护人资格。	1 人
	3	斗内电工	应通过 10kV 配电线路带电作业专项培训，考试合格并持证上岗。	2 人
	4	杆上电工	应通过 10kV 配电线路带电作业专项培训，考试合格并持证上岗。	1 人
	5	地面电工	需经省公司级基地进行带电作业专项理论培训，考试合格并持证上岗。	1 人

3.2 作业人员分工

√	序号	姓名	分工	签名
	1		工作负责人	
	2		专责监护人	
	3		1 号斗内电工	

续表

√	序号	姓名	分工	签名
	4		2 号斗内电工	
	5		杆上电工	
	6		地面电工	

4 工器具

领用带电作业工器具应核对电压等级和试验周期，并检查外观完好无损。

工器具在运输过程中，应存放在专用工具袋、工具箱或工具车内，以防受潮和损伤。

4.1 装备

√	序号	名称	型号/规格	单位	数量	备注
	1	绝缘斗臂车	10kV	辆	2	
	2	脚扣	400mm	副	1	

4.2 个人防护用具

√	序号	名称	型号/规格	单位	数量	备注
	1	安全帽	电绝缘	顶	3	
	2	绝缘安全帽	10kV	顶	3	
	3	绝缘服或绝缘披肩	10kV	套	3	
	4	绝缘手套	10kV	副	3	
	5	防护手套	皮革	副	3	
	6	内衬手套	棉线	副	3	
	7	护目镜		副	3	防弧光及飞溅
	8	安全带	全方位式	副	3	绝缘型

4.3 绝缘遮蔽用具

√	序号	名称	型号/规格	单位	数量	备注
	1	导线遮蔽罩	10kV	个	6	
	2	横担遮蔽罩	10kV	个	4	
	3	绝缘毯	10kV	块	25	
	4	绝缘毯夹	10kV	个	50	
	5	杆顶遮蔽罩	10kV	个	1	
	6	导线端头遮蔽罩	10kV	个	6	
	7	绝缘子遮蔽罩	10kV	个	3	

4.4 绝缘工具

√	序号	名称	型号/规格	单位	数量	备注
	1	绝缘引流线	10kV	根	3	
	2	绝缘绳套	10kV	根	2	
	3	绝缘紧线器	10kV	个	2	
	4	绝缘后备保护绳	10kV	根	2	
	5	绝缘传递绳	10kV	套	2	
	6	绝缘操作杆	10kV	根	1	

4.5 其他工具

√	序号	名称	型号/规格	单位	数量	备注
	1	绝缘电阻检测仪	2500V 及以上	台	1	
	2	验电器	10kV	支	1	
	3	钳形电流表	10kV	台	1	
	4	绝缘手套充气装置		台	1	
	5	绝缘绳索检测仪		台	1	
	6	卡线器		个	4	
	7	风速检测仪		台	1	
	8	温度检测仪		台	1	
	9	湿度检测仪		台	1	
	10	防潮苫布		块	1	
	11	个人手工工具		套	1	
	12	剥皮器		把	2	
	13	对讲机		部	2	
	14	清洁布		块	2	
	15	安全围栏		组	1	
	16	“从此进出”标示牌		块	1	
	17	“在此工作”标示牌		块	1	

4.6 材料

√	序号	名称	型号/规格	单位	数量	备注
	1	耐张绝缘子	XP-7	片	12	
	2	耐张金具		套	6	同等规格
	3	柱上开关	10kV	台	1	

续表

√	序号	名称	型号/规格	单位	数量	备注
	4	隔离开关	10kV	组	1	
	5	二合抱箍		副	1	

5 作业程序

5.1 开工准备

√	序号	作业内容	步骤及要求
	1	现场复勘	工作负责人核对工作线路双重称号、杆号。
			工作负责人检查地形环境是否符合作业要求： （1）平整坚实； （2）地面倾斜度不大于 5°。
			工作负责人检查线路装置是否具备带电作业条件： （1）作业电杆埋深、杆身质量； （2）检查绝缘子及横担外观，如裂纹严重有脱落危险，考虑采取措施，无法控制不应进行该项工作； （3）检查作业点两侧电杆导线安装情况、有无烧伤断股。
			工作负责人检查气象条件： 带电作业应在良好天气下进行，风力大于 5 级，或湿度大于 80% 时，不宜带电作业。若遇雷电、雪、雹、雨、雾等不良天气，禁止带电作业。带电作业过程中若遇天气突然变化，有可能危及人身及设备安全时，应立即停止工作，撤离人员，恢复设备正常状况，或采取临时安全措施。
			工作负责人检查工作票所列安全措施，在工作票上补充安全措施。
	2	执行工作许可制度	工作负责人按工作票内容与值班调控人员（运维人员）联系，确认线路重合闸装置已退出。
			工作负责人在工作票上签字。
	3	召开班前会	工作负责人宣读工作票。
			工作负责人检查工作班组成员精神状态、交待工作任务进行分工、交待工作中的安全措施和技术措施。
			工作负责人检查班组各成员对工作任务分工、安全措施和技术措施是否明确。
			班组各成员在工作票、风险控制卡和作业指导书上签名确认。
	4	停放绝缘斗臂车	将绝缘斗臂车停放到适当位置。作业人员应对停放位置进行检查，以下为现场应检查的停放绝缘斗臂车位置的要素： （1）停放的位置应便于绝缘斗臂车绝缘斗到达作业位置，避开附近电力线和障碍物，并能保证作业时绝缘斗臂车的绝缘臂有效绝缘长度； （2）停放位置坡度不大于 5°。

续表

√	序号	作业内容	步骤及要求
	4	停放绝缘斗臂车	支放绝缘斗臂车支腿，作业人员应对支腿情况进行检查，然后向工作负责人汇报检查项目及结果，检查标准为： （1）不应支放在沟道盖板上； （2）软土地面应使用垫块或枕木，垫板重叠不超过 2 块； （3）支撑应到位。车辆前后、左右呈水平；“H”型支腿的车型，水平支腿应全部伸出。
			使用截面面积不小于 16mm^2 的软铜线将绝缘斗臂车可靠接地。
	5	布置工作现场	工作负责人组织班组成员设置工作现场的安全围栏、安全警示标志： （1）安全围栏的范围应考虑作业中高空坠落和高空落物的影响以及道路交通，必要时联系交通部门； （2）围栏的出入口应设置合理，并悬挂“从此进出”标示牌。
			将绝缘工器具放在防潮苫布上： （1）防潮苫布应清洁、干燥； （2）工器具应按定置管理要求分类摆放； （3）绝缘工器具不能与金属工具、材料混放。
	6	检查绝缘及登高工器具	逐件对绝缘及登高工器具进行外观检查： （1）检查人员应戴清洁、干燥的手套； （2）绝缘工具表面不应有磨损、变形损坏，操作应灵活； （3）个人安全防护用具和遮蔽用具应无针孔、砂眼、裂纹； （4）检查全方位绝缘安全带外观，并做冲击试验； （5）检查登杆工具，应无开焊、胶皮完好、螺栓齐全紧固，并做冲击试验。
			使用绝缘电阻检测仪分段检测绝缘工具的表面绝缘电阻值： （1）测量电极应符合规程要求（极宽 2cm、极间距 2cm）； （2）正确使用（自检、测量）绝缘电阻检测仪（应采用点测的方法，不应使电极在绝缘工具表面滑动，避免刮伤绝缘工具表面）； （3）绝缘电阻值不得低于 700MΩ。
			绝缘工器具检查完毕，向工作负责人汇报检查结果。
	7	检查绝缘斗臂车	检查绝缘斗臂车表面状况：绝缘斗、绝缘臂应清洁、无裂纹损伤。
			试操作绝缘斗臂车： （1）试操作应空斗进行； （2）试操作应充分，有回转、升降、伸缩的过程。确认液压、机械、电气系统正常可靠、制动装置可靠； （3）试操作绝缘斗臂车小吊，确认吊臂、吊绳良好。
			绝缘斗臂车检查和试操作完毕，向工作负责人汇报检查结果。
	8	检测绝缘子串及抱箍	（1）清洁瓷件，并作表面检查，瓷件表面应光滑，无麻点，裂痕等。用绝缘电阻检测仪检测绝缘子绝缘电阻不应低于 500MΩ； （2）检测完毕，向工作负责人汇报检测结果； （3）抱箍进行外观检查，镀锌均匀完整，无毛刺、锈蚀和变形。

续表

√	序号	作业内容	步骤及要求
	9	检查柱上开关或隔离开关	检查柱上开关或隔离开关： （1）清洁柱上开关或隔离开关，并作表面检查，瓷件表面应光滑，无麻点，裂痕等。用绝缘电阻检测仪检测隔离开关绝缘电阻不应低于500MΩ； （2）试拉合柱上开关或隔离开关，无卡涩，机械指示准确，接触紧密； （3）检测完毕，向工作负责人汇报检测结果。
	10	斗内电工进入绝缘斗臂车绝缘斗	1号、2号斗内电工穿戴好全套的个人安全防护用具： （1）个人安全防护用具包括安全帽、绝缘服或绝缘披肩、绝缘手套（带防护手套）、护目镜等； （2）工作负责人应检查斗内电工个人防护用具的穿戴是否正确。
			地面电工配合将工器具放入绝缘斗： （1）工器具应分类放置工具袋中； （2）工器具的金属部分不准超出绝缘斗； （3）工具和人员重量不得超过绝缘斗额定载荷。
			1号、2号斗内电工分别进入两辆斗臂车绝缘斗，挂好全方位绝缘安全带保险钩。

5.2 操作步骤

√	序号	作业内容	步骤及要求
	1	进入带电作业区域	经工作负责人许可后，斗内电工分别操作绝缘斗臂车，进入带电作业区域，绝缘斗移动应平稳匀速，在进入带电作业区域时： （1）应无大幅晃动现象； （2）绝缘斗下降、上升的速度不应超过0.5m/s； （3）绝缘斗边沿的最大线速度不应超过0.5m/s。
	2	验电	1号斗内电工将绝缘斗调整至带电导线横担下侧适当位置，使用验电器对导线、绝缘子、横担进行验电，确认无漏电现象。
	3	设置内边相绝缘遮蔽隔离措施	经工作负责人许可后，斗内电工分别调整绝缘斗到达合适工作位置，按照“从近到远、从下到上、先带电体后接地体”的遮蔽原则对作业范围内可能触及的带电体和接地体进行绝缘遮蔽隔离： （1）遮蔽的部位和顺序依次为导线、绝缘子以及作业点临近的接地体； （2）斗内电工在对带电体设置绝缘遮蔽隔离措施时，动作应轻缓，与横担等地电位构件间应保持足够的安全距离（不小于0.4m），与邻相导线之间应保持足够的安全距离（不小于0.6m）； （3）绝缘遮蔽隔离措施应严密、牢固，绝缘遮蔽用具之间搭接不得小于150mm。
	4	设置外边相绝缘遮蔽隔离措施	经工作负责人的许可后，斗内电工分别调整绝缘斗到达外边相合适工作位置，按照与内边相相同的方法对作业范围内可能触及的带电体和接地体进行绝缘遮蔽隔离。
	5	设置中间相绝缘遮蔽隔离措施	经工作负责人的许可后，斗内分别电工调整绝缘斗到达中间相合适工作位置，按照与两边相相同的方法对作业范围内可能触及的带电体和接地体进行绝缘遮蔽隔离。

续表

√	序号	作业内容	步骤及要求
	6	安装柱上开关或隔离开关	（1）1 号斗内电工操作绝缘小吊使用绝缘吊绳将柱上开关或隔离开关提升至安装位置处； （2）杆上电工辅助 2 号斗内电工进行柱上开关或隔离开关的安装，并确认开关在“分”的位置，安装避雷器，并做好接地装置的连接，杆上电工返回地面。
			（1）使用斗臂车起吊柱上开关要注意吊臂角度，防止超载倾翻； （2）确认柱上开关自动化装置退出运行。
	7	安装绝缘紧线器和后备绝缘保护绳	（1）两斗内电工调整作业位置相互配合打开杆顶遮蔽，安装抱箍及绝缘子串，并将绝缘紧线器分别挂接在耐张线夹安装环处，做好绝缘遮蔽； （2）两斗内电工将绝缘紧线器另一端分别安装于电杆两侧导线上，加装后备保护绳，收紧导线后，收紧后备保护绳。
	8	安装绝缘引流线	斗内电工用钳形电流表测量架空线路负荷电流，确认电流不超过绝缘引流线额定电流。斗内电工相互配合在中间相导线安装绝缘引流线，用钳形电流表检测电流，确认通流正常，绝缘引流线与导线连接应牢固可靠，绝缘引流线应在绝缘引流线支架上。
	9	开断导线	（1）两斗内电工相互配合，剪断中间相导线，分别将中间相两侧导线固定在两端的耐张线夹内，并恢复绝缘遮蔽； （2）两斗内电工分别拆除绝缘紧线器及后备保护绳。
	10	换相作业	两斗内电工相互配合按同样的方法开断内边相和外边相导线。
	11	连接开关引线并合上柱上开关或隔离开关	（1）两斗内电工相互配合，分别在柱上开关或隔离开关两侧依次进行开关引线与导线的接续。接续完毕后，及时恢复绝缘遮蔽； （2）三相引线搭接完毕，1 号斗内电工合上柱上开关或隔离开关，确认开关在“合”的位置； （3）1 号斗内电工使用钳形电流表测量三相引线通流正常。
			引线安装要求： （1）引线安装牢固； （2）长度适当，不得受力； （3）引线间距离满足运行要求。
	12	拆除绝缘引流线	拆除绝缘引流线，恢复绝缘遮蔽，拆除绝缘引流线支架。
	13	拆除中间相绝缘遮蔽隔离措施	经工作负责人的许可后，斗内电工分别调整绝缘斗到达中间相合适工作位置，按照“从远到近、从上到下、先接地体后带电体”的原则拆除绝缘遮蔽隔离措施： （1）拆除的顺序依次为作业点临近的接地体、耐张绝缘子串、引线、耐张线夹、导线； （2）斗内电工在拆除带电体上的绝缘遮蔽隔离措施时，动作应轻缓，与横担等地电位构件间应保持足够的安全距离，与邻相导线之间应保持足够的安全距离。
	14	拆除外边相绝缘遮蔽隔离措施	经工作负责人的许可后，斗内电工分别调整绝缘斗到达外边相合适工作位置，按照与中间相相同的方法拆除绝缘遮蔽隔离。
	15	拆除内边相绝缘遮蔽隔离措施	经工作负责人的许可后，斗内电工分别调整绝缘斗到达内边相合适工作位置，按照与中间相相同的方法拆除绝缘遮蔽隔离。

续表

√	序号	作业内容	步骤及要求
	16	工作验收	斗内电工撤出带电作业区域时： （1）应无大幅晃动现象； （2）绝缘斗下降、上升的速度不应超过 0.5m/s； （3）绝缘斗边沿的最大线速度不应超过 0.5m/s。
			斗内电工检查施工质量： （1）杆上无遗漏物； （2）装置无缺陷，符合运行条件； （3）向工作负责人汇报施工质量。
	17	撤离杆塔	下降绝缘斗返回地面、收回绝缘臂时应注意绝缘斗臂车周围杆塔、线路等情况。

6 工作结束

√	序号	作业内容	步骤及要求
	1	清理现场	将绝缘斗臂车各部件复位。需注意： （1）收回绝缘斗臂车接地线； （2）绝缘斗臂车支腿收回。
			工作负责人组织班组成员整理工具、材料。将工器具清洁后放入专用的箱（袋）中。清理现场，做到工完料尽场地清。
	2	召开收工会	工作负责人组织召开现场收工会，进行工作总结和点评工作： （1）正确点评本项工作的施工质量； （2）点评班组成员在作业中的安全措施的落实情况； （3）点评班组成员对规程的执行情况。
	3	办理工作终结手续	工作负责人按工作票内容与值班调度员（运维人员）联系，工作结束，恢复线路重合闸，终结工作票。

7 验收记录

记录检修中发现的问题	
问题处理意见	

8 现场标准化作业指导书执行情况评估

评估内容	符合性	优		可操作项	
		良		不可操作项	
	可操作性	优		修改项	
		良		遗漏项	

续表

存在问题	
改进意见	

9 附图

应根据现场勘察结果，绘制作业点及邻近装置的线路图。需进行倒闸操作的作业，应绘制负荷开关、断路器及隔离开关等电气设备的接线图，并注明运行状态。

不停电更换柱上变压器现场标准化作业指导书

（综合不停电作业法、绝缘斗臂车、发电车）

1 范围

本指导书适用于 10kV 架空线路带电作业现场综合不停电作业法采用绝缘斗臂车不停电更换柱上变压器工作，规定了该项工作现场标准化作业的工作步骤和技术要求。

2 规范性引用文件

GB/T 18857 《配电线路带电作业技术导则》
Q/GDW 10520 《10kV 配网不停电作业规范》
《国家电网公司电力安全工作规程（配电部分）》

3 人员组合

本项目需要工作人员 10 人。

3.1 作业人员要求

√	序号	责任人	资质	人数
	1	工作负责人	应具有一定的配电带电作业实际工作经验，熟悉设备状况，具有一定组织能力和事故处理能力，并按《安规》要求取得工作负责人资格。	1 人
	2	专责监护人	应具有一定的配电带电作业实际工作经验，熟悉设备状况，并按《安规》要求取得专责监护人资格。	1 人
	3	斗内电工	应通过 10kV 配电线路带电作业专项培训，考试合格并持证上岗。	1 人
	4	杆上电工	应通过 10kV 配电线路专项培训，考试合格并持证上岗。	2 人
	5	地面电工	需经省公司级基地进行带电作业专项理论培训，考试合格并持证上岗。	2 人
	6	倒闸操作人员	应通过 10kV 配电线路倒闸操作专项培训，考试合格并持证上岗。	1 人
	7	吊车指挥	应通过信号指挥专项培训，考试合格并持证上岗。	1 人
	8	吊车操作	应通过吊车专项培训，考试合格并持证上岗。	1 人

3.2 作业人员分工

√	序号	姓名	分工	签名
	1		工作负责人	

续表

√	序号	姓名	分工	签名
	2		专责监护人	
	3		斗内电工	
	4		1 号杆上电工	
	5		2 号杆上电工	
	6		1 号地面电工	
	7		2 号地面电工	
	8		倒闸操作人员	
	9		吊车指挥	
	10		吊车操作	

4 工器具

领用带电作业工器具应核对电压等级和试验周期，并检查外观完好无损。

工器具在运输过程中，应存放在专用工具袋、工具箱或工具车内，以防受潮和损伤。

4.1 装备

√	序号	名称	型号/规格	单位	数量	备注
	1	绝缘斗臂车	10kV	辆	1	
	2	发电车	0.4kV	辆	1	
	3	吊车	8t 及以上	辆	1	
	4	脚扣	400mm	副	2	

4.2 个人防护用具

√	序号	名称	型号/规格	单位	数量	备注
	1	安全帽	电绝缘	顶	9	
	2	绝缘安全帽	10kV	顶	1	
	3	绝缘服或绝缘披肩	10kV	套	1	
	4	绝缘手套	10kV	副	2	
	5	绝缘手套	1kV	副	1	
	6	防护手套	皮革	副	2	
	7	内衬手套	棉线	副	2	
	8	护目镜		副	2	防弧光及飞溅
	9	安全带	全方位式	副	3	绝缘型 1

4.3 绝缘遮蔽用具

√	序号	名称	型号/规格	单位	数量	备注
	1	导线遮蔽管	10kV	根	8	
	2	绝缘毯	10kV	块	8	
	3	绝缘毯夹	10kV	个	16	

4.4 绝缘工具

√	序号	名称	型号/规格	单位	数量	备注
	1	拉（合）闸操作杆	10kV	根	1	
	2	绝缘传递绳	10kV	套	1	
	3	传递绳		套	2	

4.5 其他工具

√	序号	名称	型号/规格	单位	数量	备注
	1	绝缘电阻检测仪	2500V 及以上	台	1	
	2	验电器	10kV	支	1	
	3	验电器	0.4kV	支	1	
	4	绝缘手套充气装置		台	1	
	5	绝缘绳索检测仪		台	1	
	6	相序表		台	1	
	7	钳形电流表		台	1	
	8	风速检测仪		台	1	
	9	温度检测仪		台	1	
	10	湿度检测仪		台	1	
	11	剥皮器		个	1	
	12	防潮苫布		块	1	
	13	接地线		组	2	
	14	个人手工工具		套	5	
	15	对讲机		部	2	
	16	清洁布		块	2	
	17	安全围栏		组	1	
	18	“从此进出”标示牌		块	1	
	19	“在此工作”标示牌		块	1	

4.6 材料

√	序号	名称	型号/规格	单位	数量	备注
	1	变压器	10kV	台	1	
	2	接续线夹	10kV	个	16	同等材质
	3	绝缘胶带	自粘式	盘	1	
	4	防水胶带	自粘式	盘	1	

5 作业程序

5.1 开工准备

√	序号	作业内容	步骤及要求
	1	现场复勘	工作负责人核对工作线路双重称号、杆号。
			工作负责人检查地形环境是否符合作业要求： （1）平整坚实； （2）地面倾斜度不大于5°。
			工作负责人检查线路装置是否具备带电作业条件： （1）作业电杆埋深、杆身质量； （2）检查作业点符合作业条件如有危险，考虑采取措施，无法控制不应进行该项工作； （3）检查并确认待更换变压器运行条件及额定容量满足带电作业装备要求。
			工作负责人检查气象条件： 带电作业应在良好天气下进行，风力大于5级，或湿度大于80%时，不宜带电作业。若遇雷电、雪、雹、雨、雾等不良天气，禁止带电作业。带电作业过程中若遇天气突然变化，有可能危及人身及设备安全时，应立即停止工作，撤离人员，恢复设备正常状况，或采取临时安全措施。
			工作负责人检查工作票所列安全措施，在工作票上补充安全措施。
	2	执行工作许可制度	带电工作负责人按工作票内容与值班调控人员（运维人员）联系，履行工作许可手续。
			工作负责人在工作票上签字。
	3	召开班前会	工作负责人宣读工作票。
			工作负责人检查工作班组成员精神状态、交待工作任务进行分工、交待工作中的安全措施和技术措施。
			工作负责人检查班组各成员对工作任务分工、安全措施和技术措施是否明确。
			班组各成员在工作票、风险控制卡和作业指导书上签名确认。

续表

√	序号	作业内容	步骤及要求
	4	停放绝缘斗臂车、发电车	将绝缘斗臂车、发电车停放到适当位置，并可靠接地。作业人员应对停放位置进行检查，以下为现场应检查的停放绝缘斗臂车位置的要素： （1）停放的位置应便于绝缘斗臂车绝缘斗到达作业位置，避开附近电力线和障碍物，并能保证作业时绝缘斗臂车的绝缘臂有效绝缘长度； （2）停放位置坡度不大于5°。
			支放绝缘斗臂车支腿，作业人员应对支腿情况进行检查，然后向工作负责人汇报检查项目及结果，检查标准为： （1）不应支放在沟道盖板上； （2）软土地面应使用垫块或枕木，垫板重叠不超过2块； （3）支撑应到位。车辆前后、左右呈水平；“H”型支腿的车型，水平支腿应全部伸出。
			使用截面面积不小于16mm^{2}的软铜线将绝缘斗臂车可靠接地，截面面积不小于25mm^{2}的软铜线将发电车可靠接地。发电车和柱上变压器不能共用一个接地端。
	5	布置工作现场	工作负责人组织班组成员设置工作现场的安全围栏、安全警示标志： （1）安全围栏的范围应考虑作业中高空坠落和高空落物的影响以及道路交通，必要时联系交通部门； （2）围栏的出入口应设置合理，并悬挂“从此进出”标示牌。
			将绝缘工器具放在防潮苫布上： （1）防潮苫布应清洁、干燥； （2）工器具应按定置管理要求分类摆放； （3）绝缘工器具不能与金属工具、材料混放。
	6	检查绝缘及登高工器具	逐件对绝缘及登高工器具进行外观检查： （1）检查人员应戴清洁、干燥的手套； （2）绝缘工具表面不应有磨损、变形损坏，操作应灵活； （3）个人安全防护用具和遮蔽用具应无针孔、砂眼、裂纹； （4）检查全方位安全带外观，并做冲击试验； （5）检查登杆工具，应无开焊、胶皮完好、螺栓齐全紧固，并做冲击试验。
			使用绝缘电阻检测仪分段检测绝缘工具的表面绝缘电阻值： （1）测量电极应符合规程要求（极宽2cm、极间距2cm）； （2）正确使用（自检、测量）绝缘电阻检测仪（应采用点测的方法，不应使电极在绝缘工具表面滑动，避免刮伤绝缘工具表面）； （3）绝缘电阻值不得低于700MΩ。
			绝缘工器具检查完毕，向工作负责人汇报检查结果。
	7	检查绝缘斗臂车及发电车	检查绝缘斗臂车表面状况：绝缘斗、绝缘臂应清洁、无裂纹损伤。
			试操作绝缘斗臂车： （1）试操作应空斗进行； （2）试操作应充分，有回转、升降、伸缩的过程，确认液压、机械、电气系统正常可靠、制动装置可靠。

续表

√	序号	作业内容	步骤及要求
	7	检查绝缘斗臂车及发电车	检查发电车机组正常，满足作业要求。
			绝缘斗臂车及发电车检查完毕，向工作负责人汇报检查结果。
	8	斗内电工进入绝缘斗臂车绝缘斗	斗内电工穿戴好全套的个人安全防护用具： （1）个人安全防护用具包括安全帽、绝缘服或绝缘披肩、绝缘手套（带防护手套）、护目镜等； （2）工作负责人应检查斗内电工个人防护用具的穿戴是否正确。
			地面电工配合将工器具放入绝缘斗： （1）工器具应分类放置工具袋中； （2）工器具的金属部分不准超出绝缘斗； （3）工具和人员重量不得超过绝缘斗额定载荷。
			斗内电工进入绝缘斗，挂好全方位安全带保险钩。

5.2　操作步骤

√	序号	作业内容	步骤及要求
	1	进入带电作业区域	经工作负责人许可后，斗内电工操作绝缘斗臂车，进入带电作业区域，绝缘斗移动应平稳匀速，在进入带电作业区域时： （1）应无大幅晃动现象； （2）绝缘斗下降、上升的速度不应超过 0.5m/s； （3）绝缘斗边沿的最大线速度不应超过 0.5m/s。
	2	验电及测流	（1）斗内电工将绝缘斗调整至适当位置，使用验电器对导线、绝缘子、横担进行验电，确认无漏电现象； （2）斗内电工使用钳形电流表测量低压线路电流，确认满足作业要求。
	3	设置绝缘遮蔽隔离措施	斗内电工将绝缘斗调整至适当位置，对低压线路进行绝缘遮蔽。
	4	连接低压电缆	（1）斗内电工使用相序表确认相序无误； （2）地面电工确认发电车低压输出总开关在断开位置； （3）地面电工将低压电缆与发电车连接并确认连接良好； （4）斗内电工将发电车输出的 4 条低压电缆按照核准的相序与带电的低压线路主导线连接并确认连接良好。
	5	启动发电车	倒闸操作人员启动发电车。
	6	负荷倒出	（1）倒闸操作人员依次拉开低压侧开关、隔离开关，再拉开高压侧跌落式熔断器； （2）倒闸操作人员合上发电车低压输出总开关，检查并确认发电车电压、电流及发电机组运行正常。
	7	更换变压器	（1）杆上电工用 10kV 验电器对变压器高压母线进行验电，验明无电后，在高压侧挂设一组接地线； （2）杆上电工在低压隔离开关停电侧挂好第二组接地线； （3）更换柱上变压器； （4）更换变压器工作完成后，杆上电工拆除两组接地线。
			工作人员在验电时，应戴好绝缘手套。

续表

√	序号	作业内容	步骤及要求
	8	恢复原运行方式	（1）倒闸操作人员合上高压侧跌落式熔断器； （2）斗内电工用电压表测量低压出口电压，确认电压正常，用相序表在变压器低压隔离开关处核对相序无误； （3）倒闸操作人员拉开发电车低压输出总开关，确认低压侧无负荷； （4）倒闸操作人员依次合上低压侧隔离开关、开关，确认低压负荷正常。
	9	拆除低压电缆	（1）斗内电工带电拆除架空线路侧低压电缆，下放至地面，并恢复低压导线的绝缘； （2）地面电工对低压电缆逐相放电，然后依次拆除发电车侧低压电缆； （3）作业人员收回低压电缆。
	10	拆除绝缘遮蔽隔离措施	斗内电工将绝缘斗调整至适当位置，依次拆除低压线路绝缘遮蔽措施。
	11	工作验收	斗内电工撤出带电作业区域时： （1）应无大幅晃动现象； （2）绝缘斗下降、上升的速度不应超过0.5m/s； （3）绝缘斗边沿的最大线速度不应超过0.5m/s。
			斗内电工检查施工质量： （1）杆上无遗漏物； （2）装置无缺陷，符合运行条件； （3）向工作负责人汇报施工质量。
	12	撤离杆塔	下降绝缘斗返回地面、收回绝缘臂时应注意绝缘斗臂车周围杆塔、线路等情况。

6 工作结束

√	序号	作业内容	步骤及要求
	1	清理现场	将绝缘斗臂车各部件复位。需注意： （1）收回绝缘斗臂车接地线； （2）绝缘斗臂车支腿收回。
			带电工作负责人组织班组成员整理工具、材料。将工器具清洁后放入专用的箱（袋）中。清理现场，做到工完料尽场地清。
	2	召开收工会	工作负责人组织召开现场收工会，进行工作总结和点评工作： （1）正确点评本项工作的施工质量； （2）点评班组成员在作业中的安全措施的落实情况； （3）点评班组成员对规程的执行情况。
	3	办理工作终结手续	工作负责人按工作票内容与值班调控人员（运维人员）联系，工作结束，终结工作票。

7 验收记录

记录检修中发现的问题	
问题处理意见	

8 现场标准化作业指导书执行情况评估

评估内容	符合性	优		可操作项	
		良		不可操作项	
	可操作性	优		修改项	
		良		遗漏项	
存在问题					
改进意见					

9 附图

应根据现场勘察结果，绘制作业点及邻近装置的线路图。需进行倒闸操作的作业，应绘制负荷开关、断路器及隔离开关等电气设备的接线图，并注明运行状态。

不停电更换柱上变压器
现场标准化作业指导书
（综合不停电作业法、绝缘斗臂车、移动箱变、短时停电）

1 范围

本指导书适用于 10kV 架空线路带电作业现场综合不停电作业法采用绝缘斗臂车不停电更换柱上变压器工作，规定了该项工作现场标准化作业的工作步骤和技术要求。

2 规范性引用文件

GB/T 18857 《配电线路带电作业技术导则》
Q/GDW 10520 《10kV 配网不停电作业规范》
《国家电网公司电力安全工作规程（配电部分）》

3 人员组合

本项目需要工作人员 11 人。

3.1 作业人员要求

√	序号	责任人	资质	人数
	1	工作负责人	应具有一定的配电带电作业实际工作经验，熟悉设备状况，具有一定组织能力和事故处理能力，并按《安规》要求取得工作负责人资格。	1 人
	2	专责监护人	应具有一定的配电带电作业实际工作经验，熟悉设备状况，并按《安规》要求取得专责监护人资格。	1 人
	3	斗内电工	应通过 10kV 配电线路带电作业专项培训，考试合格并持证上岗。	2 人
	4	杆上电工	应通过 10kV 配电线路专项培训，考试合格并持证上岗。	2 人
	5	地面电工	需经省公司级基地进行带电作业专项理论培训，考试合格并持证上岗。	2 人
	6	倒闸操作人员	应通过 10kV 配电线路倒闸操作专项培训，考试合格并持证上岗。	1 人
	7	吊车指挥	应通过信号指挥专项培训，考试合格并持证上岗。	1 人
	8	吊车操作	应通过吊车专项培训，考试合格并持证上岗。	1 人

3.2 作业人员分工

√	序号	姓名	分工	签名
	1		工作负责人	

续表

√	序号	姓名	分工	签名
	2		专责监护人	
	3		1号斗内电工	
	4		2号斗内电工	
	5		1号杆上电工	
	6		2号杆上电工	
	7		1号地面电工	
	8		2号地面电工	
	9		倒闸操作人员	
	10		吊车指挥	
	11		吊车操作	

4　工器具

领用带电作业工器具应核对电压等级和试验周期，并检查外观完好无损。

工器具在运输过程中，应存放在专用工具袋、工具箱或工具车内，以防受潮和损伤。

4.1　装备

√	序号	名称	型号/规格	单位	数量	备注
	1	绝缘斗臂车	10kV	辆	1	
	2	移动箱变车	10kV	辆	1	
	3	吊车	8t及以上	辆	1	
	4	脚扣	400mm	副	2	

4.2　个人防护用具

√	序号	名称	型号/规格	单位	数量	备注
	1	安全帽	电绝缘	顶	9	
	2	绝缘安全帽	10kV	顶	2	
	3	绝缘服或绝缘披肩	10kV	套	2	
	4	绝缘手套	10kV	副	3	
	5	绝缘手套	1kV	副	1	
	6	防护手套	皮革	副	3	
	7	内衬手套	棉线	副	3	
	8	护目镜		副	3	防弧光及飞溅
	9	安全带	全方位式	副	4	绝缘型2

4.3 绝缘遮蔽用具

√	序号	名称	型号/规格	单位	数量	备注
	1	导线遮蔽管	10kV	根	14	
	2	绝缘毯	10kV	块	10	
	3	绝缘毯夹	10kV	个	20	

4.4 绝缘工具

√	序号	名称	型号/规格	单位	数量	备注
	1	拉（合）闸操作杆	10kV	根	1	
	2	绝缘传递绳	10kV	套	1	
	3	传递绳		套	2	
	4	余缆支架	10kV	个	2	

4.5 其他工具

√	序号	名称	型号/规格	单位	数量	备注
	1	绝缘电阻检测仪	2500V 及以上	台	1	
	2	验电器	10kV	支	1	
	3	验电器	0.4kV	支	1	
	4	绝缘手套充气装置		台	1	
	5	绝缘绳索检测仪		台	1	
	6	相序表		台	1	
	7	钳形电流表		台	1	
	8	风速检测仪		台	1	
	9	温度检测仪		台	1	
	10	湿度检测仪		台	1	
	11	剥皮器		个	1	
	12	防潮苫布		块	1	
	13	接地线		组	2	
	14	个人手工工具		套	5	
	15	对讲机		部	2	
	16	清洁布		块	2	
	17	安全围栏		组	1	
	18	“从此进出”标示牌		块	1	
	19	“在此工作”标示牌		块	1	

4.6　材料

√	序号	名称	型号/规格	单位	数量	备注
	1	变压器	10kV	台	1	
	2	接续线夹	10kV	个	16	同等材质
	3	绝缘胶带	自粘式	盘	1	
	4	防水胶带	自粘式	盘	1	

5　作业程序

5.1　开工准备

√	序号	作业内容	步骤及要求
	1	现场复勘	工作负责人核对工作线路双重称号、杆号。
			工作负责人检查地形环境是否符合作业要求： （1）平整坚实； （2）地面倾斜度不大于5°。
			工作负责人检查线路装置是否具备带电作业条件： （1）作业电杆埋深、杆身质量； （2）检查作业点符合作业条件如有危险，考虑采取措施，无法控制不应进行该项工作； （3）检查并确认待更换变压器运行条件及额定容量满足带电作业装备要求。
			工作负责人检查气象条件： 带电作业应在良好天气下进行，风力大于5级，或湿度大于80%时，不宜带电作业。若遇雷电、雪、雹、雨、雾等不良天气，禁止带电作业。带电作业过程中若遇天气突然变化，有可能危及人身及设备安全时，应立即停止工作，撤离人员，恢复设备正常状况，或采取临时安全措施。
			工作负责人检查工作票所列安全措施，在工作票上补充安全措施。
	2	执行工作许可制度	带电工作负责人按工作票内容与值班调控人员（运维人员）联系，履行工作许可手续。
			工作负责人在工作票上签字。
	3	召开班前会	工作负责人宣读工作票。
			工作负责人检查工作班组成员精神状态、交待工作任务进行分工、交待工作中的安全措施和技术措施。
			工作负责人检查班组各成员对工作任务分工、安全措施和技术措施是否明确。
			班组各成员在工作票、风险控制卡和作业指导书上签名确认。

续表

√	序号	作业内容	步骤及要求
	4	停放绝缘斗臂车	将绝缘斗臂车停放到适当位置。作业人员应对停放位置进行检查，以下为现场应检查的停放绝缘斗臂车位置的要素： （1）停放的位置应便于绝缘斗臂车绝缘斗到达作业位置，避开附近电力线和障碍物，并能保证作业时绝缘斗臂车的绝缘臂有效绝缘长度； （2）停放位置坡度不大于5°。
			支放绝缘斗臂车支腿，作业人员应对支腿情况进行检查，然后向工作负责人汇报检查项目及结果，检查标准为： （1）不应支放在沟道盖板上； （2）软土地面应使用垫块或枕木，垫板重叠不超过2块； （3）支撑应到位。车辆前后、左右呈水平；“H”型支腿的车型，水平支腿应全部伸出。
			使用截面面积不小于16mm^{2}的软铜线将绝缘斗臂车可靠接地。
	5	停放移动箱变	（1）移动箱变定位于适合作业位置，将移动箱变的工作接地（N线）与接地极可靠连接； （2）移动箱变外壳应可靠接地，并应与柱上变压器的工作接地保持5m以上距离。
	6	布置工作现场	工作负责人组织班组成员设置工作现场的安全围栏、安全警示标志： （1）安全围栏的范围应考虑作业中高空坠落和高空落物的影响以及道路交通，必要时联系交通部门； （2）围栏的出入口应设置合理，并悬挂“从此进出”标示牌。
			将绝缘工器具放在防潮苫布上： （1）防潮苫布应清洁、干燥； （2）工器具应按定置管理要求分类摆放； （3）绝缘工器具不能与金属工具、材料混放。
	7	检查绝缘及登高工器具	逐件对绝缘及登高工器具进行外观检查： （1）检查人员应戴清洁、干燥的手套； （2）绝缘工具表面不应有磨损、变形损坏，操作应灵活； （3）个人安全防护用具和遮蔽用具应无针孔、砂眼、裂纹； （4）检查全方位安全带、安全带外观，并做冲击试验。 （5）检查登杆工具，应无开焊、胶皮完好、螺栓齐全紧固，并做冲击试验。
			使用绝缘电阻检测仪分段检测绝缘工具的表面绝缘电阻值： （1）测量电极应符合规程要求（极宽2cm、极间距2cm）； （2）正确使用（自检、测量）绝缘电阻检测仪（应采用点测的方法，不应使电极在绝缘工具表面滑动，避免刮伤绝缘工具表面）； （3）绝缘电阻值不得低于700MΩ。
			绝缘工器具检查完毕，向工作负责人汇报检查结果。
	8	检查移动箱变	移动箱变检查： （1）旁路柔性电缆卷盘旋转良好，旁路柔性电缆电气性能良好； （2）低压电缆卷盘旋转良好，低压电缆电气性能良好； （3）相位检测装置正常； （4）高低压侧出线装置良好；

续表

√	序号	作业内容	步骤及要求
	8	检查移动箱变	（5）环网柜应具备可靠的安全锁定机构； （6）高低压保护装置齐全； （7）检查移动箱变高低压套管连接良好、接线组别连接正确、容量符合作业要求、接地线连接良好； （8）检查移动箱变所有开关及接地刀闸均处于分闸位置。
	9	检查绝缘斗臂车	检查绝缘斗臂车表面状况：绝缘斗、绝缘臂应清洁、无裂纹损伤。
			试操作绝缘斗臂车： （1）试操作应空斗进行； （2）试操作应充分，有回转、升降、伸缩的过程。确认液压、机械、电气系统正常可靠、制动装置可靠。
			绝缘斗臂车检查和试操作完毕，向工作负责人汇报检查结果。
	10	斗内电工进入绝缘斗臂车绝缘斗	1号、2号斗内电工穿戴好全套的个人安全防护用具： （1）个人安全防护用具包括安全帽、绝缘服或绝缘披肩、绝缘手套（带防护手套）、护目镜等； （2）工作负责人应检查斗内电工个人防护用具的穿戴是否正确。
			地面电工配合将工器具放入绝缘斗： （1）工器具应分类放置工具袋中； （2）工器具的金属部分不准超出绝缘斗； （3）工具和人员重量不得超过绝缘斗额定载荷。
			1号、2号斗内电工进入绝缘斗，挂好全方位安全带保险钩。

5.2 操作步骤

√	序号	作业内容	步骤及要求
	1	进入带电作业区域	经工作负责人许可后，2号斗内电工操作绝缘斗臂车，进入带电作业区域，绝缘斗移动应平稳匀速，在进入带电作业区域时： （1）应无大幅晃动现象； （2）绝缘斗下降、上升的速度不应超过0.5m/s； （3）绝缘斗边沿的最大线速度不应超过0.5m/s。
	2	验电及测流	（1）2号斗内电工将绝缘斗调整至适当位置，1号斗内电工使用验电器对导线、绝缘子、横担进行验电，确认无漏电现象； （2）1号斗内电工使用钳形电流表测量低压线路电流，确认满足作业要求。
	3	设置绝缘遮蔽隔离措施	带电作业过程中人体与带电体应保持足够的安全距离（不小于0.4m），如不满足安全距离要求，应进行绝缘遮蔽： （1）按照“从近到远、从下到上、先带电体后接地体”的遮蔽原则进行绝缘遮蔽； （2）遮蔽的部位和顺序：低压导线、高压导线，必要时绝缘子及横担宜应遮蔽； （3）绝缘遮蔽隔离措施应严密、牢固，绝缘遮蔽用具之间搭接不得小于150mm。

续表

√	序号	作业内容	步骤及要求
	4	安装旁路设备	（1）两名斗内电工在地面电工配合下，使用传递绳将高压侧余缆支架拉起，并在电杆合适位置安装高压侧余缆支架； （2）两名斗内电工在地面电工配合下，使用传递绳将三相高压电缆分别拉起，并将其按相色固定在高压侧余缆支架上； （3）两名斗内电工将三相高压电缆使用绳扣固定在导线遮蔽罩适当位置； （4）两名斗内电工在地面电工配合下，使用传递绳将低压侧余缆支架拉起，并在电杆合适位置安装低压侧余缆支架； （5）两名斗内电工在地面电工配合下，使用传递绳将四相低压电缆分别拉起，并将其按相色固定在低压侧余缆支架上； （6）两名斗内电工将四相低压电缆使用绳扣固定在导线遮蔽罩适当位置； （7）将四相低压电缆按相色分别与移动箱变低压出线端口连接，另一端与低压架空线路连接； （8）将三相高压电缆按相色分别与移动箱变高压进线端口连接，另一端与高压架空线路连接； （9）连接完成后，斗内电工返回地面。
			敷设旁路柔性电缆应注意： （1）旁路作业设备检测完毕，向带电工作负责人汇报检查结果； （2）旁路柔性电缆地面敷设中如需跨越道路时，应使用电力架空跨越支架将旁路柔性电缆架空敷设并可靠固定；敷设旁路柔性电缆时，须由多名作业人员配合使旁路柔性电缆离开地面整体敷设，防止旁路柔性电缆与地面摩擦，且不得受力； （3）绝缘电阻检测完毕后，应进行充分放电，用绝缘放电杆放电时，绝缘放电杆的接地应良好； （4）连接旁路作业设备前，应对各接口进行清洁和润滑：用不起毛的清洁纸或清洁布、无水酒精或其他电缆清洁剂清洁；确认绝缘表面无污物、灰尘、水分、损伤。在插拔界面均匀涂润滑硅脂； （5）旁路柔性电缆采用地面敷设时，应对地面的旁路作业设备采取可靠的绝缘防护措施后方可投入运行，确保绝缘防护有效； （6）旁路柔性电缆运行期间，应派专人看守、巡视，防止外人碰触； （7）组装完毕并投入运行的旁路作业装备可以在雨、雪天气运行，但应做好防护。禁止在雨、雪天气进行旁路作业装备敷设、组装、回收等工作； （8）检测旁路回路整体绝缘电阻、放电时应戴绝缘手套。
	5	负荷倒出	（1）倒闸操作人员合上移动箱变高压进线开关、变压器高压侧开关； （2）倒闸操作人员在移动箱变低压开关两侧核对相序，确保相序正确； （3）倒闸操作人员依次拉开柱上变压器低压侧开关、隔离开关，再拉开高压侧跌落式熔断器； （4）倒闸操作人员合上移动箱变低压开关，检查并确认移动箱变电压、电流及变压器运行正常。
	6	更换柱上变压器	（1）杆上电工用10kV验电器对柱上变压器高压母线进行验电，验明无电后，在高压侧挂设一组接地线； （2）杆上电工在低压隔离开关停电侧挂好第二组接地线； （3）更换柱上柱上变压器； （4）更换柱上变压器工作完成后，杆上电工拆除两组接地线。
			工作人员在验电时，应戴好绝缘手套。

续表

√	序号	作业内容	步骤及要求
	7	恢复原运行方式	（1）倒闸操作人员合上柱上变压器高压侧跌落式熔断器； （2）1 号斗内电工用电压表测量低压出口电压，确认电压正常； （3）1 号斗内电工用相序表在柱上变压器低压隔离开关处核对相序无误； （4）倒闸操作人员拉开移动箱变低压开关，确认低压侧无负荷； （5）倒闸操作人员依次合上柱上变压器低压侧隔离开关、开关，确认低压负荷正常； （6）倒闸操作人员拉开变压器高压侧开关、移动箱变高压进线开关。
	8	拆除旁路设备	（1）两名斗内电工依次拆除架空线路侧低压、高压电缆，并下放至地面，及时恢复导线的绝缘； （2）地面电工对高、低压电缆逐相放电，然后依次拆除移动箱变侧低压、高压电缆； （3）地面电工收回高、低压电缆。
	9	拆除绝缘遮蔽隔离措施	斗内电工将绝缘斗调整至适当位置，依次拆除高、低压线路绝缘遮蔽措施。
	10	工作验收	斗内电工撤出带电作业区域时： （1）应无大幅晃动现象； （2）绝缘斗下降、上升的速度不应超过 0.5m/s； （3）绝缘斗边沿的最大线速度不应超过 0.5m/s。
			斗内电工检查施工质量： （1）杆上无遗漏物； （2）装置无缺陷，符合运行条件； （3）向工作负责人汇报施工质量。
	11	撤离杆塔	下降绝缘斗返回地面、收回绝缘臂时应注意绝缘斗臂车周围杆塔、线路等情况。

6　工作结束

√	序号	作业内容	步骤及要求
	1	清理现场	将绝缘斗臂车各部件复位。需注意： （1）收回绝缘斗臂车接地线； （2）绝缘斗臂车支腿收回。
			带电工作负责人组织班组成员整理工具、材料。将工器具清洁后放入专用的箱（袋）中。清理现场，做到工完料尽场地清。
	2	召开收工会	工作负责人组织召开现场收工会，进行工作总结和点评工作： （1）正确点评本项工作的施工质量； （2）点评班组成员在作业中的安全措施的落实情况； （3）点评班组成员对规程的执行情况。
	3	办理工作终结手续	带电工作负责人按工作票内容与值班调控人员（运维人员）联系，工作结束，恢复线路重合闸，终结工作票。

7 验收记录

记录检修中发现的问题	
问题处理意见	

8 现场标准化作业指导书执行情况评估

<table>
<tr><td rowspan="4">评估内容</td><td rowspan="2">符合性</td><td>优</td><td></td><td>可操作项</td><td></td></tr>
<tr><td>良</td><td></td><td>不可操作项</td><td></td></tr>
<tr><td rowspan="2">可操作性</td><td>优</td><td></td><td>修改项</td><td></td></tr>
<tr><td>良</td><td></td><td>遗漏项</td><td></td></tr>
<tr><td>存在问题</td><td colspan="5"></td></tr>
<tr><td>改进意见</td><td colspan="5"></td></tr>
</table>

9 附图

应根据现场勘察结果，绘制作业点及邻近装置的线路图。需进行倒闸操作的作业，应绘制负荷开关、断路器及隔离开关等电气设备的接线图，并注明运行状态。

旁路作业检修架空线路现场标准化作业指导书

（综合不停电作业法、绝缘斗臂车、架空敷设）

1 范围

本指导书适用于 10kV 架空线路带电作业现场综合不停电作业法采用绝缘斗臂车旁路作业检修架空线路工作，规定了该项工作现场标准化作业的工作步骤和技术要求。

2 规范性引用文件

GB/T 18857 《配电线路带电作业技术导则》
Q/GDW 10520 《10kV 配网不停电作业规范》
《国家电网公司电力安全工作规程（配电部分）》

3 人员组合

本项目需要工作人员 8 人。

3.1 作业人员要求

√	序号	责任人	资质	人数
	1	工作负责人	应具有一定的配电带电作业实际工作经验，熟悉设备状况，具有一定组织能力和事故处理能力，并按《安规》要求取得工作负责人资格。	1 人
	2	专责监护人	应具有一定的配电带电作业实际工作经验，熟悉设备状况，通过 10kV 配电线路带电作业专项培训，考试合格并持证上岗。	1 人
	3	斗内电工	应通过 10kV 配电线路带电作业专项培训，考试合格并持证上岗。	4 人
	4	地面电工	需经省公司级基地进行带电作业专项理论培训，考试合格并持证上岗。	2 人

3.2 作业人员分工

√	序号	姓名	分工	签名
	1		工作负责人	
	2		专责监护人	
	3		1 号斗内电工	
	4		2 号斗内电工	
	5		3 号斗内电工	

续表

√	序号	姓名	分工	签名
	6		4 号斗内电工	
	7		1 号地面电工	
	8		2 号地面电工	

4 工器具

领用带电作业工器具应核对电压等级和试验周期，并检查外观完好无损。

工器具在运输过程中，应存放在专用工具袋、工具箱或工具车内，以防受潮和损伤。

运输旁路负荷开关时应将操作手柄置于合闸位置，禁止将旁路负荷开关倒置。

4.1 装备

√	序号	名称	型号/规格	单位	数量	备注
	1	绝缘斗臂车	10kV	辆	2	
	2	旁路作业车	10kV	辆	1	

4.2 个人防护用具

√	序号	名称	型号/规格	单位	数量	备注
	1	安全帽	电绝缘	顶	4	
	2	绝缘安全帽	10kV	顶	4	
	3	绝缘服或绝缘披肩	10kV	套	4	
	4	绝缘手套	10kV	副	4	
	5	防护手套	皮革	副	4	
	6	内衬手套	棉线	副	4	
	7	护目镜		副	4	防弧光及飞溅
	8	安全带	全方位式	副	4	绝缘型

4.3 绝缘遮蔽用具

√	序号	名称	型号/规格	单位	数量	备注
	1	导线遮蔽罩	10kV	个	12	
	2	横担遮蔽罩	10kV	个	2	
	3	绝缘毯	10kV	块	25	
	4	绝缘毯夹	10kV	个	50	

4.4 绝缘工具

√	序号	名称	型号/规格	单位	数量	备注
	1	绝缘传递绳	10kV	套	2	
	2	旁路电缆防坠绳	10kV	根	6	
	3	绝缘操作杆	10kV	根	2	
	4	绝缘放电杆	10kV	根	1	

4.5 旁路作业装备

√	序号	名称	型号/规格	单位	数量	备注
	1	旁路负荷开关	10kV	台	2	
	2	旁路负荷开关支架		个	2	
	3	旁路负荷开关接地线	$25mm^2$	根	2	
	4	高压旁路柔性电缆	10kV	组	1	
	5	旁路电缆导入轮	10kV	套	1	
	6	输送绳	10kV	米	若干	
	7	连接器	MR—A	个	若干	
	8	连接器	MR—B	个	若干	
	9	引入固定工具	10kV	套	1	
	10	柱上固定工具	10kV	套	2	
	11	中间支持工具	直线支架	个	若干	
	12	中间支持工具	转角支架	个	若干	
	13	紧线工具		套	1	
	14	旁路高压引下电缆	10kV	组	2	
	15	余缆支架	10kV	个	4	

4.6 其他工具

√	序号	名称	型号/规格	单位	数量	备注
	1	绝缘电阻检测仪	2500V 及以上	台	1	
	2	验电器	10kV	支	1	
	3	绝缘手套充气装置		台	1	
	4	绝缘绳索检测仪		台	1	
	5	钳形电流表		台	1	
	6	风速检测仪		台	1	
	7	温度检测仪		台	1	

续表

√	序号	名称	型号/规格	单位	数量	备注
	8	湿度检测仪		台	1	
	9	防潮苫布		块	2	
	10	个人手工工具		套	1	
	11	剥皮器		把	2	
	12	对讲机		部	2	
	13	清洁布		块	2	
	14	传递绳		根	10	
	15	安全围栏		组	1	
	16	“从此进出”标示牌		块	1	
	17	“在此工作”标示牌		块	1	

4.7 材料

√	序号	名称	型号/规格	单位	数量	备注
	1	接续线夹	10kV	个	12	同等材质
	2	自粘式线夹绝缘护罩	10kV	个	6	
	3	自粘式导线绝缘护罩	10kV	个	6	

5 作业程序

5.1 开工准备

<table>
<tr><th>√</th><th>序号</th><th>作业内容</th><th>步骤及要求</th></tr>
<tr><td rowspan="5"></td><td rowspan="5">1</td><td rowspan="5">现场复勘</td><td>工作负责人核对工作线路双重称号、杆号。</td></tr>
<tr><td>工作负责人检查地形环境是否符合作业要求：
（1）平整坚实；
（2）地面倾斜度不大于 5°。</td></tr>
<tr><td>工作负责人检查线路装置是否具备带电作业条件：
（1）作业电杆埋深、杆身质量；
（2）检查作业条件，如存在危险考虑采取措施，无法控制不应进行该项工作；
（3）检查作业点两侧电杆导线安装情况、有无烧伤断股；
（4）确认线路负荷大小满足旁路设备要求。</td></tr>
<tr><td>工作负责人检查气象条件：
带电作业应在良好天气下进行，风力大于 5 级，或湿度大于 80%时，不宜带电作业。若遇雷电、雪、雹、雨、雾等不良天气，禁止带电作业。带电作业过程中若遇天气突然变化，有可能危及人身及设备安全时，应立即停止工作，撤离人员，恢复设备正常状况，或采取临时安全措施。</td></tr>
<tr><td>工作负责人检查工作票所列安全措施，在工作票上补充安全措施。</td></tr>
</table>

续表

√	序号	作业内容	步骤及要求
	2	执行工作许可制度	工作负责人按工作票内容与值班调控人员（运维人员）联系，确认线路重合闸装置已退出。
			工作负责人在工作票上签字。
	3	召开班前会	工作负责人宣读工作票。
			工作负责人检查工作班组成员精神状态、交待工作任务进行分工、交待工作中的安全措施和技术措施。
			工作负责人检查班组各成员对工作任务分工、安全措施和技术措施是否明确。
			班组各成员在工作票、风险控制卡和作业指导书上签名确认。
	4	停放绝缘斗臂车	将绝缘斗臂车停放到适当位置。作业人员应对停放位置进行检查，以下为现场应检查的停放绝缘斗臂车位置的要素： （1）停放的位置应便于绝缘斗臂车绝缘斗到达作业位置，避开附近电力线和障碍物，并能保证作业时绝缘斗臂车的绝缘臂有效绝缘长度； （2）停放位置坡度不大于5°。
			支放绝缘斗臂车支腿，作业人员应对支腿情况进行检查，然后向工作负责人汇报检查项目及结果，检查标准为： （1）不应支放在沟道盖板上； （2）软土地面应使用垫块或枕木，垫板重叠不超过2块； （3）支撑应到位。车辆前后、左右呈水平；“H”型支腿的车型，水平支腿应全部伸出。
			使用截面面积不小于16mm^2的软铜线将绝缘斗臂车可靠接地。
	5	布置工作现场	工作负责人组织班组成员设置工作现场的安全围栏、安全警示标志： （1）安全围栏的范围应考虑作业中高空坠落和高空落物的影响以及道路交通，必要时联系交通部门； （2）围栏的出入口应设置合理，并悬挂“从此进出”标示牌。
			将绝缘工器具放在防潮苫布上： （1）防潮苫布应清洁、干燥； （2）工器具应按定置管理要求分类摆放； （3）绝缘工器具不能与金属工具、材料混放。
	6	检查绝缘工器具	逐件对绝缘工器具进行外观检查： （1）检查人员应戴清洁、干燥的手套； （2）绝缘工具表面不应有磨损、变形损坏，操作应灵活； （3）个人安全防护用具和遮蔽用具应无针孔、砂眼、裂纹； （4）检查全方位绝缘安全带外观，并做冲击试验。
			使用绝缘电阻检测仪分段检测绝缘工具的表面绝缘电阻值： （1）测量电极应符合规程要求（极宽2cm、极间距2cm）； （2）正确使用（自检、测量）绝缘电阻检测仪（应采用点测的方法，不应使电极在绝缘工具表面滑动，避免刮伤绝缘工具表面）； （3）绝缘电阻值不得低于700MΩ。
			绝缘工器具检查完毕，向工作负责人汇报检查结果。

续表

√	序号	作业内容	步骤及要求
	7	检查旁路设备	检查旁路设备： （1）电缆的外护套是否有机械性损伤； （2）电缆接头与电缆的连接部位是否有折断现象； （3）检查电缆接头绝缘表面是否有损伤； （4）检查开关的外表面是否有机械性损伤； （5）检查开关是否因气体压力低而引起闭锁； （6）检查旁路柔性电缆敷设工具、金具、支撑绳和连接绳是否有损伤。根据损伤情况判断是否可继续使用。
			旁路设备检查完毕，向工作负责人汇报检查结果。
	8	检查绝缘斗臂车	检查绝缘斗臂车表面状况：绝缘斗、绝缘臂应清洁、无裂纹损伤。
			试操作绝缘斗臂车： （1）试操作应空斗进行； （2）试操作应充分，有回转、升降、伸缩的过程。确认液压、机械、电气系统正常可靠、制动装置可靠。
			绝缘斗臂车检查和试操作完毕，向工作负责人汇报检查结果。
	9	斗内电工进入绝缘斗臂车绝缘斗	1 号、2 号、3 号、4 号斗内电工穿戴好全套的个人安全防护用具： （1）个人安全防护用具包括安全帽、绝缘服或绝缘披肩、绝缘手套（带防护手套）、护目镜等； （2）工作负责人应检查斗内电工个人防护用具的穿戴是否正确。
			地面电工配合将工器具放入绝缘斗： （1）工器具应分类放置工具袋中； （2）工器具的金属部分不准超出绝缘斗； （3）工具和人员重量不得超过绝缘斗额定载荷。
			1 号、2 号、3 号、4 号斗内电工分别进入两辆斗臂车绝缘斗，挂好全方位绝缘安全带保险钩。

5.2 操作步骤

	1	进入带电作业区域	斗内电工经工作负责人许可后，分别操作绝缘斗臂车，进入带电作业区域，绝缘斗移动应平稳匀速，在进入带电作业区域时： （1）应无大幅晃动现象； （2）绝缘斗下降、上升的速度不应超过 0.5m/s； （3）绝缘斗边沿的最大线速度不应超过 0.5m/s。
	2	验电	2 号斗内电工将绝缘斗调整至带电导线横担下侧适当位置，1 号电工使用验电器对导线、绝缘子、横担进行验电，确认无漏电现象。
	3	检测电流	1 号电工用钳形电流表测量三相导线电流，确认每相负荷电流不超过 200A。

续表

√	序号	作业内容	步骤及要求
	4	设置内边相绝缘遮蔽隔离措施	经工作负责人许可后，斗内电工分别调整绝缘斗到达合适工作位置，按照“从近到远、从下到上、先带电体后接地体”的遮蔽原则对作业范围内可能触及的带电体和接地体进行绝缘遮蔽隔离： （1）遮蔽的部位和顺序依次为导线、耐张线夹、引线、耐张绝缘子以及作业点临近的接地体； （2）斗内电工在对带电体设置绝缘遮蔽隔离措施时，动作应轻缓，与横担等地电位构件间应保持足够的安全距离（不小于 0.4m），与邻相导线之间应保持足够的安全距离（不小于 0.6m）； （3）绝缘遮蔽隔离措施应严密、牢固，绝缘遮蔽用具之间搭接不得小于 150mm。
	5	设置外边相绝缘遮蔽隔离措施	经工作负责人的许可后，斗内电工分别调整绝缘斗到达外边相合适工作位置，按照与内边相相同的方法对作业范围内可能触及的带电体和接地体进行绝缘遮蔽隔离。
	6	设置中间相绝缘遮蔽隔离措施	经工作负责人的许可后，斗内电工分别调整绝缘斗到达中间相合适工作位置，按照与两边相相同的方法对作业范围内可能触及的带电体和接地体进行绝缘遮蔽隔离。
	7	敷设旁路设备	（1）电源侧和负荷侧电杆上安装旁路负荷开关和余缆支架，并将旁路负荷开关外壳接地； （2）确定输送绳固定位置：输送绳支持工具安装高度一般为离地面 5m 及以上、在杆上最下层低压线路的下方，距离至少 1.0m 以上，方向与导线垂直； （3）安装中间支持工具：根据现场确定的位置，将中间支持工具固定在电杆上，直线杆上安装直线中间支持工具支架，转角杆上安装中间支持工具转角支架，将支架链条围绕电杆后嵌入固定槽口内收紧，并确认安装是否牢固可靠； （4）安装电缆导入轮支架：在起始电杆位置，一般距离地面 5m 及以下，将导入轮支架链条围绕电杆后嵌入固定槽口内，使电缆导入轮支架固定在电杆上，方向与架空导线垂直，并确认安装是否牢固可靠； （5）安装电缆导入轮：将电缆导入轮插入导入轮支架槽口内，直到支架卡簧恢复到原来位置，检查导入轮安装是否可靠牢固； （6）连接电缆导入轮与（地上用）固定工具：用输送绳相连接，输送绳之间用连接器连接，连接应牢固、可靠（拧紧螺帽）； （7）固定（地上用）固定工具的另一侧桩头：固定工具与桩头之间用的承力绳连接并用紧线器收紧； （8）安装输送绳：在架设旁路柔性电缆的末端杆上，在适当位置处安装（柱上用）固定工具，然后将输送绳绳盘套入固定工具槽内，再把链条嵌入槽口内，关闭固定工具槽保险装置，确认牢固可靠； （9）连接输送绳与旁路电缆导入轮：将输送绳放至旁路电缆导入轮处，并与电缆导入轮窄侧相连接，采用连接器连接牢固； （10）安装紧线工具：在架设旁路柔性电缆的末端杆上，将紧线工具安装在固定线盘边上，并进行收放输送绳紧线的准备工作； （11）输送绳紧线：收紧输送绳前，将输送绳放入中间支持工具凹槽内，确认绳在槽内后，然后在紧线工具处收紧输送绳，直至输送绳完全平直为止； （12）牵引展放旁路柔性电缆；

续表

√	序号	作业内容	步骤及要求
	7	敷设旁路设备	（13）在电源侧和负荷侧电杆处，将旁路柔性电缆、旁路高压引下电缆和旁路负荷开关可靠接续； （14）依次合上电源侧和负荷侧旁路负荷开关，斗内电工配合地面人员检测旁路系统绝缘电阻，应不小于 500MΩ，检测完毕后对旁路系统逐相充分放电； （15）绝缘电阻检测完毕后，斗内电工分别断开电源侧和负荷侧旁路负荷开关，并锁死保险环。
			敷设旁路柔性电缆应注意： （1）旁路作业设备检测完毕，向带电工作负责人汇报检查结果； （2）绝缘电阻检测完毕后，应进行充分放电，用绝缘放电杆放电时，绝缘放电杆的接地应良好； （3）连接旁路作业设备前，应对各接口进行清洁和润滑：用不起毛的清洁纸或清洁布、无水酒精或其他电缆清洁剂清洁；确认绝缘表面无污物、灰尘、水分、损伤。在插拔界面均匀涂润滑硅脂； （4）旁路柔性电缆运行期间，应派专人看守、巡视，防止外人碰触； （5）组装完毕并投入运行的旁路作业装备可以在雨、雪天气运行，但应做好防护。禁止在雨、雪天气进行旁路作业装备敷设、组装、回收等工作； （6）检测旁路回路整体绝缘电阻、放电时应戴绝缘手套。
	8	连接旁路高压引下电缆	（1）确认旁路负荷开关在断开状态下，斗内电工各自用绝缘操作杆将中间相旁路高压引下电缆的引流线夹安装到中间相架空导线上，并挂好防坠绳，及时恢复绝缘遮蔽； （2）其他两相按照相同的方法连接。
	9	旁路系统投入运行	（1）合上电源侧旁路负荷开关； （2）在负荷侧旁路负荷开关处核相，确认相位无误，合上负荷侧旁路负荷开关； （3）用钳形电流表检测高压引下电缆的电流，确认通流正常。
	10	待检修线路退出运行	（1）斗内电工断开负荷侧三相耐张引线，及时恢复绝缘遮蔽； （2）斗内电工断开电源侧三相耐张引线，及时恢复绝缘遮蔽； （3）用钳形电流表检测旁路高压引下电缆电流，确认通流正常。
	11	检修架空线路	检修作业人员检修架空线路。
	12	恢复检修线路运行	架空线路检修完毕，依次将电源侧和负荷侧电杆上三相耐张引线可靠连接，使用钳形电流表检测线路电流，确认通流正常。
	13	拆除旁路作业设备	（1）斗内电工调整绝缘斗到旁路负荷开关合适位置，断开旁路负荷开关，锁死闭锁机构； （2）斗内电工分别调整绝缘斗位置，依次拆除三相旁路高压引下电缆引流线夹，及时恢复绝缘遮蔽后，将三相电缆下放至地面； （3）合上旁路负荷开关，对旁路设备充分放电，并拉开旁路负荷开关； （4）斗内电工与地面电工相互配合，拆除旁路高压引下电缆、余缆支架和旁路负荷开关，拆除并收回敷设的旁路柔性电缆及旁路柔性电缆输送装置。

续表

√	序号	作业内容	步骤及要求
	14	拆除中间相绝缘遮蔽隔离措施	经工作负责人的许可后，斗内电工分别调整绝缘斗到达中间相合适工作位置，按照“从远到近、从上到下、先接地体后带电体”的原则拆除绝缘遮蔽隔离措施： （1）拆除的顺序依次为作业点临近的接地体、耐张绝缘子串、引线、耐张线夹、导线； （2）斗内电工在拆除带电体上的绝缘遮蔽隔离措施时，动作应轻缓，与横担等地电位构件间应保持足够的安全距离，与邻相导线之间应保持足够的安全距离。
	15	拆除外边相绝缘遮蔽隔离措施	斗内电工分别调整绝缘斗到达外边相合适工作位置，按照与中间相相同的方法拆除绝缘遮蔽隔离。
	16	拆除内边相绝缘遮蔽隔离措施	斗内电工分别调整绝缘斗到达内边相合适工作位置，按照与中间相相同的方法拆除绝缘遮蔽隔离。
	17	工作验收	斗内电工撤出带电作业区域时： （1）应无大幅晃动现象； （2）绝缘斗下降、上升的速度不应超过 0.5m/s； （3）绝缘斗边沿的最大线速度不应超过 0.5m/s。
			斗内电工检查施工质量： （1）杆上无遗漏物； （2）装置无缺陷，符合运行条件； （3）向工作负责人汇报施工质量。
	18	撤离杆塔	下降绝缘斗返回地面、收回绝缘臂时应注意绝缘斗臂车周围杆塔、线路等情况。

6　工作结束

√	序号	作业内容	步骤及要求
	1	清理现场	将绝缘斗臂车各部件复位。需注意： （1）收回绝缘斗臂车接地线； （2）绝缘斗臂车支腿收回。
			工作负责人组织班组成员整理工具、材料。将工器具清洁后放入专用的箱（袋）中。清理现场，做到工完料尽场地清。
	2	召开收工会	工作负责人组织召开现场收工会，进行工作总结和点评工作： （1）正确点评本项工作的施工质量； （2）点评班组成员在作业中的安全措施的落实情况； （3）点评班组成员对规程的执行情况。
	3	办理工作终结手续	工作负责人按工作票内容与值班调控人员（运维人员）联系，工作结束，恢复线路重合闸，终结工作票。

7 验收记录

记录检修中发现的问题	
问题处理意见	

8 现场标准化作业指导书执行情况评估

评估内容	符合性	优		可操作项	
		良		不可操作项	
	可操作性	优		修改项	
		良		遗漏项	
存在问题					
改进意见					

9 附图

应根据现场勘察结果，绘制作业点及邻近装置的线路图。需进行倒闸操作的作业，应绘制负荷开关、断路器及隔离开关等电气设备的接线图，并注明运行状态。

旁路作业检修架空线路现场标准化作业指导书
（综合不停电作业法、绝缘斗臂车、地面敷设）

1 范围

本指导书适用于 10kV 架空线路带电作业现场综合不停电作业法采用绝缘斗臂车旁路作业检修架空线路工作，规定了该项工作现场标准化作业的工作步骤和技术要求。

2 规范性引用文件

GB/T 18857 《配电线路带电作业技术导则》
Q/GDW 10520 《10kV 配网不停电作业规范》
《国家电网公司电力安全工作规程（配电部分）》

3 人员组合

本项目需要工作人员 8 人。

3.1 作业人员要求

√	序号	责任人	资质	人数
	1	工作负责人	应具有一定的配电带电作业实际工作经验，熟悉设备状况，具有一定组织能力和事故处理能力，并按《安规》要求取得工作负责人资格。	1 人
	2	专责监护人	应具有一定的配电带电作业实际工作经验，熟悉设备状况，通过 10kV 配电线路带电作业专项培训，考试合格并持证上岗。	1 人
	3	斗内电工	应通过 10kV 配电线路带电作业专项培训，考试合格并持证上岗。	4 人
	4	地面电工	需经省公司级基地进行带电作业专项理论培训，考试合格并持证上岗。	2 人

3.2 作业人员分工

√	序号	姓名	分工	签名
	1		工作负责人	
	2		专责监护人	
	3		1 号斗内电工	
	4		2 号斗内电工	
	5		3 号斗内电工	

续表

√	序号	姓名	分工	签名
	6		4 号斗内电工	
	7		1 号地面电工	
	8		2 号地面电工	

4 工器具

领用带电作业工器具应核对电压等级和试验周期，并检查外观完好无损。

工器具在运输过程中，应存放在专用工具袋、工具箱或工具车内，以防受潮和损伤。

运输旁路负荷开关时应将操作手柄置于合闸位置，禁止将旁路负荷开关倒置。

4.1 装备

√	序号	名称	型号/规格	单位	数量	备注
	1	绝缘斗臂车	10kV	辆	2	
	2	旁路作业车	10kV	辆	1	

4.2 个人防护用具

√	序号	名称	型号/规格	单位	数量	备注
	1	安全帽	电绝缘	顶	4	
	2	绝缘安全帽	10kV	顶	4	
	3	绝缘服或绝缘披肩	10kV	套	4	
	4	绝缘手套	10kV	副	4	
	5	防护手套	皮革	副	4	
	6	内衬手套	棉线	副	4	
	7	护目镜		副	4	防弧光及飞溅
	8	安全带	全方位式	副	4	绝缘型

4.3 绝缘遮蔽用具

√	序号	名称	型号/规格	单位	数量	备注
	1	导线遮蔽罩	10kV	个	12	
	2	横担遮蔽罩	10kV	个	2	
	3	绝缘毯	10kV	块	25	
	4	绝缘毯夹	10kV	个	50	

4.4 绝缘工具

√	序号	名称	型号/规格	单位	数量	备注
	1	绝缘传递绳	10kV	套	2	
	2	旁路电缆防坠绳	10kV	根	6	
	3	绝缘操作杆	10kV	根	2	
	4	绝缘放电杆	10kV	根	1	

4.5 旁路作业装备

√	序号	名称	型号/规格	单位	数量	备注
	1	旁路负荷开关	10kV	台	2	200A，带有核相装置
	2	旁路负荷开关支架		个	2	
	3	旁路负荷开关接地线	$25mm^2$	根	2	
	4	高压旁路柔性电缆	10kV	组	1	
	5	电缆绝缘护线管	10kV	组	2	
	6	护线管接口绝缘护罩	10kV	组	2	
	7	电缆对接头及保护箱	10kV	套	若干	
	8	电缆进出线保护箱	10kV	个	2	
	9	电缆架空跨越支架	5m 及以上	个	2	
	10	旁路高压引下电缆	10kV	组	2	200A
	11	余缆支架	10kV	个	4	

4.6 其他工具

√	序号	名称	型号/规格	单位	数量	备注
	1	绝缘电阻检测仪	2500V 及以上	台	1	
	2	验电器	10kV	支	1	
	3	绝缘手套充气装置		台	1	
	4	绝缘绳索检测仪		台	1	
	5	钳形电流表		台	1	
	6	风速检测仪		台	1	
	7	温度检测仪		台	1	
	8	湿度检测仪		台	1	
	9	防潮苫布		块	2	
	10	个人手工工具		套	1	
	11	剥皮器		个	2	

续表

√	序号	名称	型号/规格	单位	数量	备注
	12	对讲机		部	2	
	13	清洁布		块	2	
	14	传递绳		根	10	
	15	安全围栏		组	1	
	16	“从此进出”标示牌		块	1	
	17	“在此工作”标示牌		块	1	

4.7 材料

√	序号	名称	型号/规格	单位	数量	备注
	1	接续线夹	10kV	个	12	同等材质
	2	线夹绝缘护罩	10kV	个	6	
	3	导线绝缘护罩	10kV	个	6	

5 作业程序

5.1 开工准备

√	序号	作业内容	步骤及要求
	1	现场复勘	工作负责人核对工作线路双重称号、杆号。
			工作负责人检查地形环境是否符合作业要求： （1）平整坚实； （2）地面倾斜度不大于5°。
			工作负责人检查线路装置是否具备带电作业条件： （1）作业电杆埋深、杆身质量； （2）检查作业条件，如存在危险考虑采取措施，无法控制不应进行该项工作； （3）检查作业点两侧电杆导线安装情况、有无烧伤断股； （4）确认线路负荷大小满足旁路设备要求。
			工作负责人检查气象条件： 带电作业应在良好天气下进行，风力大于5级，或湿度大于80%时，不宜带电作业。若遇雷电、雪、雹、雨、雾等不良天气，禁止带电作业。带电作业过程中若遇天气突然变化，有可能危及人身及设备安全时，应立即停止工作，撤离人员，恢复设备正常状况，或采取临时安全措施。
			工作负责人检查工作票所列安全措施，在工作票上补充安全措施。
	2	执行工作许可制度	工作负责人按工作票内容与值班调控人员（运维人员）联系，确认线路重合闸装置已退出。
			工作负责人在工作票上签字。

续表

√	序号	作业内容	步骤及要求
	3	召开班前会	工作负责人宣读工作票。
			工作负责人检查工作班组成员精神状态、交待工作任务进行分工、交待工作中的安全措施和技术措施。
			工作负责人检查班组各成员对工作任务分工、安全措施和技术措施是否明确。
			班组各成员在工作票、风险控制卡和作业指导书上签名确认。
	4	停放绝缘斗臂车	将绝缘斗臂车停放到适当位置。作业人员应对停放位置进行检查，以下为现场应检查的停放绝缘斗臂车位置的要素： （1）停放的位置应便于绝缘斗臂车绝缘斗到达作业位置，避开附近电力线和障碍物，并能保证作业时绝缘斗臂车的绝缘臂有效绝缘长度； （2）停放位置坡度不大于5°。
			支放绝缘斗臂车支腿，作业人员应对支腿情况进行检查，然后向工作负责人汇报检查项目及结果，检查标准为： （1）不应支放在沟道盖板上； （2）软土地面应使用垫块或枕木，垫板重叠不超过2块； （3）支撑应到位。车辆前后、左右呈水平；“H”型支腿的车型，水平支腿应全部伸出。
			使用截面面积不小于16mm^{2}的软铜线将绝缘斗臂车可靠接地。
	5	布置工作现场	工作负责人组织班组成员设置工作现场的安全围栏、安全警示标志： （1）安全围栏的范围应考虑作业中高空坠落和高空落物的影响以及道路交通，必要时联系交通部门； （2）围栏的出入口应设置合理，并悬挂“从此进出”标示牌。
			将绝缘工器具放在防潮苫布上： （1）防潮苫布应清洁、干燥； （2）工器具应按定置管理要求分类摆放； （3）绝缘工器具不能与金属工具、材料混放。
	6	检查绝缘工器具	逐件对绝缘工器具进行外观检查： （1）检查人员应戴清洁、干燥的手套； （2）绝缘工具表面不应有磨损、变形损坏，操作应灵活； （3）个人安全防护用具和遮蔽用具应无针孔、砂眼、裂纹； （4）检查全方位绝缘安全带外观，并做冲击试验。
			使用绝缘电阻检测仪分段检测绝缘工具的表面绝缘电阻值： （1）测量电极应符合规程要求（极宽2cm、极间距2cm）； （2）正确使用（自检、测量）绝缘电阻检测仪（应采用点测的方法，不应使电极在绝缘工具表面滑动，避免刮伤绝缘工具表面）； （3）绝缘电阻值不得低于700MΩ。
			绝缘工器具检查完毕，向工作负责人汇报检查结果。
	7	检查旁路设备	检查旁路设备： （1）电缆的外护套是否有机械性损伤； （2）电缆接头与电缆的连接部位是否有折断现象；

续表

√	序号	作业内容	步骤及要求
	7	检查旁路设备	（3）检查电缆接头绝缘表面是否有损伤； （4）检查开关的外表面是否有机械性损伤； （5）检查开关是否因气体压力低而引起闭锁。
			旁路设备检查完毕，向工作负责人汇报检查结果。
	8	检查绝缘斗臂车	检查绝缘斗臂车表面状况：绝缘斗、绝缘臂应清洁、无裂纹损伤。
			试操作绝缘斗臂车： （1）试操作应空斗进行； （2）试操作应充分，有回转、升降、伸缩的过程。确认液压、机械、电气系统正常可靠、制动装置可靠。
			绝缘斗臂车检查和试操作完毕，向工作负责人汇报检查结果。
	9	斗内电工进入绝缘斗臂车绝缘斗	1 号、2 号、3 号、4 号斗内电工穿戴好全套的个人安全防护用具： （1）个人安全防护用具包括安全帽、绝缘服或绝缘披肩、绝缘手套（带防护手套）、护目镜等； （2）工作负责人应检查斗内电工个人防护用具的穿戴是否正确。
			地面电工配合将工器具放入绝缘斗： （1）工器具应分类放置工具袋中； （2）工器具的金属部分不准超出绝缘斗； （3）工具和人员重量不得超过绝缘斗额定载荷。
			1 号、2 号、3 号、4 号斗内电工分别进入两辆斗臂车绝缘斗，挂好全方位绝缘安全带保险钩。

5.2　操作步骤

√	序号	作业内容	步骤及要求
	1	进入带电作业区域	斗内电工经工作负责人许可后，分别操作绝缘斗臂车，进入带电作业区域，绝缘斗移动应平稳匀速，在进入带电作业区域时： （1）应无大幅晃动现象； （2）绝缘斗下降、上升的速度不应超过 0.5m/s； （3）绝缘斗边沿的最大线速度不应超过 0.5m/s。
	2	验电	2 号斗内电工将绝缘斗调整至带电导线横担下侧适当位置，1 号电工使用验电器对导线、绝缘子、横担进行验电，确认无漏电现象。
	3	检测电流	1 号电工用钳形电流表测量三相导线电流，确认每相负荷电流不超过 200A。
	4	设置内边相绝缘遮蔽隔离措施	经工作负责人许可后，斗内电工分别调整绝缘斗到达合适工作位置，按照“从近到远、从下到上、先带电体后接地体”的遮蔽原则对作业范围内可能触及的带电体和接地体进行绝缘遮蔽隔离： （1）遮蔽的部位和顺序依次为导线、耐张线夹、引线、耐张绝缘子以及作业点临近的接地体； （2）斗内电工在对带电体设置绝缘遮蔽隔离措施时，动作应轻缓，与横担等地电位构件间应保持足够的安全距离（不小于 0.4m），与邻相导线之间应保持足够的安全距离（不小于 0.6m）； （3）绝缘遮蔽隔离措施应严密、牢固，绝缘遮蔽用具之间搭接不得小于 150mm。

续表

√	序号	作业内容	步骤及要求
	5	设置外边相绝缘遮蔽隔离措施	经工作负责人的许可后，斗内电工分别调整绝缘斗到达外边相合适工作位置，按照与内边相相同的方法对作业范围内可能触及的带电体和接地体进行绝缘遮蔽隔离。
	6	设置中间相绝缘遮蔽隔离措施	经工作负责人的许可后，斗内电工分别调整绝缘斗到达中间相合适工作位置，按照与两边相相同的方法对作业范围内可能触及的带电体和接地体进行绝缘遮蔽隔离。
	7	敷设旁路设备	（1）作业人员敷设旁路设备地面防护装置； （2）作业人员在敷设好的旁路设备地面防护装置内敷设旁路柔性电缆； （3）在工作负责人指挥下，作业人员根据施工方案，使用电缆直线对接头、电缆 T 接头将敷设好的旁路柔性电缆按相色连接好；检查无误后，作业人员盖好旁路设备地面防护装置保护盖板； （4）在电源侧和负荷侧电杆处，将旁路柔性电缆、旁路高压引下电缆和旁路负荷开关可靠接续； （5）依次合上电源侧和负荷侧旁路负荷开关，斗内电工配合地面人员检测旁路系统绝缘电阻，应不小于 500MΩ，检测完毕后对旁路系统逐相充分放电； （6）斗内电工分别断开电源侧和负荷侧旁路负荷开关，并锁死保险环。
			敷设旁路柔性电缆应注意： （1）旁路作业设备检测完毕，向带电工作负责人汇报检查结果； （2）旁路柔性电缆地面敷设中如需跨越道路时，应使用电力架空跨越支架将旁路柔性电缆架空敷设并可靠固定；敷设旁路柔性电缆时，须由多名作业人员配合使旁路柔性电缆离开地面整体敷设，防止旁路柔性电缆与地面摩擦，且不得受力； （3）绝缘电阻检测完毕后，应进行充分放电，用绝缘放电杆放电时，绝缘放电杆的接地应良好； （4）连接旁路作业设备前，应对各接口进行清洁和润滑：用不起毛的清洁纸或清洁布、无水酒精或其他电缆清洁剂清洁；确认绝缘表面无污物、灰尘、水分、损伤。在插拔界面均匀涂润滑硅脂； （5）旁路柔性电缆采用地面敷设时，应对地面的旁路作业设备采取可靠的绝缘防护措施后方可投入运行，确保绝缘防护有效； （6）旁路柔性电缆运行期间，应派专人看守、巡视，防止外人碰触； （7）组装完毕并投入运行的旁路作业装备可以在雨、雪天气运行，但应做好防护。禁止在雨、雪天气进行旁路作业装备敷设、组装、回收等工作； （8）检测旁路回路整体绝缘电阻、放电时应戴绝缘手套。
	8	连接旁路高压引下电缆	（1）确认旁路负荷开关在断开状态下，斗内电工各自用绝缘操作杆将中间相旁路高压引下电缆的引流线夹安装到中间相架空导线上，并挂好防坠绳，及时恢复绝缘遮蔽； （2）其他两相按照相同的方法连接。
	9	旁路系统投入运行	（1）合上电源侧旁路负荷开关； （2）在负荷侧旁路负荷开关处核相，确认相位无误，合上负荷侧旁路负荷开关； （3）用钳形电流表检测高压引下电缆的电流，确认通流正常。

续表

√	序号	作业内容	步骤及要求
	10	待检修线路退出运行	（1）斗内电工断开负荷侧三相耐张引线，及时恢复绝缘遮蔽； （2）斗内电工断开电源侧三相耐张引线，及时恢复绝缘遮蔽； （3）用钳形电流表检测旁路高压引下电缆电流，确认通流正常。
	11	检修架空线路	检修作业人员检修架空线路。
	12	恢复检修线路运行	架空线路检修完毕，依次将电源侧和负荷侧电杆上三相耐张引线可靠连接，使用钳形电流表检测线路电流，确认通流正常。
	13	拆除旁路作业设备	（1）斗内电工调整绝缘斗到旁路负荷开关合适位置，断开旁路负荷开关，锁死闭锁机构； （2）斗内电工分别调整绝缘斗位置，依次拆除三相旁路高压引下电缆引流线夹，及时恢复绝缘遮蔽后，将三相电缆下放至地面； （3）合上旁路负荷开关，对旁路设备充分放电，并拉开旁路负荷开关； （4）斗内电工与地面电工相互配合，拆除旁路高压引下电缆、余缆支架和旁路负荷开关，拆除并收回敷设的旁路柔性电缆及地面防护设施。
	14	拆除中间相绝缘遮蔽隔离措施	经工作负责人的许可后，斗内电工分别调整绝缘斗到达中间相合适工作位置，按照“从远到近、从上到下、先接地体后带电体”的原则拆除绝缘遮蔽隔离措施： （1）拆除的顺序依次为作业点临近的接地体、耐张绝缘子串、引线、耐张线夹、导线； （2）斗内电工在拆除带电体上的绝缘遮蔽隔离措施时，动作应轻缓，与横担等地电位构件间应保持足够的安全距离，与邻相导线之间应保持足够的安全距离。
	15	拆除外边相绝缘遮蔽隔离措施	斗内电工分别调整绝缘斗到达外边相合适工作位置，按照与中间相相同的方法拆除绝缘遮蔽隔离。
	16	拆除内边相绝缘遮蔽隔离措施	斗内电工分别调整绝缘斗到达内边相合适工作位置，按照与中间相相同的方法拆除绝缘遮蔽隔离。
	17	工作验收	斗内电工撤出带电作业区域时： （1）应无大幅晃动现象； （2）绝缘斗下降、上升的速度不应超过 0.5m/s； （3）绝缘斗边沿的最大线速度不应超过 0.5m/s。
			斗内电工检查施工质量： （1）杆上无遗漏物； （2）装置无缺陷，符合运行条件； （3）向工作负责人汇报施工质量。
	18	撤离杆塔	下降绝缘斗返回地面、收回绝缘臂时应注意绝缘斗臂车周围杆塔、线路等情况。

6 工作结束

√	序号	作业内容	步骤及要求
	1	清理现场	将绝缘斗臂车各部件复位。需注意： （1）收回绝缘斗臂车接地线； （2）绝缘斗臂车支腿收回。

续表

√	序号	作业内容	步骤及要求
	1	清理现场	工作负责人组织班组成员整理工具、材料。将工器具清洁后放入专用的箱（袋）中。清理现场，做到工完料尽场地清。
	2	召开收工会	工作负责人组织召开现场收工会，进行工作总结和点评工作： （1）正确点评本项工作的施工质量； （2）点评班组成员在作业中的安全措施的落实情况； （3）点评班组成员对规程的执行情况。
	3	办理工作终结手续	工作负责人按工作票内容与值班调控人员（运维人员）联系，工作结束，恢复线路重合闸，终结工作票。

7　验收记录

记录检修中发现的问题	
问题处理意见	

8　现场标准化作业指导书执行情况评估

评估内容	符合性	优		可操作项	
		良		不可操作项	
	可操作性	优		修改项	
		良		遗漏项	
存在问题					
改进意见					

9　附图

应根据现场勘察结果，绘制作业点及邻近装置的线路图。需进行倒闸操作的作业，应绘制负荷开关、断路器及隔离开关等电气设备的接线图，并注明运行状态。

旁路作业检修电缆线路现场标准化作业指导书
（综合不停电作业法、不停电）

1 范围

本指导书适用于 10kV 架空线路带电作业现场综合不停电作业法采用不停电方式旁路作业检修电缆线路工作，规定了该项工作现场标准化作业的工作步骤和技术要求。

2 规范性引用文件

GB/T 18857 《配电线路带电作业技术导则》
Q/GDW 10520 《10kV 配网不停电作业规范》
《国家电网公司电力安全工作规程（配电部分）》

3 人员组合

本项目需要工作人员 8 人。

3.1 作业人员要求

√	序号	责任人	资质	人数
	1	工作负责人	应具有一定的配电带电作业实际工作经验，熟悉设备状况，具有一定组织能力和事故处理能力，并按《安规》要求取得工作负责人资格。	1 人
	2	专责监护人	应具有一定的配电带电作业实际工作经验，熟悉设备状况，通过 10kV 配电线路带电作业专项培训，考试合格并持证上岗。	1 人
	3	地面电工	需经省公司级基地进行带电作业专项理论培训，考试合格并持证上岗。	5 人
	4	倒闸操作人员	应通过 10kV 配电线路倒闸操作专项培训，考试合格并持证上岗。	1 人

3.2 作业人员分工

√	序号	姓名	分工	签名
	1		工作负责人	
	2		专责监护人	
	3		倒闸操作人员	
	4		1 号地面电工	
	5		2 号地面电工	

续表

√	序号	姓名	分工	签名
	6		3 号地面电工	
	7		4 号地面电工	
	8		5 号地面电工	

4 工器具

领用电缆作业工器具应核对电压等级和试验周期，并检查外观完好无损。

工器具在运输过程中，应存放在专用工具袋、工具箱或工具车内，以防受潮和损伤。

运输旁路负荷开关时应将操作手柄置于合闸位置，禁止将旁路负荷开关倒置。

4.1 装备

√	序号	名称	型号/规格	单位	数量	备注
	1	旁路作业车	10kV	辆	1	

4.2 个人防护用具

√	序号	名称	型号/规格	单位	数量	备注
	1	安全帽	电绝缘	顶	8	
	2	绝缘手套	10kV	副	2	
	3	防护手套	皮革	副	2	
	4	内衬手套	棉线	副	2	
	5	护目镜		副	1	防弧光及飞溅

4.3 绝缘遮蔽用具

√	序号	名称	型号/规格	单位	数量	备注
	1					根据工作需求准备

4.4 绝缘工具

√	序号	名称	型号/规格	单位	数量	备注
	1	拉（合）闸操作杆	10kV	根	1	
	2	绝缘放电杆	10kV	根	1	

4.5 旁路作业装备

√	序号	名称	型号/规格	单位	数量	备注
	1	旁路负荷开关	10kV	台	1	200A，带有核相装置

续表

√	序号	名称	型号/规格	单位	数量	备注
	2	旁路负荷开关支架		个	1	
	3	旁路负荷开关接地线	25mm^2	根	1	
	4	高压旁路柔性电缆	10kV	组	1	
	5	电缆绝缘护线管	10kV	组	2	
	6	护线管接口绝缘护罩	10kV	组	2	
	7	电缆对接头及保护箱	10kV	套	若干	
	8	电缆进出线保护箱	10kV	个	2	
	9	电缆架空跨越支架	5m 及以上	个	2	
	10	高压转接电缆	10kV	组	2	与环网箱配套

4.6　其他工具

√	序号	名称	型号/规格	单位	数量	备注
	1	绝缘电阻检测仪	2500V 及以上	台	1	
	2	验电器	10kV	支	1	
	3	绝缘手套充气装置		台	1	
	4	钳形电流表		台	1	
	5	风速检测仪		台	1	
	6	温度检测仪		台	1	
	7	湿度检测仪		台	1	
	8	防潮苫布		块	1	
	9	个人手工工具		套	1	
	10	对讲机		部	2	
	11	清洁布		块	2	
	12	安全围栏		组	1	
	13	“从此进出”标示牌		块	1	
	14	“在此工作”标示牌		块	1	

4.7　材料

√	序号	名称	型号/规格	单位	数量	备注
	1	电力电缆	10kV	m	若干	同等材质
	2	电力电缆终端头附件	10kV	套	2	

5 作业程序

5.1 开工准备

√	序号	作业内容	步骤及要求
	1	现场复勘	工作负责人核对设备双重称号及编号。
			工作负责人检查地形环境是否符合作业要求： 地面平整坚实。
			工作负责人检查电缆装置是否具备作业条件： （1）工作负责人检查现场设备、环境的实际状态，并确认待检修电缆线路的负荷电流小于旁路系统额定电流200A； （2）检查环网箱箱体接地装置的完整性； （3）检查作业条件，如存在危险考虑采取措施，无法控制不应进行该项工作； （4）检查环网箱是否具备备用间隔。
			工作负责人检查气象条件： 带电作业应在良好天气下进行，风力大于5级，或湿度大于80%时，不宜不停电作业。若遇雷电、雪、雹、雨、雾等不良天气，禁止不停电作业。不停电作业过程中若遇天气突然变化，有可能危及人身及设备安全时，应立即停止工作，撤离人员，恢复设备正常状况，或采取临时安全措施。
			工作负责人检查工作票所列安全措施，在工作票上补充安全措施。
	2	执行工作许可制度	工作负责人按工作票内容与值班调控人员（运维人员）联系，履行工作许可手续。
			工作负责人在工作票上签字。
	3	召开班前会	工作负责人宣读工作票。
			工作负责人检查工作班组成员精神状态、交待工作任务进行分工、交待工作中的安全措施和技术措施。
			工作负责人检查班组各成员对工作任务分工、安全措施和技术措施是否明确。
			班组各成员在工作票、风险控制卡和作业指导书上签名确认。
	4	布置工作现场	工作负责人组织班组成员设置工作现场的安全围栏、安全警示标志： （1）安全围栏的范围应考虑作业中高空坠落和高空落物的影响以及道路交通，必要时联系交通部门； （2）围栏的出入口应设置合理，并悬挂“从此进出”标示牌。
			将绝缘工器具放在防潮苫布上： （1）防潮苫布应清洁、干燥； （2）工器具应按定置管理要求分类摆放； （3）绝缘工器具不能与金属工具、材料混放。

续表

√	序号	作业内容	步骤及要求
	5	检查绝缘工器具	逐件对绝缘工器具进行外观检查： （1）检查人员应戴清洁、干燥的手套； （2）绝缘工具表面不应有磨损、变形损坏，操作应灵活； （3）个人安全防护用具应无针孔、砂眼、裂纹。
			使用绝缘电阻检测仪分段检测绝缘工具的表面绝缘电阻值： （1）测量电极应符合规程要求（极宽 2cm、极间距 2cm）； （2）正确使用（自检、测量）绝缘电阻检测仪（应采用点测的方法，不应使电极在绝缘工具表面滑动，避免刮伤绝缘工具表面）； （3）绝缘电阻值不得低于 700MΩ。
			绝缘工器具检查完毕，向工作负责人汇报检查结果。
	6	检查旁路设备	检查旁路设备： （1）电缆的外护套无机械性损伤； （2）电缆接头与电缆的连接部位无折断现象； （3）检查电缆接头绝缘表面无损伤； （4）检查开关的外表面无机械性损伤； （5）检查开关是否因气体压力低而引起闭锁。
			旁路设备检查完毕，向工作负责汇报检查结果。

5.2 操作步骤

√	序号	作业内容	步骤及要求
	1	敷设旁路设备	（1）作业人员敷设旁路设备地面防护装置； （2）作业人员在敷设好的旁路设备地面防护装置内敷设旁路柔性电缆； （3）在工作负责人指挥下，作业人员根据施工方案，使用电缆直线对接头将敷设好的旁路柔性电缆按相色连接好；检查无误后，作业人员盖好旁路设备地面防护装置保护盖板； （4）将旁路柔性电缆、旁路负荷开关可靠接续； （5）合上旁路负荷开关，检测旁路系统绝缘电阻，应不小于 500MΩ，检测完毕后对旁路系统逐相充分放电； （6）断开旁路负荷开关，并锁死保险环。
			敷设旁路柔性电缆应注意： （1）旁路作业设备检测完毕，向带电工作负责人汇报检查结果； （2）旁路柔性电缆地面敷设中如需跨越道路时，应使用电力架空跨越支架将旁路柔性电缆架空敷设并可靠固定；敷设旁路柔性电缆时，须由多名作业人员配合使旁路柔性电缆离开地面整体敷设，防止旁路柔性电缆与地面摩擦，且不得受力； （3）绝缘电阻检测完毕后，应进行充分放电，用绝缘放电杆放电时，绝缘放电杆的接地应良好； （4）连接旁路作业设备前，应对各接口进行清洁和润滑：用不起毛的清洁纸或清洁布、无水酒精或其他电缆清洁剂清洁；确认绝缘表面无污物、灰尘、水分、损伤。在插拔界面均匀涂润滑硅脂； （5）旁路柔性电缆采用地面敷设时，应对地面的旁路作业设备采取可靠的绝缘防护措施后方可投入运行，确保绝缘防护有效；

续表

√	序号	作业内容	步骤及要求
	1	敷设旁路设备	（6）旁路柔性电缆运行期间，应派专人看守、巡视，防止外人碰触； （7）组装完毕并投入运行的旁路作业装备可以在雨、雪天气运行，但应做好防护。禁止在雨、雪天气进行旁路作业装备敷设、组装、回收等工作； （8）检测旁路回路整体绝缘电阻、放电时应戴绝缘手套。
	2	接入旁路柔性电缆终端	（1）旁路柔性电缆接入前，再次确认电源侧、负荷侧环网箱备用间隔开关在分闸位置，并合上接地刀闸； （2）地面电工依次将旁路回路两端的旁路柔性电缆终端接入两侧环网箱备用间隔开关的出线侧； （3）旁路柔性电缆接入后，断开电源侧、负荷侧环网箱备用间隔接地刀闸。
	3	旁路系统投入运行	（1）检查电源侧、负荷侧环网箱备用间隔接地刀闸在断开位置； （2）检查旁路负荷开关和电源侧、负荷侧环网箱备用间隔开关在断开位置； （3）合上电源侧环网箱备用间隔开关； （4）合上旁路负荷开关； （5）在负荷侧环网箱备用间隔开关处进行核相； （6）相位正确后，合上负荷侧环网箱备用间隔开关。
	4	检测电流	检查旁路回路的分流正常。
	5	待检修电缆线路退出运行	（1）断开电源侧环网箱待检修电缆线路间隔开关； （2）断开负荷侧环网箱待检修电缆线路间隔开关； （3）对待检修电缆线路进行验电，确认待检修电缆线路无电； （4）合上电源侧环网箱待检修电缆线路间隔接地刀闸； （5）合上负荷侧环网箱待检修电缆线路间隔接地刀闸。
	6	检修电缆	电缆检修人员检修电缆。
	7	检修电缆线路投入运行	将检修完毕的电缆线路由检修改运行： （1）断开负荷侧环网箱检修电缆线路间隔接地刀闸； （2）断开电源侧环网箱检修电缆线路间隔接地刀闸； （3）合上电源侧环网箱检修电缆线路间隔开关； （4）在负荷侧环网箱检修电缆线路间隔开关处进行核相； （5）确认相位无误后，合上负荷侧环网箱检修电缆线路间隔开关。
	8	检测电流	检查检修电缆线路通流正常。
	9	旁路系统退出运行	（1）断开负荷侧环网箱备用间隔开关； （2）断开旁路负荷开关； （3）断开电源侧环网箱备用间隔开关。
	10	拆除旁路设备及防护设施	（1）旁路柔性电缆拆除前，再次确认电源侧、负荷侧环网箱备用间隔开关在分闸位置，并合上接地刀闸； （2）地面电工依次拆除两侧环网箱备用间隔开关出线侧旁路柔性电缆终端； （3）旁路柔性电缆拆除后，断开电源侧、负荷侧环网箱备用间隔接地刀闸； （4）依次拆除并收回旁路柔性电缆、旁路负荷开关及地面防护设施。

续表

√	序号	作业内容	步骤及要求
	11	工作验收	作业人员检查施工质量： （1）环网箱无遗漏物； （2）装置无缺陷，符合运行条件； （3）向工作负责人汇报施工质量。

6 工作结束

√	序号	作业内容	步骤及要求
	1	清理现场	工作负责人组织班组成员整理工具、材料。将工器具清洁后放入专用的箱（袋）中。清理现场，做到工完料尽场地清。
	2	召开收工会	工作负责人组织召开现场收工会，进行工作总结和点评工作： （1）正确点评本项工作的施工质量； （2）点评班组成员在作业中的安全措施的落实情况； （3）点评班组成员对规程的执行情况。
	3	办理工作终结手续	工作负责人按工作票内容与值班调控人员（运维人员）联系，工作结束，终结工作票。

7 验收记录

记录检修中发现的问题	
问题处理意见	

8 现场标准化作业指导书执行情况评估

评估内容	符合性	优		可操作项	
		良		不可操作项	
	可操作性	优		修改项	
		良		遗漏项	
存在问题					
改进意见					

9 附图

应根据现场勘察结果，绘制作业点及邻近装置的线路图。需进行倒闸操作的作业，应绘制负荷开关、断路器及隔离开关等电气设备的接线图，并注明运行状态。

旁路作业检修电缆线路现场标准化作业指导书

（综合不停电作业法、短时停电）

1 范围

本指导书适用于 10kV 架空线路带电作业现场综合不停电作业法采用不停电方式旁路作业检修电缆线路工作，规定了该项工作现场标准化作业的工作步骤和技术要求。

2 规范性引用文件

GB/T 18857 《配电线路带电作业技术导则》
Q/GDW 10520 《10kV 配网不停电作业规范》
《国家电网公司电力安全工作规程（配电部分）》

3 人员组合

本项目需要工作人员 8 人。

3.1 作业人员要求

√	序号	责任人	资质	人数
	1	工作负责人	应具有一定的配电带电作业实际工作经验，熟悉设备状况，具有一定组织能力和事故处理能力，并按《安规》要求取得工作负责人资格。	1 人
	2	专责监护人	应具有一定的配电带电作业实际工作经验，熟悉设备状况，通过 10kV 配电线路带电作业专项培训，考试合格并持证上岗。	1 人
	3	地面电工	需经省公司级基地进行带电作业专项理论培训，考试合格并持证上岗。	5 人
	4	倒闸操作人员	应通过 10kV 配电线路倒闸操作专项培训，考试合格并持证上岗。	1 人

3.2 作业人员分工

√	序号	姓名	分工	签名
	1		工作负责人	
	2		专责监护人	
	3		倒闸操作人员	
	4		1 号地面电工	
	5		2 号地面电工	

续表

√	序号	姓名	分工	签名
	6		3 号地面电工	
	7		4 号地面电工	
	8		5 号地面电工	

4 工器具

领用电缆作业工器具应核对电压等级和试验周期，并检查外观完好无损。

工器具在运输过程中，应存放在专用工具袋、工具箱或工具车内，以防受潮和损伤。

运输旁路负荷开关时应将操作手柄置于合闸位置，禁止将旁路负荷开关倒置。

4.1 装备

√	序号	名称	型号/规格	单位	数量	备注
	1	旁路作业车	10kV	辆	1	

4.2 个人防护用具

√	序号	名称	型号/规格	单位	数量	备注
	1	安全帽	电绝缘	顶	8	
	2	绝缘手套	10kV	副	2	
	3	防护手套	皮革	副	2	
	4	内衬手套	棉线	副	2	
	5	护目镜		副	1	防弧光及飞溅

4.3 绝缘遮蔽用具

√	序号	名称	型号/规格	单位	数量	备注
	1					根据工作需求准备

4.4 绝缘工具

√	序号	名称	型号/规格	单位	数量	备注
	1	拉（合）闸操作杆	10kV	根	1	
	2	绝缘放电杆	10kV	根	1	

4.5 旁路作业装备

√	序号	名称	型号/规格	单位	数量	备注
	1	旁路负荷开关	10kV	台	1	200A，带有核相装置

续表

√	序号	名称	型号/规格	单位	数量	备注
	2	旁路负荷开关支架		个	1	
	3	旁路负荷开关接地线	$25mm^2$	根	1	
	4	高压旁路柔性电缆	10kV	组	1	
	5	电缆绝缘护线管	10kV	组	2	
	6	护线管接口绝缘护罩	10kV	组	2	
	7	电缆对接头及保护箱	10kV	套	若干	
	8	电缆进出线保护箱	10kV	个	2	
	9	电缆架空跨越支架	5m 及以上	个	2	
	10	高压转接电缆	10kV	组	2	与环网箱配套

4.6 其他工具

√	序号	名称	型号/规格	单位	数量	备注
	1	绝缘电阻检测仪	2500V 及以上	台	1	
	2	验电器	10kV	支	1	
	3	绝缘手套充气装置		台	1	
	4	钳形电流表		台	1	
	5	风速检测仪		台	1	
	6	温度检测仪		台	1	
	7	湿度检测仪		台	1	
	8	防潮苫布		块	1	
	9	个人手工工具		套	1	
	10	对讲机		部	2	
	11	清洁布		块	2	
	12	安全围栏		组	1	
	13	“从此进出”标示牌		块	1	
	14	“在此工作”标示牌		块	1	

4.7 材料

√	序号	名称	型号/规格	单位	数量	备注
	1	电力电缆	10kV	米	若干	同等材质
	2	电力电缆终端头附件	10kV	套	2	

5 作业程序

5.1 开工准备

√	序号	作业内容	步骤及要求
	1	现场复勘	工作负责人核对设备双重称号及编号。
			工作负责人检查地形环境是否符合作业要求： 地面平整坚实。
			工作负责人检查电缆装置是否具备作业条件： （1）工作负责人检查现场设备、环境的实际状态，并确认待检修电缆线路的负荷电流小于旁路系统额定电流200A； （2）检查环网箱箱体接地装置的完整性； （3）检查作业条件，如存在危险考虑采取措施，无法控制不应进行该项工作。
			工作负责人检查气象条件： 带电作业应在良好天气下进行，风力大于5级，或湿度大于80%时，不宜不停电作业。若遇雷电、雪、雹、雨、雾等不良天气，禁止不停电作业。不停电作业过程中若遇天气突然变化，有可能危及人身及设备安全时，应立即停止工作，撤离人员，恢复设备正常状况，或采取临时安全措施。
			工作负责人检查工作票所列安全措施，在工作票上补充安全措施。
	2	执行工作许可制度	工作负责人按工作票内容与值班调控人员（运维人员）联系，履行工作许可手续。
			工作负责人在工作票上签字。
	3	召开班前会	工作负责人宣读工作票。
			工作负责人检查工作班组成员精神状态、交待工作任务进行分工、交待工作中的安全措施和技术措施。
			工作负责人检查班组各成员对工作任务分工、安全措施和技术措施是否明确。
			班组各成员在工作票、风险控制卡和作业指导书上签名确认。
	4	布置工作现场	工作负责人组织班组成员设置工作现场的安全围栏、安全警示标志： （1）安全围栏的范围应考虑作业中高空坠落和高空落物的影响以及道路交通，必要时联系交通部门； （2）围栏的出入口应设置合理，并悬挂“从此进出”标示牌。
			将绝缘工器具放在防潮苫布上： （1）防潮苫布应清洁、干燥； （2）工器具应按定置管理要求分类摆放； （3）绝缘工器具不能与金属工具、材料混放。
	5	检查绝缘工器具	逐件对绝缘工器具进行外观检查： （1）检查人员应戴清洁、干燥的手套； （2）绝缘工具表面不应有磨损、变形损坏，操作应灵活； （3）个人安全防护用具应无针孔、砂眼、裂纹。

续表

√	序号	作业内容	步骤及要求
	5	检查绝缘工器具	使用绝缘电阻检测仪分段检测绝缘工具的表面绝缘电阻值： （1）测量电极应符合规程要求（极宽 2cm、极间距 2cm）； （2）正确使用（自检、测量）绝缘电阻检测仪（应采用点测的方法，不应使电极在绝缘工具表面滑动，避免刮伤绝缘工具表面）； （3）绝缘电阻值不得低于 700MΩ。
			绝缘工器具检查完毕，向工作负责人汇报检查结果。
	6	检查旁路设备	检查旁路设备： （1）电缆的外护套无机械性损伤； （2）电缆接头与电缆的连接部位无折断现象； （3）检查电缆接头绝缘表面无损伤； （4）检查开关的外表面无机械性损伤； （5）检查开关是否因气体压力低而引起闭锁。
			旁路设备检查完毕，向工作负责汇报检查结果。

5.2　操作步骤

√	序号	作业内容	步骤及要求
	1	敷设旁路设备	（1）作业人员敷设旁路设备地面防护装置； （2）作业人员在敷设好的旁路设备地面防护装置内敷设旁路柔性电缆； （3）在工作负责人指挥下，作业人员根据施工方案，使用电缆直线对接头将敷设好的旁路柔性电缆按相色连接好；检查无误后，作业人员盖好旁路设备地面防护装置保护盖板； （4）将旁路柔性电缆、旁路负荷开关可靠接续； （5）合上旁路负荷开关，检测旁路系统绝缘电阻，应不小于 500MΩ，检测完毕后对旁路系统逐相充分放电； （6）断开旁路负荷开关，并锁死保险环。
			敷设旁路柔性电缆应注意： （1）旁路作业设备检测完毕，向带电工作负责人汇报检查结果； （2）旁路柔性电缆地面敷设中如需跨越道路时，应使用电力架空跨越支架将旁路柔性电缆架空敷设并可靠固定；敷设旁路柔性电缆时，须由多名作业人员配合使旁路柔性电缆离开地面整体敷设，防止旁路柔性电缆与地面摩擦，且不得受力； （3）绝缘电阻检测完毕后，应进行充分放电，用绝缘放电杆放电时，绝缘放电杆的接地应良好； （4）连接旁路作业设备前，应对各接口进行清洁和润滑：用不起毛的清洁纸或清洁布、无水酒精或其他电缆清洁剂清洁；确认绝缘表面无污物、灰尘、水分、损伤。在插拔界面均匀涂润滑硅脂； （5）旁路柔性电缆采用地面敷设时，应对地面的旁路作业设备采取可靠的绝缘防护措施后方可投入运行，确保绝缘防护有效； （6）旁路柔性电缆运行期间，应派专人看守、巡视，防止外人碰触； （7）组装完毕并投入运行的旁路作业装备可以在雨、雪天气运行，但应做好防护。禁止在雨、雪天气进行旁路作业装备敷设、组装、回收等工作； （8）检测旁路回路整体绝缘电阻、放电时应戴绝缘手套。

续表

√	序号	作业内容	步骤及要求
	2	待检修电缆线路退出运行	（1）断开电源侧环网箱待检修电缆线路间隔开关； （2）断开负荷侧环网箱待检修电缆线路间隔开关； （3）对待检修电缆线路进行验电，确认待检修电缆线路无电； （4）合上电源侧环网箱待检修电缆线路间隔接地刀闸； （5）合上负荷侧环网箱待检修电缆线路间隔接地刀闸； （6）地面电工依次拆除电源侧、负荷侧环网箱待检修电缆线路间隔电缆终端。
	3	接入旁路柔性电缆终端	（1）旁路柔性电缆接入前，再次确认电源侧、负荷侧环网箱待检修电缆线路间隔接地刀闸在合闸位置； （2）地面电工按照原有电缆相序标识，依次将旁路回路两端的旁路柔性电缆终端接入两侧环网箱待检修电缆线路间隔开关的出线侧； （3）旁路柔性电缆接入后，断开电源侧、负荷侧环网箱待检修电缆线路间隔接地刀闸。
	4	旁路系统投入运行	（1）检查电源侧、负荷侧环网箱待检修电缆线路间隔接地刀闸在断开位置； （2）检查旁路负荷开关和电源侧、负荷侧环网箱待检修电缆线路间隔开关在断开位置； （3）合上电源侧环网箱待检修电缆线路间隔开关； （4）合上旁路负荷开关； （5）合上负荷侧环网箱待检修电缆线路间隔开关。
	5	检测电流	检查旁路回路的通流正常。
	6	检修电缆	电缆检修人员检修电缆。
	7	旁路系统退出运行	（1）断开负荷侧环网箱检修电缆线路间隔开关； （2）断开旁路负荷开关； （3）断开电源侧环网箱检修电缆线路间隔开关。
	8	拆除旁路柔性电缆终端	（1）旁路柔性电缆拆除前，再次确认电源侧、负荷侧环网箱检修电缆线路间隔开关在分闸位置，并合上接地刀闸； （2）地面电工依次拆除两侧环网箱检修电缆线路间隔开关出线侧旁路柔性电缆终端。
	9	检修电缆线路接入并投入运行	（1）检修电缆线路接入前，再次确认电源侧、负荷侧环网箱检修电缆线路间隔接地刀闸在合闸位置； （2）地面电工按照原有电缆相序标识，依次接入检修电缆线路电源侧、负荷侧环网箱检修电缆线路间隔电缆终端； （3）断开负荷侧环网箱检修电缆线路间隔接地刀闸； （4）断开电源侧环网箱检修电缆线路间隔接地刀闸； （5）合上电源侧环网箱检修电缆线路间隔开关； （6）合上负荷侧环网箱检修电缆线路间隔开关。
	10	拆除旁路设备	地面电工依次拆除并收回旁路柔性电缆、旁路负荷开关及地面防护设施。
	11	工作验收	作业人员检查施工质量： （1）环网箱无遗漏物； （2）装置无缺陷，符合运行条件； （3）向工作负责人汇报施工质量。

6　工作结束

√	序号	作业内容	步骤及要求
	1	清理现场	电缆工作负责人组织班组成员整理工具、材料。将工器具清洁后放入专用的箱（袋）中。清理现场，做到工完料尽场地清。
	2	召开收工会	电缆工作负责人组织召开现场收工会，进行工作总结和点评工作： （1）正确点评本项工作的施工质量； （2）点评班组成员在作业中的安全措施的落实情况； （3）点评班组成员对规程的执行情况。
	3	办理工作终结手续	电缆工作负责人按工作票内容与值班调控人员（运维人员）联系，工作结束，终结工作票。

7　验收记录

记录检修中发现的问题	
问题处理意见	

8　现场标准化作业指导书执行情况评估

评估内容	符合性	优		可操作项	
		良		不可操作项	
	可操作性	优		修改项	
		良		遗漏项	
存在问题					
改进意见					

9　附图

应根据现场勘察结果，绘制作业点及邻近装置的线路图。需进行倒闸操作的作业，应绘制负荷开关、断路器及隔离开关等电气设备的接线图，并注明运行状态。

旁路作业检修环网箱现场标准化作业指导书

（综合不停电作业法、短时停电）

1 范围

本指导书适用于 10kV 架空线路带电作业现场综合不停电作业法采用短时停电方式旁路作业检修环网箱工作，规定了该项工作现场标准化作业的工作步骤和技术要求。

2 规范性引用文件

GB/T 18857 《配电线路带电作业技术导则》

Q/GDW 10520 《10kV 配网不停电作业规范》

《国家电网公司电力安全工作规程（配电部分）》

3 人员组合

本项目需要工作人员 8 人。

3.1 作业人员要求

√	序号	责任人	资质	人数
	1	工作负责人	应具有一定的配电带电作业实际工作经验，熟悉设备状况，具有一定组织能力和事故处理能力，并按《安规》要求取得工作负责人资格。	1 人
	2	专责监护人	应具有一定的配电带电作业实际工作经验，熟悉设备状况，通过 10kV 配电线路带电作业专项培训，考试合格并持证上岗。	1 人
	3	地面电工	需经省公司级基地进行带电作业专项理论培训，考试合格并持证上岗。	5 人
	4	倒闸操作人员	应通过 10kV 配电线路倒闸操作专项培训，考试合格并持证上岗。	1 人

3.2 作业人员分工

√	序号	姓名	分工	签名
	1		工作负责人	
	2		专责监护人	
	3		倒闸操作人员	
	4		1 号地面电工	
	5		2 号地面电工	

续表

√	序号	姓名	分工	签名
	6		3 号地面电工	
	7		4 号地面电工	
	8		5 号地面电工	

4　工器具

领用电缆作业工器具应核对电压等级和试验周期，并检查外观完好无损。

工器具在运输过程中，应存放在专用工具袋、工具箱或工具车内，以防受潮和损伤。

4.1　装备

√	序号	名称	型号/规格	单位	数量	备注
	1	旁路作业车	10kV	辆	1	

4.2　个人防护用具

√	序号	名称	型号/规格	单位	数量	备注
	1	安全帽	电绝缘	顶	8	
	2	绝缘手套	10kV	副	1	
	3	防护手套	皮革	副	1	
	4	内衬手套	棉线	副	1	
	5	护目镜		副	1	防弧光及飞溅

4.3　绝缘遮蔽用具

√	序号	名称	型号/规格	单位	数量	备注
	1					根据工作需求准备

4.4　绝缘工具

√	序号	名称	型号/规格	单位	数量	备注
	1	绝缘放电杆	10kV	根	1	

4.5　旁路作业装备

√	序号	名称	型号/规格	单位	数量	备注
	1	高压旁路柔性电缆	10kV	组	1	
	2	电缆绝缘护线管	10kV	组	2	
	3	护线管接口绝缘护罩	10kV	组	2	

续表

√	序号	名称	型号/规格	单位	数量	备注
	4	电缆对接头及保护箱	10kV	套	若干	
	5	电缆分接头及保护箱	10kV	套	若干	
	6	电缆进出线保护箱	10kV	套	2	
	7	电缆架空跨越支架	5m 及以上	个	2	
	8	高压转接电缆	10kV	组	2	与环网箱配套

4.6 其他工具

√	序号	名称	型号/规格	单位	数量	备注
	1	绝缘电阻检测仪	2500V 及以上	台	1	
	2	验电器	10kV	支	1	
	3	绝缘手套充气装置		台	1	
	4	钳形电流表		台	1	
	5	风速检测仪		台	1	
	6	温度检测仪		台	1	
	7	湿度检测仪		台	1	
	8	防潮苫布		块	1	
	9	个人手工工具		套	1	
	10	对讲机		部	2	
	11	清洁布		块	2	
	12	安全围栏		组	1	
	13	“从此进出”标示牌		块	1	
	14	“在此工作”标示牌		块	1	

4.7 材料

√	序号	名称	型号/规格	单位	数量	备注
	1	环网箱	10kV	台	1	

5 作业程序

5.1 开工准备

√	序号	作业内容	步骤及要求
	1	现场复勘	工作负责人核对设备双重称号及编号。

续表

√	序号	作业内容	步骤及要求
	1	现场复勘	工作负责人检查地形环境是否符合作业要求： 地面平整坚实。
			工作负责人检查电缆装置是否具备作业条件： （1）工作负责人检查现场设备、环境的实际状态，并确认待检修电缆线路的负荷电流小于旁路系统额定电流200A； （2）检查环网箱箱体接地装置的完整性； （3）检查作业条件，如存在危险考虑采取措施，无法控制不应进行该项工作； （4）检查环网箱具备备用间隔。
			工作负责人检查气象条件： 带电作业应在良好天气下进行，风力大于5级，或湿度大于80%时，不宜带电作业。若遇雷电、雪、雹、雨、雾等不良天气，禁止带电作业。带电作业过程中若遇天气突然变化，有可能危及人身及设备安全时，应立即停止工作，撤离人员，恢复设备正常状况，或采取临时安全措施。
			工作负责人检查工作票所列安全措施，在工作票上补充安全措施。
	2	执行工作许可制度	工作负责人按工作票内容与值班调控人员（运维人员）联系，履行工作许可手续。
			工作负责人在工作票上签字。
	3	召开班前会	工作负责人宣读工作票。
			工作负责人检查工作班组成员精神状态、交待工作任务进行分工、交待工作中的安全措施和技术措施。
			工作负责人检查班组各成员对工作任务分工、安全措施和技术措施是否明确。
			班组各成员在工作票、风险控制卡和作业指导书上签名确认。
	4	布置工作现场	工作负责人组织班组成员设置工作现场的安全围栏、安全警示标志： （1）安全围栏的范围应考虑作业中高空坠落和高空落物的影响以及道路交通，必要时联系交通部门； （2）围栏的出入口应设置合理，并悬挂“从此进出”标示牌。
			将绝缘工器具放在防潮苫布上： （1）防潮苫布应清洁、干燥； （2）工器具应按定置管理要求分类摆放； （3）绝缘工器具不能与金属工具、材料混放。
	5	检查绝缘工器具	逐件对绝缘工器具进行外观检查： （1）检查人员应戴清洁、干燥的手套； （2）绝缘工具表面不应有磨损、变形损坏，操作应灵活； （3）个人安全防护用具应无针孔、砂眼、裂纹。

续表

√	序号	作业内容	步骤及要求
	5	检查绝缘工器具	使用绝缘电阻检测仪分段检测绝缘工具的表面绝缘电阻值： （1）测量电极应符合规程要求（极宽 2cm、极间距 2cm）； （2）正确使用（自检、测量）绝缘电阻检测仪（应采用点测的方法，不应使电极在绝缘工具表面滑动，避免刮伤绝缘工具表面）； （3）绝缘电阻值不得低于 700MΩ。
			绝缘工器具检查完毕，向工作负责人汇报检查结果。
	6	检查旁路设备	检查旁路设备： （1）电缆的外护套无机械性损伤； （2）电缆接头与电缆的连接部位无折断现象； （3）检查电缆接头绝缘表面无损伤。
			旁路设备检查完毕，向工作负责汇报检查结果。

5.2 操作步骤

设备名称说明：

1 号环网箱：待检修环网箱的电源侧环网箱；

2 号环网箱：待检修环网箱；

3 号环网箱：待检修环网箱的负荷侧环网箱；

4 号环网箱：4 号环网箱。

√	序号	作业内容	步骤及要求
	1	敷设旁路设备	（1）作业人员敷设旁路设备地面防护装置； （2）作业人员在敷设好的旁路设备地面防护装置内敷设旁路柔性电缆； （3）在工作负责人指挥下，作业人员根据施工方案，使用电缆直线对接头、电缆分接头将敷设好的旁路柔性电缆按相色连接好；检查无误后，作业人员盖好旁路设备地面防护装置保护盖板； （4）检测旁路系统绝缘电阻，应不小于 500MW，检测完毕后对旁路系统逐相充分放电。
			敷设旁路柔性电缆应注意： （1）旁路作业设备检测完毕，向工作负责人汇报检查结果； （2）旁路柔性电缆地面敷设中如需跨越道路时，应使用电力架空跨越支架将旁路柔性电缆架空敷设并可靠固定；敷设旁路柔性电缆时，须由多名作业人员配合使旁路柔性电缆离开地面整体敷设，防止旁路柔性电缆与地面摩擦，且不得受力； （3）绝缘电阻检测完毕后，应进行充分放电，用绝缘放电杆放电时，绝缘放电杆的接地应良好； （4）连接旁路作业设备前，应对各接口进行清洁和润滑：用不起毛的清洁纸或清洁布、无水酒精或其他电缆清洁剂清洁；确认绝缘表面无污物、灰尘、水分、损伤。在插拔界面均匀涂润滑硅脂； （5）旁路柔性电缆采用地面敷设时，应对地面的旁路作业设备采取可靠的绝缘防护措施后方可投入运行，确保绝缘防护有效； （6）旁路柔性电缆运行期间，应派专人看守、巡视，防止外人碰触；

续表

√	序号	作业内容	步骤及要求
	1	敷设旁路设备	（7）组装完毕并投入运行的旁路作业装备可以在雨、雪天气运行，但应做好防护。禁止在雨、雪天气进行旁路作业装备敷设、组装、回收等工作； （8）检测旁路回路整体绝缘电阻、放电时应戴绝缘手套。
	2	4号环网箱退出运行	（1）断开2号环网箱至4号环网箱的馈线间隔开关； （2）断开4号环网箱进线间隔开关； （3）对2号-4号环网箱间电缆进行验电，确认无电压； （4）合上4号环网箱进线间隔接地刀闸； （5）合上2号环网箱至4号环网箱的馈线间隔接地刀闸； （6）拆除4号环网箱进线间隔电缆终端。
	3	接入旁路柔性电缆终端	（1）旁路柔性电缆接入前，再次确认1号、3号环网箱备用间隔开关在分闸位置，并合上1号、3号环网箱备用间隔接地刀闸；确认4号环网箱进线间隔接地刀闸在合闸位置； （2）地面电工按照原有电缆相序标识，依次将旁路柔性电缆终端接入1号、3号环网箱备用间隔和4号环网箱进线间隔； （3）断开1号、3号环网箱备用间隔和4号环网箱进线间隔接地刀闸。
	4	旁路系统投入运行	（1）确认1号、3号环网箱备用间隔和4号环网箱进线间隔接地刀闸在断开位置； （2）合上1号环网箱备用间隔开关； （3）合上4号环网箱进线间隔开关； （4）检测4号环网箱旁路柔性电缆通流正常； （5）在3号环网箱进行核相，确认相序正确； （6）合上3号环网箱备用间隔开关； （7）检测3号环网箱旁路柔性电缆分流正常。
	5	2号环网箱退出运行	（1）断开1号环网箱至2号环网箱的出线间隔开关； （2）断开2号环网箱进线间隔开关； （3）断开2号环网箱至3号环网箱的出线间隔开关； （4）断开3号环网箱进线间隔开关； （5）对1～2号环网箱间电缆、2～3号环网箱间电缆进行验电，确认无电压； （6）合上1号环网箱至2号环网箱的出线间隔接地刀闸； （7）合上3号环网箱进线间隔接地刀闸； （8）合上2号环网箱进线间隔接地刀闸； （9）合上2号环网箱至3号环网箱的出线间隔接地刀闸。
	6	检修2号环网箱	电缆检修人员检修2号环网箱。
	7	2号环网箱投入运行	（1）断开2号环网箱至3号环网箱的出线间隔接地刀闸； （2）断开2号环网箱进线间隔接地刀闸； （3）断开3号环网箱进线间隔接地刀闸； （4）断开1号环网箱至2号环网箱的出线间隔接地刀闸； （5）合上1号环网箱至2号环网箱的出线间隔开关； （6）合上2号环网箱的进线间隔开关； （7）合上2号环网箱至3号环网箱的出线间隔开关； （8）在3号环网箱进行核相，确认相序正确； （9）合上3号环网箱的进线间隔开关； （10）检测3号环网箱电缆通流正常。

续表

√	序号	作业内容	步骤及要求
	8	旁路系统退出运行	（1）断开3号环网箱备用间隔开关； （2）断开4号环网箱进线间隔开关； （3）断开1号环网箱备用间隔开关。
	9	拆除旁路柔性电缆终端	（1）旁路柔性电缆拆除前，再次确认1号、3号环网箱备用间隔开关和4号环网箱进线间隔开关在分闸位置，并合上1号、3号环网箱备用间隔和4号环网箱进线间隔接地刀闸； （2）地面电工拆除1号、3号环网箱备用间隔和4号环网箱进线间隔旁路柔性电缆终端； （3）断开1号、3号环网箱备用间隔接地刀闸。
	10	4号环网箱投入运行	（1）确认4号环网箱进线间隔接地刀闸在合闸位置； （2）确认2号环网箱至4号环网箱的馈线间隔接地刀闸在合闸位置； （3）地面电工按照原有电缆相序标识，安装4号环网箱进线间隔电缆终端； （4）断开4号环网箱进线间隔接地刀闸； （5）断开2号环网箱至4号环网箱的馈线间隔接地刀闸； （6）合上2号环网箱至4号环网箱的馈线间隔开关； （7）合上4号环网箱进线间隔开关； （8）检测4号环网箱电缆通流正常。
	11	拆除旁路设备	地面电工依次收回旁路柔性电缆和地面防护设施。
	12	工作验收	作业人员检查施工质量： （1）环网箱无遗漏物； （2）装置无缺陷，符合运行条件； （3）向工作负责人汇报施工质量。

6 工作结束

√	序号	作业内容	步骤及要求
	1	清理现场	工作负责人组织班组成员整理工具、材料，将工器具清洁后放入专用的箱（袋）中，清理现场，做到工完料尽场地清。
	2	召开收工会	工作负责人组织召开现场收工会，进行工作总结和点评工作： （1）正确点评本项工作的施工质量； （2）点评班组成员在作业中的安全措施的落实情况； （3）点评班组成员对规程的执行情况。
	3	办理工作终结手续	工作负责人按工作票内容与值班调控人员（运维人员）联系，工作结束，终结工作票。

7 验收记录

记录检修中发现的问题	
问题处理意见	

8　现场标准化作业指导书执行情况评估

评估内容	符合性	优		可操作项	
		良		不可操作项	
	可操作性	优		修改项	
		良		遗漏项	
存在问题					
改进意见					

9　附图

应根据现场勘察结果，绘制作业点及邻近装置的线路图。需进行倒闸操作的作业，应绘制负荷开关、断路器及隔离开关等电气设备的接线图，并注明运行状态。

从环网箱临时取电给环网箱供电现场标准化作业指导书

（综合不停电作业法）

1 范围

本指导书适用于 10kV 架空线路带电作业现场综合不停电作业法从环网箱临时取电给环网箱供电工作，规定了该项工作现场标准化作业的工作步骤和技术要求。

2 规范性引用文件

GB/T 18857 《配电线路带电作业技术导则》

Q/GDW 10520 《10kV 配网不停电作业规范》

《国家电网公司电力安全工作规程（配电部分）》

3 人员组合

本项目需要工作人员 8 人。

3.1 作业人员要求

√	序号	责任人	资质	人数
	1	工作负责人	应具有一定的配电带电作业实际工作经验，熟悉设备状况，具有一定组织能力和事故处理能力，并按《安规》要求取得工作负责人资格。	1 人
	2	专责监护人	应具有一定的配电带电作业实际工作经验，熟悉设备状况，通过 10kV 配电线路带电作业专项培训，考试合格并持证上岗。	1 人
	3	地面电工	需经省公司级基地进行带电作业专项理论培训，考试合格并持证上岗。	5 人
	4	倒闸操作人员	应通过 10kV 配电线路倒闸操作专项培训，考试合格并持证上岗。	1 人

3.2 作业人员分工

√	序号	姓名	分工	签名
	1		工作负责人	
	2		专责监护人	
	3		倒闸操作人员	
	4		1 号地面电工	
	5		2 号地面电工	

续表

√	序号	姓名	分工	签名
	6		3 号地面电工	
	7		4 号地面电工	
	8		5 号地面电工	

4 工器具

领用电缆作业工器具应核对电压等级和试验周期，并检查外观完好无损。

工器具在运输过程中，应存放在专用工具袋、工具箱或工具车内，以防受潮和损伤。

4.1 装备

√	序号	名称	型号/规格	单位	数量	备注
	1	旁路作业车	10kV	辆	1	

4.2 个人防护用具

√	序号	名称	型号/规格	单位	数量	备注
	1	安全帽	电绝缘	顶	8	
	2	绝缘手套	10kV	副	1	
	3	防护手套	皮革	副	1	
	4	内衬手套	棉线	副	1	
	5	护目镜		副	1	防弧光及飞溅

4.3 绝缘遮蔽用具

√	序号	名称	型号/规格	单位	数量	备注
	1					根据工作需求准备

4.4 绝缘工具

√	序号	名称	型号/规格	单位	数量	备注
	1	绝缘放电杆	10kV	根	1	

4.5 旁路作业装备

√	序号	名称	型号/规格	单位	数量	备注
	1	高压旁路柔性电缆	10kV	组	1	
	2	电缆绝缘护线管	10kV	组	2	
	3	护线管接口绝缘护罩	10kV	组	2	

续表

√	序号	名称	型号/规格	单位	数量	备注
	4	电缆对接头及保护箱	10kV	套	若干	
	5	电缆进出线保护箱	10kV	套	2	
	6	电缆架空跨越支架	5m 及以上	个	2	
	7	高压转接电缆	10kV	组	2	与环网箱配套

4.6 其他工具

√	序号	名称	型号/规格	单位	数量	备注
	1	绝缘电阻检测仪	2500V 及以上	台	1	
	2	验电器	10kV	支	1	
	3	绝缘手套充气装置		台	1	
	4	钳形电流表		台	1	
	5	风速检测仪		台	1	
	6	温度检测仪		台	1	
	7	湿度检测仪		台	1	
	8	防潮苫布		块	1	
	9	个人手工工具		套	1	
	10	对讲机		部	2	
	11	清洁布		块	2	
	12	安全围栏		组	1	
	13	“从此进出”标示牌		块	1	
	14	“在此工作”标示牌		块	1	

4.7 材料

√	序号	名称	型号/规格	单位	数量	备注
	1					根据工作需求准备

5 作业程序

5.1 开工准备

√	序号	作业内容	步骤及要求
	1	现场复勘	工作负责人核对设备双重称号及编号。
			工作负责人检查地形环境是否符合作业要求： 地面平整坚实。

续表

√	序号	作业内容	步骤及要求
	1	现场复勘	工作负责人检查电缆装置是否具备作业条件： （1）工作负责人检查现场设备、环境的实际状态，并确认待取电环网箱的负荷电流小于旁路系统额定电流 200A； （2）检查环网箱箱体接地装置的完整性； （3）检查作业条件，如存在危险考虑采取措施，无法控制不应进行该项工作； （4）检查环网箱具备备用间隔。
			工作负责人检查气象条件： 带电作业应在良好天气下进行，风力大于 5 级，或湿度大于 80%时，不宜带电作业。若遇雷电、雪、雹、雨、雾等不良天气，禁止带电作业。带电作业过程中若遇天气突然变化，有可能危及人身及设备安全时，应立即停止工作，撤离人员，恢复设备正常状况，或采取临时安全措施。
			工作负责人检查工作票所列安全措施，在工作票上补充安全措施。
	2	执行工作许可制度	工作负责人按工作票内容与值班调控人员（运维人员）联系，履行工作许可手续。
			工作负责人在工作票上签字。
	3	召开班前会	工作负责人宣读工作票。
			工作负责人检查工作班组成员精神状态、交待工作任务进行分工、交待工作中的安全措施和技术措施。
			工作负责人检查班组各成员对工作任务分工、安全措施和技术措施是否明确。
			班组各成员在工作票、风险控制卡和作业指导书上签名确认。
	4	布置工作现场	工作负责人组织班组成员设置工作现场的安全围栏、安全警示标志： （1）安全围栏的范围应考虑作业中高空坠落和高空落物的影响以及道路交通，必要时联系交通部门； （2）围栏的出入口应设置合理，并悬挂“从此进出”标示牌。
			将绝缘工器具放在防潮苫布上： （1）防潮苫布应清洁、干燥； （2）工器具应按定置管理要求分类摆放； （3）绝缘工器具不能与金属工具、材料混放。
	5	检查绝缘工器具	逐件对绝缘工器具进行外观检查： （1）检查人员应戴清洁、干燥的手套； （2）绝缘工具表面不应有磨损、变形损坏，操作应灵活； （3）个人安全防护用具应无针孔、砂眼、裂纹。
			使用绝缘电阻检测仪分段检测绝缘工具的表面绝缘电阻值： （1）测量电极应符合规程要求（极宽 2cm、极间距 2cm）； （2）正确使用（自检、测量）绝缘电阻检测仪（应采用点测的方法，不应使电极在绝缘工具表面滑动，避免刮伤绝缘工具表面）； （3）绝缘电阻值不得低于 700MW。
			绝缘工器具检查完毕，向工作负责人汇报检查结果。

续表

√	序号	作业内容	步骤及要求
	6	检查旁路设备	检查旁路设备： （1）电缆的外护套无机械性损伤； （2）电缆接头与电缆的连接部位无折断现象； （3）检查电缆接头绝缘表面无损伤。
			旁路设备检查完毕，向工作负责汇报检查结果。

5.2 操作步骤

√	序号	作业内容	步骤及要求
	1	敷设旁路设备	（1）作业人员敷设旁路设备地面防护装置； （2）作业人员在敷设好的旁路设备地面防护装置内敷设旁路柔性电缆； （3）在工作负责人指挥下，作业人员根据施工方案，使用电缆直线对接头将敷设好的旁路柔性电缆按相色连接好；检查无误后，作业人员盖好旁路设备地面防护装置保护盖板； （4）检测旁路系统绝缘电阻，应不小于 500MW，检测完毕后对旁路系统逐相充分放电。
			敷设旁路柔性电缆应注意： （1）旁路作业设备检测完毕，向工作负责人汇报检查结果； （2）旁路柔性电缆地面敷设中如需跨越道路时，应使用电力架空跨越支架将旁路柔性电缆架空敷设并可靠固定；敷设旁路柔性电缆时，须由多名作业人员配合使旁路柔性电缆离开地面整体敷设，防止旁路柔性电缆与地面摩擦，且不得受力； （3）绝缘电阻检测完毕后，应进行充分放电，用绝缘放电杆放电时，绝缘放电杆的接地应良好； （4）连接旁路作业设备前，应对各接口进行清洁和润滑：用不起毛的清洁纸或清洁布、无水酒精或其他电缆清洁剂清洁；确认绝缘表面无污物、灰尘、水分、损伤。在插拔界面均匀涂润滑硅脂； （5）旁路柔性电缆采用地面敷设时，应对地面的旁路作业设备采取可靠的绝缘防护措施后方可投入运行，确保绝缘防护有效； （6）旁路柔性电缆运行期间，应派专人看守、巡视，防止外人碰触； （7）组装完毕并投入运行的旁路作业装备可以在雨、雪天气运行，但应做好防护。禁止在雨、雪天气进行旁路作业装备敷设、组装、回收等工作； （8）检测旁路回路整体绝缘电阻、放电时应戴绝缘手套。
	2	接入旁路柔性电缆终端	（1）确认电源侧环网箱备用间隔和待取电环网箱备用间隔开关处于分闸位置； （2）合上电源侧环网箱备用间隔和待取电环网箱备用间隔接地刀闸； （3）地面电工将旁路柔性电缆终端按照核准的相位安装到电源侧环网箱备用间隔和待取电环网箱备用间隔上； （4）断开电源侧环网箱备用间隔和待取电环网箱备用间隔接地刀闸。

续表

√	序号	作业内容	步骤及要求
	3	旁路系统投入运行	（1）确认电源侧环网箱备用间隔和待取电环网箱备用间隔接地刀闸在分闸位置； （2）合上电源侧环网箱备用间隔开关； （3）合上待取电环网箱备用间隔开关； （4）检测旁路系统通流正常。
	4	旁路系统退出运行	临时取电工作结束，倒闸操作，旁路系统退出运行： （1）断开取电环网箱备用间隔开关； （2）断开电源侧环网箱备用间隔开关； （3）对电源侧环网箱备用间隔至取电环网箱备用间隔间旁路柔性电缆进行验电，确认无电压； （4）合上电源侧环网箱备用间隔和取电环网箱备用间隔接地刀闸。
	5	拆除旁路设备	（1）旁路柔性电缆拆除前，再次确认电源侧环网箱备用间隔和取电环网箱备用间隔接地刀闸在合闸位置； （2）地面电工拆除电源侧环网箱备用间隔和取电环网箱备用间隔旁路柔性电缆终端； （3）断开电源侧环网箱备用间隔和取电环网箱备用间隔接地刀闸； （4）地面电工依次收回旁路柔性电缆和地面防护设施。
	6	工作验收	作业人员检查施工质量： （1）环网箱无遗漏物； （2）装置无缺陷，符合运行条件； （3）向工作负责人汇报施工质量。

6　工作结束

√	序号	作业内容	步骤及要求
	1	清理现场	工作负责人组织班组成员整理工具、材料。将工器具清洁后放入专用的箱（袋）中。清理现场，做到工完料尽场地清。
	2	召开收工会	工作负责人组织召开现场收工会，进行工作总结和点评工作： （1）正确点评本项工作的施工质量； （2）点评班组成员在作业中的安全措施的落实情况； （3）点评班组成员对规程的执行情况。
	3	办理工作终结手续	工作负责人按工作票内容与值班调控人员（运维人员）联系，工作结束，终结工作票。

7　验收记录

记录检修中发现的问题	
问题处理意见	

8 现场标准化作业指导书执行情况评估

<table>
<tr><td rowspan="4">评估内容</td><td rowspan="2">符合性</td><td>优</td><td></td><td>可操作项</td><td></td></tr>
<tr><td>良</td><td></td><td>不可操作项</td><td></td></tr>
<tr><td rowspan="2">可操作性</td><td>优</td><td></td><td>修改项</td><td></td></tr>
<tr><td>良</td><td></td><td>遗漏项</td><td></td></tr>
<tr><td>存在问题</td><td colspan="5"></td></tr>
<tr><td>改进意见</td><td colspan="5"></td></tr>
</table>

9 附图

应根据现场勘察结果，绘制作业点及邻近装置的线路图。需进行倒闸操作的作业，应绘制负荷开关、断路器及隔离开关等电气设备的接线图，并注明运行状态。

从架空线路临时取电给环网箱供电现场标准化作业指导书

（综合不停电作业法、绝缘斗臂车）

1 范围

本指导书适用于 10kV 架空线路带电作业现场综合不停电作业法采用绝缘斗臂车从架空线路临时取电给环网箱供电工作，规定了该项工作现场标准化作业的工作步骤和技术要求。

2 规范性引用文件

GB/T 18857 《配电线路带电作业技术导则》

Q/GDW 10520 《10kV 配网不停电作业规范》

《国家电网公司电力安全工作规程（配电部分）》

3 人员组合

本项目需要工作人员 8 人。

3.1 作业人员要求

√	序号	责任人	资质	人数
	1	工作负责人	应具有一定的配电带电作业实际工作经验，熟悉设备状况，具有一定组织能力和事故处理能力，并按《安规》要求取得工作负责人资格。	1 人
	2	专责监护人	应具有一定的配电带电作业实际工作经验，熟悉设备状况，通过 10kV 配电线路带电作业专项培训，考试合格并持证上岗。	1 人
	3	斗内电工	应通过 10kV 配电线路带电作业专项培训，考试合格并持证上岗。	2 人
	4	地面电工	需经省公司级基地进行带电作业专项理论培训，考试合格并持证上岗。	3 人
	5	倒闸操作人员	应通过 10kV 配电线路倒闸操作专项培训，考试合格并持证上岗。	1 人

3.2 作业人员分工

√	序号	姓名	分工	签名
	1		工作负责人	
	2		专责监护人	
	3		1 号斗内电工	
	4		2 号斗内电工	

续表

√	序号	姓名	分工	签名
	5		1 号地面电工	
	6		2 号地面电工	
	7		3 号地面电工	
	8		倒闸操作人员	

4 工器具

领用带电作业工器具应核对电压等级和试验周期，并检查外观完好无损。

工器具在运输过程中，应存放在专用工具袋、工具箱或工具车内，以防受潮和损伤。

4.1 装备

√	序号	名称	型号/规格	单位	数量	备注
	1	绝缘斗臂车	10kV	辆	1	
	2	旁路作业车	10kV	辆	1	

4.2 个人防护用具

√	序号	名称	型号/规格	单位	数量	备注
	1	安全帽	电绝缘	顶	6	
	2	绝缘安全帽	10kV	顶	2	
	3	绝缘服或绝缘披肩	10kV	套	2	
	4	绝缘手套	10kV	副	3	
	5	防护手套	皮革	副	3	
	6	内衬手套	棉线	副	3	
	7	护目镜		副	3	防弧光及飞溅
	8	安全带	全方位式	副	2	绝缘型

4.3 绝缘遮蔽用具

√	序号	名称	型号/规格	单位	数量	备注
	1	导线遮蔽罩	10kV	个	6	
	2	绝缘毯	10kV	块	10	
	3	绝缘毯夹	10kV	个	20	

4.4 绝缘工具

√	序号	名称	型号/规格	单位	数量	备注
	1	绝缘传递绳	10kV	套	1	
	2	传递绳		套	2	

4.5 旁路作业装备

√	序号	名称	型号/规格	单位	数量	备注
	1	旁路高压引下电缆	10kV	组	1	200A
	2	余缆支架	10kV	个	2	
	3	高压旁路柔性电缆	10kV	组	1	
	4	电缆绝缘护线管	10kV	组	2	
	5	护线管接口绝缘护罩	10kV	组	2	
	6	电缆对接头及保护箱	10kV	套	若干	
	7	电缆进出线保护箱	10kV	个	2	
	8	电缆架空跨越支架	5m 及以上	个	2	
	9	高压转接电缆	10kV	组	2	与移动箱变配套

4.6 其他工具

√	序号	名称	型号/规格	单位	数量	备注
	1	绝缘电阻检测仪	2500V 及以上	台	1	
	2	验电器	10kV	支	1	
	3	绝缘手套充气装置		台	1	
	4	钳形电流表		台	1	
	5	风速检测仪		台	1	
	6	温度检测仪		台	1	
	7	湿度检测仪		台	1	
	8	剥皮器		个	1	
	9	防潮苫布		块	1	
	10	接地线		组	2	
	11	个人手工工具		套	5	
	12	对讲机		部	2	
	13	清洁布		块	2	
	14	安全围栏		组	1	
	15	“从此进出”标示牌		块	1	
	16	“在此工作”标示牌		块	1	

4.7 材料

√	序号	名称	型号/规格	单位	数量	备注
	1	绝缘胶带	自粘式	盘	1	
	2	防水胶带	自粘式	盘	1	

5 作业程序

5.1 开工准备

√	序号	作业内容	步骤及要求
	1	现场复勘	工作负责人核对工作线路双重称号、杆号。
			工作负责人检查地形环境是否符合作业要求： （1）平整坚实； （2）地面倾斜度不大于5°。
			工作负责人检查电缆装置是否具备作业条件： （1）工作负责人检查现场设备、环境的实际状态，并确认待取电环网箱的负荷电流小于旁路系统额定电流200A； （2）检查环网箱箱体接地装置的完整性； （3）检查作业条件，如存在危险考虑采取措施，无法控制不应进行该项工作； （4）检查环网箱具备备用间隔。
			工作负责人检查气象条件： 带电作业应在良好天气下进行，风力大于5级，或湿度大于80%时，不宜带电作业。若遇雷电、雪、雹、雨、雾等不良天气，禁止带电作业。带电作业过程中若遇天气突然变化，有可能危及人身及设备安全时，应立即停止工作，撤离人员，恢复设备正常状况，或采取临时安全措施。
			工作负责人检查工作票所列安全措施，在工作票上补充安全措施。
	2	执行工作许可制度	工作负责人按工作票内容与值班调控人员（运维人员）联系，确认线路重合闸装置已退出。
			工作负责人在工作票上签字。
	3	召开班前会	工作负责人宣读工作票。
			工作负责人检查工作班组成员精神状态、交待工作任务进行分工、交待工作中的安全措施和技术措施。
			工作负责人检查班组各成员对工作任务分工、安全措施和技术措施是否明确。
			班组各成员在工作票、风险控制卡和作业指导书上签名确认。
	4	停放绝缘斗臂车	将绝缘斗臂车停放到适当位置。作业人员应对停放位置进行检查，以下为现场应检查的停放绝缘斗臂车位置的要素： （1）停放的位置应便于绝缘斗臂车绝缘斗到达作业位置，避开附近电力线和障碍物，并能保证作业时绝缘斗臂车的绝缘臂有效绝缘长度； （2）停放位置坡度不大于5°。

续表

√	序号	作业内容	步骤及要求
	4	停放绝缘斗臂车	支放绝缘斗臂车支腿，作业人员应对支腿情况进行检查，然后向工作负责人汇报检查项目及结果，检查标准为： （1）不应支放在沟道盖板上； （2）软土地面应使用垫块或枕木，垫板重叠不超过 2 块； （3）支撑应到位。车辆前后、左右呈水平；“H”型支腿的车型，水平支腿应全部伸出。
			使用截面面积不小于 $16mm^2$ 的软铜线将绝缘斗臂车可靠接地。
	5	布置工作现场	工作负责人组织班组成员设置工作现场的安全围栏、安全警示标志： （1）安全围栏的范围应考虑作业中高空坠落和高空落物的影响以及道路交通，必要时联系交通部门； （2）围栏的出入口应设置合理，并悬挂“从此进出”标示牌。
			将绝缘工器具放在防潮苫布上： （1）防潮苫布应清洁、干燥； （2）工器具应按定置管理要求分类摆放； （3）绝缘工器具不能与金属工具、材料混放。
	6	检查绝缘工器具	逐件对绝缘工器具进行外观检查： （1）检查人员应戴清洁、干燥的手套； （2）绝缘工具表面不应有磨损、变形损坏，操作应灵活； （3）个人安全防护用具和遮蔽用具应无针孔、砂眼、裂纹； （4）检查全方位安全带外观，并做冲击试验。
			使用绝缘电阻检测仪分段检测绝缘工具的表面绝缘电阻值： （1）测量电极应符合规程要求（极宽 2cm、极间距 2cm）； （2）正确使用（自检、测量）绝缘电阻检测仪（应采用点测的方法，不应使电极在绝缘工具表面滑动，避免刮伤绝缘工具表面）； （3）绝缘电阻值不得低于 700MW。
			绝缘工器具检查完毕，向工作负责人汇报检查结果。
	7	检查旁路设备	检查旁路设备： （1）电缆的外护套无机械性损伤； （2）电缆接头与电缆的连接部位无折断现象； （3）检查电缆接头绝缘表面无损伤。
			旁路设备检查完毕，向工作负责汇报检查结果。
	8	检查绝缘斗臂车	检查绝缘斗臂车表面状况：绝缘斗、绝缘臂应清洁、无裂纹损伤。
			试操作绝缘斗臂车： （1）试操作应空斗进行； （2）试操作应充分，有回转、升降、伸缩的过程。确认液压、机械、电气系统正常可靠、制动装置可靠。
			绝缘斗臂车检查和试操作完毕，向工作负责人汇报检查结果。
	9	斗内电工进入绝缘斗臂车绝缘斗	1 号、2 号斗内电工穿戴好全套的个人安全防护用具： （1）个人安全防护用具包括安全帽、绝缘服或绝缘披肩、绝缘手套（带防护手套）、护目镜等； （2）工作负责人应检查斗内电工个人防护用具的穿戴是否正确。

续表

√	序号	作业内容	步骤及要求
	9	斗内电工进入绝缘斗臂车绝缘斗	地面电工配合将工器具放入绝缘斗： （1）工器具应分类放置工具袋中； （2）工器具的金属部分不准超出绝缘斗； （3）工具和人员重量不得超过绝缘斗额定载荷。
			1号、2号斗内电工进入绝缘斗，挂好全方位安全带保险钩。

5.2 操作步骤

√	序号	作业内容	步骤及要求
	1	进入带电作业区域	经工作负责人许可后，斗内电工操作绝缘斗臂车，进入带电作业区域，绝缘斗移动应平稳匀速，在进入带电作业区域时： （1）应无大幅晃动现象； （2）绝缘斗下降、上升的速度不应超过0.5m/s； （3）绝缘斗边沿的最大线速度不应超过0.5m/s。
	2	验电	2号斗内电工将绝缘斗调整至适当位置，1号斗内电工使用验电器对导线、绝缘子、横担进行验电，确认无漏电现象。
	3	设置绝缘遮蔽隔离措施	带电作业过程中人体与带电体应保持足够的安全距离（不小于0.4m），如不满足安全距离要求，应进行绝缘遮蔽： （1）按照“从近到远、从下到上、先带电体后接地体”的遮蔽原则进行绝缘遮蔽； （2）遮蔽的部位为高压导线，必要时绝缘子及横担宜应遮蔽； （3）绝缘遮蔽隔离措施应严密、牢固，绝缘遮蔽用具之间搭接不得小于150mm。
	4	安装旁路设备	（1）旁路柔性电缆展放完毕后，检测旁路系统绝缘电阻，应不小于500MW，检测完毕后对旁路系统逐相充分放电； （2）两名斗内电工在地面电工配合下，使用传递绳将高压侧余缆支架拉起，并在电杆合适位置安装高压侧余缆支架； （3）两名斗内电工在地面电工配合下，使用传递绳将旁路柔性电缆分别拉起，并将其按相色固定在高压侧余缆支架上； （4）两名斗内电工将旁路柔性电缆使用绳扣固定在导线遮蔽罩适当位置； （5）倒闸操作人员确认环网箱备用间隔开关在分闸位置后，合上环网箱备用间隔接地刀闸； （6）地面电工将旁路柔性电缆按照核准的相位安装到环网箱备用间隔； （7）倒闸操作人员断开环网箱备用间隔接地刀闸； （8）斗内电工将旁路柔性电缆另一端按照核准的相位与高压架空线路连接，并及时恢复绝缘遮蔽； （9）连接完成后，斗内电工返回地面。
			敷设旁路柔性电缆应注意： （1）旁路作业设备检测完毕，向工作负责人汇报检查结果； （2）旁路柔性电缆地面敷设中如需跨越道路时，应使用电力架空跨越支架将旁路柔性电缆架空敷设并可靠固定；敷设旁路柔性电缆时，须由多名作业人员配合使旁路柔性电缆离开地面整体敷设，防止旁路柔性电缆与地面摩擦，且不得受力；

续表

√	序号	作业内容	步骤及要求
	4	安装旁路设备	（3）绝缘电阻检测完毕后，应进行充分放电，用绝缘放电杆放电时，绝缘放电杆的接地应良好； （4）连接旁路作业设备前，应对各接口进行清洁和润滑：用不起毛的清洁纸或清洁布、无水酒精或其他电缆清洁剂清洁；确认绝缘表面无污物、灰尘、水分、损伤。在插拔界面均匀涂润滑硅脂； （5）旁路柔性电缆采用地面敷设时，应对地面的旁路作业设备采取可靠的绝缘防护措施后方可投入运行，确保绝缘防护有效； （6）旁路柔性电缆运行期间，应派专人看守、巡视，防止外人碰触； （7）组装完毕并投入运行的旁路作业装备可以在雨、雪天气运行，但应做好防护。禁止在雨、雪天气进行旁路作业装备敷设、组装、回收等工作； （8）检测旁路回路整体绝缘电阻、放电时应戴绝缘手套。
	5	旁路系统投入运行	（1）合上环网箱备用间隔开关； （2）检测旁路系统通流正常。
	6	旁路系统退出运行	临时取电工作结束，倒闸操作，旁路系统退出运行： （1）断开环网箱备用间隔开关； （2）检测旁路系统电流为零。
	7	拆除旁路设备	（1）两名斗内电工拆除架空线路旁路柔性电缆引流线夹，恢复绝缘遮蔽并下放至地面，及时恢复导线的绝缘； （2）倒闸操作人员验明电缆无电压后，合上环网箱备用间隔接地刀闸； （3）地面电工拆除环网箱旁路柔性电缆终端； （4）倒闸操作人员断开环网箱备用间隔接地刀闸； （5）地面电工收回旁路柔性电缆。
	8	拆除绝缘遮蔽隔离措施	斗内电工将绝缘斗调整至适当位置，拆除线路绝缘遮蔽隔离措施。
	9	工作验收	斗内电工撤出带电作业区域时： （1）应无大幅晃动现象； （2）绝缘斗下降、上升的速度不应超过 0.5m/s； （3）绝缘斗边沿的最大线速度不应超过 0.5m/s。
			斗内电工检查施工质量： （1）杆上无遗漏物； （2）装置无缺陷，符合运行条件； （3）向工作负责人汇报施工质量。
			作业人员检查施工质量： （1）环网箱无遗漏物； （2）装置无缺陷，符合运行条件； （3）向工作负责人汇报施工质量。
	10	撤离杆塔	下降绝缘斗返回地面、收回绝缘臂时应注意绝缘斗臂车周围杆塔、线路等情况。

6 工作结束

√	序号	作业内容	步骤及要求
	1	清理现场	将绝缘斗臂车各部件复位。需注意： （1）收回绝缘斗臂车接地线； （2）绝缘斗臂车支腿收回。
			工作负责人组织班组成员整理工具、材料。将工器具清洁后放入专用的箱（袋）中。清理现场，做到工完料尽场地清。
	2	召开收工会	工作负责人组织召开现场收工会，进行工作总结和点评工作： （1）正确点评本项工作的施工质量； （2）点评班组成员在作业中的安全措施的落实情况； （3）点评班组成员对规程的执行情况。
	3	办理工作终结手续	工作负责人按工作票内容与值班调控人员（运维人员）联系，工作结束，恢复线路重合闸，终结工作票。

7 验收记录

记录检修中发现的问题	
问题处理意见	

8 现场标准化作业指导书执行情况评估

<table>
<tr><td rowspan="4">评估内容</td><td rowspan="2">符合性</td><td>优</td><td></td><td>可操作项</td><td></td></tr>
<tr><td>良</td><td></td><td>不可操作项</td><td></td></tr>
<tr><td rowspan="2">可操作性</td><td>优</td><td></td><td>修改项</td><td></td></tr>
<tr><td>良</td><td></td><td>遗漏项</td><td></td></tr>
<tr><td>存在问题</td><td colspan="5"></td></tr>
<tr><td>改进意见</td><td colspan="5"></td></tr>
</table>

9 附图

应根据现场勘察结果，绘制作业点及邻近装置的线路图。需进行倒闸操作的作业，应绘制负荷开关、断路器及隔离开关等电气设备的接线图，并注明运行状态。

从环网箱临时取电给移动箱变供电现场标准化作业指导书

（综合不停电作业法）

1 范围

本指导书适用于 10kV 架空线路带电作业现场综合不停电作业法从环网箱临时取电给移动箱变供电工作，规定了该项工作现场标准化作业的工作步骤和技术要求。

2 规范性引用文件

GB/T 18857 《配电线路带电作业技术导则》
Q/GDW 10520 《10kV 配网不停电作业规范》
《国家电网公司电力安全工作规程（配电部分）》

3 人员组合

本项目需要工作人员 8 人。

3.1 作业人员要求

√	序号	责任人	资质	人数
	1	工作负责人	应具有一定的配电带电作业实际工作经验，熟悉设备状况，具有一定组织能力和事故处理能力，并按《安规》要求取得工作负责人资格。	1 人
	2	专责监护人	应具有一定的配电带电作业实际工作经验，熟悉设备状况，通过 10kV 配电线路带电作业专项培训，考试合格并持证上岗。	1 人
	3	地面电工	需经省公司级基地进行带电作业专项理论培训，考试合格并持证上岗。	5 人
	4	倒闸操作人员	应通过 10kV 配电线路倒闸操作专项培训，考试合格并持证上岗。	1 人

3.2 作业人员分工

√	序号	姓名	分工	签名
	1		工作负责人	
	2		专责监护人	
	3		倒闸操作人员	
	4		1 号地面电工	
	5		2 号地面电工	

续表

√	序号	姓名	分工	签名
	6		3 号地面电工	
	7		4 号地面电工	
	8		5 号地面电工	

4 工器具

领用电缆作业工器具应核对电压等级和试验周期，并检查外观完好无损。

工器具在运输过程中，应存放在专用工具袋、工具箱或工具车内，以防受潮和损伤。

4.1 装备

√	序号	名称	型号/规格	单位	数量	备注
	1	移动箱变	10kV	辆	1	
	2	旁路作业车	10kV	辆	1	

4.2 个人防护用具

√	序号	名称	型号/规格	单位	数量	备注
	1	安全帽	电绝缘	顶	8	
	2	绝缘手套	10kV	副	1	
	3	防护手套	皮革	副	1	
	4	内衬手套	棉线	副	1	
	5	护目镜		副	1	防弧光及飞溅

4.3 绝缘遮蔽用具

√	序号	名称	型号/规格	单位	数量	备注
	1					根据工作需求准备

4.4 绝缘工具

√	序号	名称	型号/规格	单位	数量	备注
	1	绝缘放电杆	10kV	根	1	

4.5 旁路作业装备

√	序号	名称	型号/规格	单位	数量	备注
	1	高压旁路柔性电缆	10kV	组	1	
	2	电缆绝缘护线管	10kV	组	2	

续表

√	序号	名称	型号/规格	单位	数量	备注
	3	护线管接口绝缘护罩	10kV	组	2	
	4	电缆对接头及保护箱	10kV	套	若干	
	5	电缆进出线保护箱	10kV	套	2	
	6	电缆架空跨越支架	5m 及以上	个	2	
	7	高压转接电缆	10kV	组	2	与环网箱配套

4.6 其他工具

√	序号	名称	型号/规格	单位	数量	备注
	1	绝缘电阻检测仪	2500V 及以上	台	1	
	2	验电器	10kV	支	1	
	3	绝缘手套充气装置		台	1	
	4	钳形电流表		台	1	
	5	风速检测仪		台	1	
	6	温度检测仪		台	1	
	7	湿度检测仪		台	1	
	8	防潮苫布		块	1	
	9	个人手工工具		套	1	
	10	对讲机		部	2	
	11	清洁布		块	2	
	12	安全围栏		组	1	
	13	“从此进出”标示牌		块	1	
	14	“在此工作”标示牌		块	1	

4.7 材料

√	序号	名称	型号/规格	单位	数量	备注
	1					根据工作需求准备

5 作业程序

5.1 开工准备

√	序号	作业内容	步骤及要求
	1	现场复勘	工作负责人核对设备双重称号及编号。

续表

√	序号	作业内容	步骤及要求
	1	现场复勘	工作负责人检查地形环境是否符合作业要求： 地面平整坚实。
			工作负责人检查电缆装置是否具备作业条件： （1）工作负责人检查现场设备、环境的实际状态，并确认移动箱变高压侧负荷电流小于旁路系统额定电流200A； （2）检查环网箱箱体接地装置的完整性； （3）检查作业条件，如存在危险考虑采取措施，无法控制不应进行该项工作； （4）检查环网箱具备备用间隔。
			工作负责人检查气象条件： 带电作业应在良好天气下进行，风力大于5级，或湿度大于80%时，不宜带电作业。若遇雷电、雪、雹、雨、雾等不良天气，禁止带电作业。带电作业过程中若遇天气突然变化，有可能危及人身及设备安全时，应立即停止工作，撤离人员，恢复设备正常状况，或采取临时安全措施。
			工作负责人检查工作票所列安全措施，在工作票上补充安全措施。
	2	执行工作许可制度	工作负责人按工作票内容与值班调控人员（运维人员）联系，履行工作许可手续。
			工作负责人在工作票上签字。
	3	召开班前会	工作负责人宣读工作票。
			工作负责人检查工作班组成员精神状态、交待工作任务进行分工、交待工作中的安全措施和技术措施。
			工作负责人检查班组各成员对工作任务分工、安全措施和技术措施是否明确。
			班组各成员在工作票、风险控制卡和作业指导书上签名确认。
	4	停放移动箱变	（1）移动箱变定位于适合作业位置，将移动箱变的工作接地（N线）与接地极可靠连接； （2）移动箱变外壳应可靠接地，并应与移动箱变的工作接地保持5m以上距离。
	5	布置工作现场	工作负责人组织班组成员设置工作现场的安全围栏、安全警示标志： （1）安全围栏的范围应考虑作业中高空坠落和高空落物的影响以及道路交通，必要时联系交通部门； （2）围栏的出入口应设置合理，并悬挂“从此进出”标示牌。
			将绝缘工器具放在防潮苫布上： （1）防潮苫布应清洁、干燥； （2）工器具应按定置管理要求分类摆放； （3）绝缘工器具不能与金属工具、材料混放。
	6	检查绝缘工器具	逐件对绝缘工器具进行外观检查： （1）检查人员应戴清洁、干燥的手套； （2）绝缘工具表面不应有磨损、变形损坏，操作应灵活； （3）个人安全防护用具应无针孔、砂眼、裂纹。

续表

√	序号	作业内容	步骤及要求
	6	检查绝缘工器具	使用绝缘电阻检测仪分段检测绝缘工具的表面绝缘电阻值： （1）测量电极应符合规程要求（极宽 2cm、极间距 2cm）； （2）正确使用（自检、测量）绝缘电阻检测仪（应采用点测的方法，不应使电极在绝缘工具表面滑动，避免刮伤绝缘工具表面）； （3）绝缘电阻值不得低于 700MW。
			绝缘工器具检查完毕，向工作负责人汇报检查结果。
	7	检查旁路设备	检查旁路设备： （1）电缆的外护套无机械性损伤； （2）电缆接头与电缆的连接部位无折断现象； （3）检查电缆接头绝缘表面无损伤。
			旁路设备检查完毕，向工作负责汇报检查结果。
	8	检查移动箱变	移动箱变检查： （1）旁路柔性电缆卷盘旋转良好，旁路柔性电缆电气性能良好； （2）低压电缆卷盘旋转良好，低压电缆电气性能良好； （3）相位检测装置正常； （4）高低压侧出线装置良好； （5）环网箱应具备可靠的安全锁定机构； （6）高低压保护装置齐全； （7）检查移动箱变高低压套管连接良好、接线组别连接正确、容量符合作业要求、接地线连接良好； （8）检查移动箱变所有开关及接地刀闸均处于分闸位置。

5.2 操作步骤

√	序号	作业内容	步骤及要求
	1	敷设旁路设备	（1）作业人员敷设旁路设备地面防护装置； （2）作业人员在敷设好的旁路设备地面防护装置内敷设旁路柔性电缆； （3）在工作负责人指挥下，作业人员根据施工方案，使用电缆直线对接头将敷设好的旁路柔性电缆按相色连接好；检查无误后，作业人员盖好旁路设备地面防护装置保护盖板； （4）检测旁路系统绝缘电阻，应不小于 500MW，检测完毕后对旁路系统逐相充分放电。
			敷设旁路柔性电缆应注意： （1）旁路作业设备检测完毕，向工作负责人汇报检查结果； （2）旁路柔性电缆地面敷设中如需跨越道路时，应使用电力架空跨越支架将旁路柔性电缆架空敷设并可靠固定；敷设旁路柔性电缆时，须由多名作业人员配合使旁路柔性电缆离开地面整体敷设，防止旁路柔性电缆与地面摩擦，且不得受力； （3）绝缘电阻检测完毕后，应进行充分放电，用绝缘放电杆放电时，绝缘放电杆的接地应良好； （4）连接旁路作业设备前，应对各接口进行清洁和润滑：用不起毛的清洁纸或清洁布、无水酒精或其他电缆清洁剂清洁；确认绝缘表面无污物、灰尘、水分、损伤。在插拔界面均匀涂润滑硅脂；

续表

√	序号	作业内容	步骤及要求
	1	敷设旁路设备	（5）旁路柔性电缆采用地面敷设时，应对地面的旁路作业设备采取可靠的绝缘防护措施后方可投入运行，确保绝缘防护有效； （6）旁路柔性电缆运行期间，应派专人看守、巡视，防止外人碰触； （7）组装完毕并投入运行的旁路作业装备可以在雨、雪天气运行，但应做好防护。禁止在雨、雪天气进行旁路作业装备敷设、组装、回收等工作； （8）检测旁路回路整体绝缘电阻、放电时应戴绝缘手套。
	2	接入旁路柔性电缆终端	（1）确认电源侧环网箱备用间隔和移动箱变进线间隔开关处于分闸位置； （2）合上电源侧环网箱备用间隔和移动箱变进线间隔接地刀闸； （3）地面电工将旁路柔性电缆终端按照核准的相位安装到电源侧环网箱备用间隔和移动箱变高压进线端口上； （4）断开电源侧环网箱备用间隔和移动箱变进线间隔接地刀闸。
	3	旁路系统投入运行	（1）确认电源侧环网箱备用间隔和移动箱变进线间隔接地刀闸在分闸位置； （2）合上电源侧环网箱备用间隔开关； （3）合上移动箱变进线间隔开关； （4）合上移动箱变变压器进线开关； （5）合上移动箱变低压出线开关； （6）检测移动箱变输出电压、电流正常，确认移动箱变运行正常。
	4	旁路系统退出运行	临时取电工作结束，倒闸操作，旁路系统退出运行： （1）断开移动箱变低压出线开关； （2）断开移动箱变变压器进线开关； （3）断开移动箱变进线间隔开关； （4）断开电源侧环网箱备用间隔开关； （5）对电源侧环网箱备用间隔至移动箱变进线间隔间旁路柔性电缆进行验电，确认无电压； （6）合上电源侧环网箱备用间隔和移动箱变进线间隔接地刀闸。
	5	拆除旁路设备	（1）旁路柔性电缆拆除前，再次确认电源侧环网箱备用间隔和移动箱变进线间隔接地刀闸在合闸位置； （2）地面电工拆除电源侧环网箱备用间隔和移动箱变高压进线端口旁路柔性电缆终端； （3）断开电源侧环网箱备用间隔和移动箱变进线间隔接地刀闸； （4）地面电工依次收回旁路柔性电缆和地面防护设施。
	6	工作验收	作业人员检查施工质量： （1）环网箱无遗漏物； （2）装置无缺陷，符合运行条件； （3）向工作负责人汇报施工质量。

6 工作结束

√	序号	作业内容	步骤及要求
	1	清理现场	工作负责人组织班组成员整理工具、材料。将工器具清洁后放入专用的箱（袋）中。清理现场，做到工完料尽场地清。

续表

√	序号	作业内容	步骤及要求
	2	召开收工会	工作负责人组织召开现场收工会，进行工作总结和点评工作： （1）正确点评本项工作的施工质量； （2）点评班组成员在作业中的安全措施的落实情况； （3）点评班组成员对规程的执行情况。
	3	办理工作终结手续	工作负责人按工作票内容与值班调控人员（运维人员）联系，工作结束，终结工作票。

7　验收记录

记录检修中发现的问题	
问题处理意见	

8　现场标准化作业指导书执行情况评估

<table>
<tr><td rowspan="4">评估内容</td><td rowspan="2">符合性</td><td>优</td><td></td><td>可操作项</td><td></td></tr>
<tr><td>良</td><td></td><td>不可操作项</td><td></td></tr>
<tr><td rowspan="2">可操作性</td><td>优</td><td></td><td>修改项</td><td></td></tr>
<tr><td>良</td><td></td><td>遗漏项</td><td></td></tr>
<tr><td>存在问题</td><td colspan="5"></td></tr>
<tr><td>改进意见</td><td colspan="5"></td></tr>
</table>

9　附图

应根据现场勘察结果，绘制作业点及邻近装置的线路图。需进行倒闸操作的作业，应绘制负荷开关、断路器及隔离开关等电气设备的接线图，并注明运行状态。

从架空线路临时取电给移动箱变供电现场标准化作业指导书

（综合不停电作业法、绝缘斗臂车）

1 范围

本指导书适用于 10kV 架空线路带电作业现场综合不停电作业法采用绝缘斗臂车从架空线路临时取电给移动箱变供电工作，规定了该项工作现场标准化作业的工作步骤和技术要求。

2 规范性引用文件

GB/T 18857 《配电线路带电作业技术导则》
Q/GDW 10520 《10kV 配网不停电作业规范》
《国家电网公司电力安全工作规程（配电部分）》

3 人员组合

本项目需要工作人员 8 人。

3.1 作业人员要求

√	序号	责任人	资质	人数
	1	工作负责人	应具有一定的配电带电作业实际工作经验，熟悉设备状况，具有一定组织能力和事故处理能力，并按《安规》要求取得工作负责人资格。	1 人
	2	专责监护人	应具有一定的配电带电作业实际工作经验，熟悉设备状况，通过 10kV 配电线路带电作业专项培训，考试合格并持证上岗。	1 人
	3	斗内电工	应通过 10kV 配电线路带电作业专项培训，考试合格并持证上岗。	2 人
	4	地面电工	需经省公司级基地进行带电作业专项理论培训，考试合格并持证上岗。	3 人
	5	倒闸操作人员	应通过 10kV 配电线路倒闸操作专项培训，考试合格并持证上岗。	1 人

3.2 作业人员分工

√	序号	姓名	分工	签名
	1		工作负责人	
	2		专责监护人	
	3		1 号斗内电工	
	4		2 号斗内电工	

续表

√	序号	姓名	分工	签名
	5		1 号地面电工	
	6		2 号地面电工	
	7		3 号地面电工	
	8		倒闸操作人员	

4　工器具

领用带电作业工器具应核对电压等级和试验周期，并检查外观完好无损。

工器具在运输过程中，应存放在专用工具袋、工具箱或工具车内，以防受潮和损伤。

4.1　装备

√	序号	名称	型号/规格	单位	数量	备注
	1	绝缘斗臂车	10kV	辆	1	
	2	移动箱变	10kV	辆	1	

4.2　个人防护用具

√	序号	名称	型号/规格	单位	数量	备注
	1	安全帽	电绝缘	顶	6	
	2	绝缘安全帽	10kV	顶	2	
	3	绝缘服或绝缘披肩	10kV	套	2	
	4	绝缘手套	10kV	副	3	
	5	防护手套	皮革	副	3	
	6	内衬手套	棉线	副	3	
	7	护目镜		副	3	防弧光及飞溅
	8	安全带	全方位式	副	2	绝缘型

4.3　绝缘遮蔽用具

√	序号	名称	型号/规格	单位	数量	备注
	1	导线遮蔽罩	10kV	个	6	
	2	绝缘毯	10kV	块	10	
	3	绝缘毯夹	10kV	个	20	

4.4 绝缘工具

√	序号	名称	型号/规格	单位	数量	备注
	1	绝缘传递绳	10kV	套	1	
	2	传递绳		套	2	
	3	余缆支架	10kV	个	2	

4.5 旁路作业装备

√	序号	名称	型号/规格	单位	数量	备注
	1	旁路高压引下电缆	10kV/8m	组	1	200A
	2	余缆支架	10kV	个	2	
	3	高压旁路柔性电缆	10kV	组	1	
	4	电缆绝缘护线管	10kV	组	2	
	5	护线管接口绝缘护罩	10kV	组	2	
	6	电缆对接头及保护箱	10kV	套	若干	
	7	电缆进出线保护箱	10kV	个	2	
	8	电缆架空跨越支架	5m 及以上	个	2	
	9	高压转接电缆	10kV	组	2	与移动箱变配套

4.6 其他工具

√	序号	名称	型号/规格	单位	数量	备注
	1	绝缘电阻检测仪	2500V 及以上	台	1	
	2	验电器	10kV	支	1	
	3	绝缘手套充气装置		台	1	
	4	钳形电流表		台	1	
	5	风速检测仪		台	1	
	6	温度检测仪		台	1	
	7	湿度检测仪		台	1	
	8	剥皮器		个	1	
	9	防潮苫布		块	1	
	10	接地线		组	2	
	11	个人手工工具		套	5	
	12	对讲机		部	2	
	13	清洁布		块	2	
	14	安全围栏		组	1	

续表

√	序号	名称	型号/规格	单位	数量	备注
	15	“从此进出”标示牌		块	1	
	16	“在此工作”标示牌		块	1	

4.7 材料

√	序号	名称	型号/规格	单位	数量	备注
	1	绝缘胶带	自粘式	盘	1	
	2	防水胶带	自粘式	盘	1	

5 作业程序

5.1 开工准备

√	序号	作业内容	步骤及要求
	1	现场复勘	工作负责人核对工作线路双重称号、杆号。
			工作负责人检查地形环境是否符合作业要求： （1）平整坚实； （2）地面倾斜度不大于5°。
			工作负责人检查线路装置是否具备带电作业条件： （1）作业电杆埋深、杆身质量； （2）检查作业点符合作业条件如有危险，考虑采取措施，无法控制不应进行该项工作； （3）检查作业点两侧电杆导线安装情况、有无烧伤断股。
			工作负责人检查气象条件： 带电作业应在良好天气下进行，风力大于5级，或湿度大于80%时，不宜带电作业。若遇雷电、雪、雹、雨、雾等不良天气，禁止带电作业。带电作业过程中若遇天气突然变化，有可能危及人身及设备安全时，应立即停止工作，撤离人员，恢复设备正常状况，或采取临时安全措施。
			工作负责人检查工作票所列安全措施，在工作票上补充安全措施。
	2	执行工作许可制度	工作负责人按工作票内容与值班调控人员（运维人员）联系，确认线路重合闸装置已退出。
			工作负责人在工作票上签字。
	3	召开班前会	工作负责人宣读工作票。
			工作负责人检查工作班组成员精神状态、交待工作任务进行分工、交待工作中的安全措施和技术措施。
			工作负责人检查班组各成员对工作任务分工、安全措施和技术措施是否明确。
			班组各成员在工作票、风险控制卡和作业指导书上签名确认。

续表

√	序号	作业内容	步骤及要求
	4	停放绝缘斗臂车	将绝缘斗臂车停放到适当位置。作业人员应对停放位置进行检查，以下为现场应检查的停放绝缘斗臂车位置的要素： （1）停放的位置应便于绝缘斗臂车绝缘斗到达作业位置，避开附近电力线和障碍物，并能保证作业时绝缘斗臂车的绝缘臂有效绝缘长度； （2）停放位置坡度不大于5°。
			支放绝缘斗臂车支腿，作业人员应对支腿情况进行检查，然后向工作负责人汇报检查项目及结果，检查标准为： （1）不应支放在沟道盖板上； （2）软土地面应使用垫块或枕木，垫板重叠不超过2块； （3）支撑应到位。车辆前后、左右呈水平；“H”型支腿的车型，水平支腿应全部伸出。
			使用截面面积不小于16mm²的软铜线将绝缘斗臂车可靠接地。
	5	停放移动箱变	（1）移动箱变定位于适合作业位置，将移动箱变的工作接地（N线）与接地极可靠连接； （2）移动箱变外壳应可靠接地，并应与移动箱变的工作接地保持5m以上距离。
	6	布置工作现场	工作负责人组织班组成员设置工作现场的安全围栏、安全警示标志： （1）安全围栏的范围应考虑作业中高空坠落和高空落物的影响以及道路交通，必要时联系交通部门； （2）围栏的出入口应设置合理，并悬挂“从此进出”标示牌。
			将绝缘工器具放在防潮苫布上： （1）防潮苫布应清洁、干燥； （2）工器具应按定置管理要求分类摆放； （3）绝缘工器具不能与金属工具、材料混放。
	7	检查绝缘工器具	逐件对绝缘工器具进行外观检查： （1）检查人员应戴清洁、干燥的手套； （2）绝缘工具表面不应有磨损、变形损坏，操作应灵活； （3）个人安全防护用具和遮蔽用具应无针孔、砂眼、裂纹； （4）检查全方位绝缘安全带外观，并做冲击试验。
			使用绝缘电阻检测仪分段检测绝缘工具的表面绝缘电阻值： （1）测量电极应符合规程要求（极宽2cm、极间距2cm）； （2）正确使用（自检、测量）绝缘电阻检测仪（应采用点测的方法，不应使电极在绝缘工具表面滑动，避免刮伤绝缘工具表面）； （3）绝缘电阻值不得低于700MW。
			绝缘工器具检查完毕，向工作负责人汇报检查结果。
	8	检查旁路设备	检查旁路设备： （1）电缆的外护套无机械性损伤； （2）电缆接头与电缆的连接部位无折断现象； （3）检查电缆接头绝缘表面无损伤。
			旁路设备检查完毕，向工作负责汇报检查结果。

续表

√	序号	作业内容	步骤及要求
	9	检查移动箱变	移动箱变检查： （1）旁路柔性电缆卷盘旋转良好，旁路柔性电缆电气性能良好； （2）低压电缆卷盘旋转良好，低压电缆电气性能良好； （3）相位检测装置正常； （4）高低压侧出线装置良好； （5）环网箱应具备可靠的安全锁定机构； （6）高低压保护装置齐全； （7）检查移动箱变高低压套管连接良好、接线组别连接正确、容量符合作业要求、接地线连接良好； （8）检查移动箱变所有开关及接地刀闸均处于分闸位置。
	10	检查绝缘斗臂车	检查绝缘斗臂车表面状况：绝缘斗、绝缘臂应清洁、无裂纹损伤。
			试操作绝缘斗臂车： （1）试操作应空斗进行； （2）试操作应充分，有回转、升降、伸缩的过程。确认液压、机械、电气系统正常可靠、制动装置可靠。
			绝缘斗臂车检查和试操作完毕，向工作负责人汇报检查结果。
	11	斗内电工进入绝缘斗臂车绝缘斗	1 号、2 号斗内电工穿戴好全套的个人安全防护用具： （1）个人安全防护用具包括安全帽、绝缘服或绝缘披肩、绝缘手套（带防护手套）、护目镜等； （2）工作负责人应检查斗内电工个人防护用具的穿戴是否正确。
			地面电工配合将工器具放入绝缘斗： （1）工器具应分类放置工具袋中； （2）工器具的金属部分不准超出绝缘斗； （3）工具和人员重量不得超过绝缘斗额定载荷。
			1 号、2 号斗内电工进入绝缘斗，挂好全方位安全带保险钩。

5.2 操作步骤

√	序号	作业内容	步骤及要求
	1	进入带电作业区域	经工作负责人许可后，斗内电工操作绝缘斗臂车，进入带电作业区域，绝缘斗移动应平稳匀速，在进入带电作业区域时： （1）应无大幅晃动现象； （2）绝缘斗下降、上升的速度不应超过 0.5m/s； （3）绝缘斗边沿的最大线速度不应超过 0.5m/s。
	2	验电	2 号斗内电工将绝缘斗调整至适当位置，1 号斗内电工使用验电器对导线、绝缘子、横担进行验电，确认无漏电现象。
	3	设置绝缘遮蔽隔离措施	带电作业过程中人体与带电体应保持足够的安全距离（不小于 0.4m），如不满足安全距离要求，应进行绝缘遮蔽： （1）按照“从近到远、从下到上、先带电体后接地体”的遮蔽原则进行绝缘遮蔽； （2）遮蔽的部位为高压导线，必要时绝缘子及横担宜应遮蔽； （3）绝缘遮蔽隔离措施应严密、牢固，绝缘遮蔽用具之间搭接不得小于 150mm。

续表

√	序号	作业内容	步骤及要求
	4	安装旁路设备	（1）旁路柔性电缆展放完毕后，检测旁路系统绝缘电阻，应不小于500MW，检测完毕后对旁路系统逐相充分放电； （2）两名斗内电工在地面电工配合下，使用传递绳将高压侧余缆支架拉起，并在电杆合适位置安装高压侧余缆支架； （3）两名斗内电工在地面电工配合下，使用传递绳将旁路柔性电缆分别拉起，并将其按相色固定在高压侧余缆支架上； （4）两名斗内电工将旁路柔性电缆使用绳扣固定在导线遮蔽罩适当位置； （5）地面电工将旁路柔性电缆按照核准的相位安装到移动箱变高压进线端口； （6）确认移动箱变进线间隔接地刀闸在分闸位置后，斗内电工将旁路柔性电缆另一端按照核准的相位与高压架空线路连接，并及时恢复绝缘遮蔽； （7）连接完成后，斗内电工返回地面。
			敷设旁路柔性电缆应注意： （1）旁路作业设备检测完毕，向工作负责人汇报检查结果； （2）旁路柔性电缆地面敷设中如需跨越道路时，应使用电力架空跨越支架将旁路柔性电缆架空敷设并可靠固定；敷设旁路柔性电缆时，须由多名作业人员配合使旁路柔性电缆离开地面整体敷设，防止旁路柔性电缆与地面摩擦，且不得受力； （3）绝缘电阻检测完毕后，应进行充分放电，用绝缘放电杆放电时，绝缘放电杆的接地应良好； （4）连接旁路作业设备前，应对各接口进行清洁和润滑：用不起毛的清洁纸或清洁布、无水酒精或其他电缆清洁剂清洁；确认绝缘表面无污物、灰尘、水分、损伤。在插拔界面均匀涂润滑硅脂； （5）旁路柔性电缆采用地面敷设时，应对地面的旁路作业设备采取可靠的绝缘防护措施后方可投入运行，确保绝缘防护有效； （6）旁路柔性电缆运行期间，应派专人看守、巡视，防止外人碰触； （7）组装完毕并投入运行的旁路作业装备可以在雨、雪天气运行，但应做好防护。禁止在雨、雪天气进行旁路作业装备敷设、组装、回收等工作； （8）检测旁路回路整体绝缘电阻、放电时应戴绝缘手套。
	5	旁路系统投入运行	（1）合上移动箱变进线间隔开关； （2）合上移动箱变变压器进线开关； （3）合上移动箱变低压出线开关； （4）检测移动箱变输出电压、电流正常，确认移动箱变运行正常。
	6	旁路系统退出运行	临时取电工作结束，倒闸操作，旁路系统退出运行： （1）断开移动箱变低压出线开关； （2）断开移动箱变变压器进线开关； （3）断开移动箱变进线间隔开关； （4）检测旁路系统电流为零。
	7	拆除旁路设备	（1）两名斗内电工拆除架空线路旁路柔性电缆引流线夹，恢复绝缘遮蔽并下放至地面，及时恢复导线的绝缘； （2）地面电工对旁路柔性电缆逐相放电，然后依次拆除移动箱变侧旁路柔性电缆终端； （3）地面电工收回旁路柔性电缆。

续表

√	序号	作业内容	步骤及要求
	8	拆除绝缘遮蔽隔离措施	斗内电工将绝缘斗调整至适当位置，拆除线路绝缘遮蔽隔离措施。
	9	工作验收	斗内电工撤出带电作业区域时： （1）应无大幅晃动现象； （2）绝缘斗下降、上升的速度不应超过 0.5m/s； （3）绝缘斗边沿的最大线速度不应超过 0.5m/s。
			斗内电工检查施工质量： （1）杆上无遗漏物； （2）装置无缺陷，符合运行条件； （3）向工作负责人汇报施工质量。
	10	撤离杆塔	下降绝缘斗返回地面、收回绝缘臂时应注意绝缘斗臂车周围杆塔、线路等情况。

6 工作结束

√	序号	作业内容	步骤及要求
	1	清理现场	将绝缘斗臂车各部件复位。需注意： （1）收回绝缘斗臂车接地线； （2）绝缘斗臂车支腿收回。
			工作负责人组织班组成员整理工具、材料。将工器具清洁后放入专用的箱（袋）中。清理现场，做到工完料尽场地清。
	2	召开收工会	工作负责人组织召开现场收工会，进行工作总结和点评工作： （1）正确点评本项工作的施工质量； （2）点评班组成员在作业中的安全措施的落实情况； （3）点评班组成员对规程的执行情况。
	3	办理工作终结手续	工作负责人按工作票内容与值班调控人员（运维人员）联系，工作结束，恢复线路重合闸，终结工作票。

7 验收记录

记录检修中发现的问题	
问题处理意见	

8　现场标准化作业指导书执行情况评估

<table>
<tr><td rowspan="4">评估内容</td><td rowspan="2">符合性</td><td>优</td><td></td><td>可操作项</td><td></td></tr>
<tr><td>良</td><td></td><td>不可操作项</td><td></td></tr>
<tr><td rowspan="2">可操作性</td><td>优</td><td></td><td>修改项</td><td></td></tr>
<tr><td>良</td><td></td><td>遗漏项</td><td></td></tr>
<tr><td>存在问题</td><td colspan="5"></td></tr>
<tr><td>改进意见</td><td colspan="5"></td></tr>
</table>

9　附图

应根据现场勘察结果，绘制作业点及邻近装置的线路图。需进行倒闸操作的作业，应绘制负荷开关、断路器及隔离开关等电气设备的接线图，并注明运行状态。